工业和信息化普通高等教育"十二五"规划教材立项项目

21世纪高等学校计算机规划教材

21st Century University Planned Textbooks of Computer Science

数据库技术与应用实训教程（Access 2003版）

Exercise of Database Technology (Access 2003)

柳超 何立群 主编

丁伟 副主编

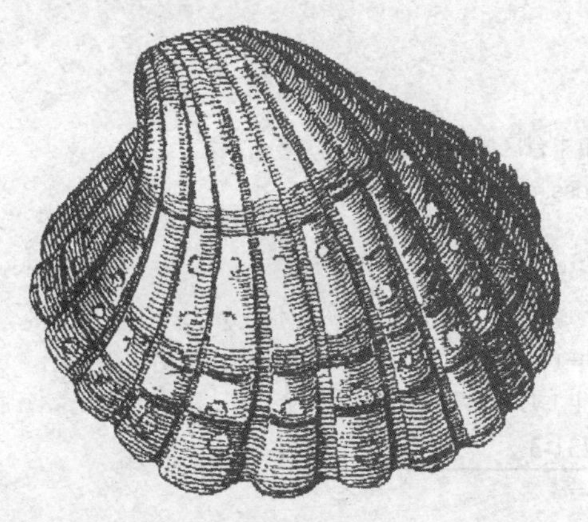

高校系列

人 民 邮 电 出 版 社

北 京

图书在版编目（CIP）数据

数据库技术与应用实训教程 : Access 2003版 / 柳超，何立群主编. -- 北京 : 人民邮电出版社，2012.1（2017.1重印）
21世纪高等学校计算机规划教材. 高校系列
ISBN 978-7-115-26731-3

Ⅰ. ①数… Ⅱ. ①柳… ②何… Ⅲ. ①关系数据库－数据库管理系统，Access 2003－高等学校－教材 Ⅳ. ①TP311.138

中国版本图书馆CIP数据核字(2011)第259912号

内容提要

本书是《数据库技术与应用（Access 2003 版）》一书的配套实验教材，内容包括与教材同步的实验例题、同步练习，对实验例题给予了详细的解析，列举了"等级考试管理系统"小型数据库系统的集成过程，并在附录中给出了近几年全国计算机等级考试的笔试试题和机试试题。本书为广大读者使用 Access 进行程序设计提供了有力的支持，有助于读者快速掌握 Access 并能设计出高质量的应用系统。

本书可作为高等院校非计算机专业人员学习 Access 数据库的配套教材，也可作为全国计算机等级考试的培训教材。

工业和信息化普通高等教育"十二五"规划教材立项项目
21 世纪高等学校计算机规划教材
数据库技术与应用实训教程（Access 2003 版）

- 主　　编　柳　超　何立群
  副 主 编　丁　伟
  责任编辑　刘　博
- 人民邮电出版社出版发行　　北京市丰台区成寿寺路 11 号
  邮编　100164　　电子邮件　315@ptpress.com.cn
  网址　http://www.ptpress.com.cn
  北京天宇星印刷厂印刷
- 开本：787×1092　1/16
  印张：12.75　　2012 年 1 月第 1 版
  字数：334 千字　　2017 年 1 月北京第 4 次印刷

ISBN 978-7-115-26731-3

定价：26.00 元

读者服务热线：(010) 81055256　印装质量热线：(010) 81055316
反盗版热线：(010) 81055315
广告经营许可证：京东工商广字第 8052 号

前　言

本书是《数据库技术与应用(Access 2003 版)》配套的实验指导书，是根据教育部对非计算机专业数据库课程教学大纲和全国计算机等级考试二级 Access 考试大纲的培养目标要求而编著的。

数据库是一门实践性、实用性很强的计算机应用课程，学习时要通过对概念的理解和上机的实践操作来掌握数据库知识，并要通过大量的上机实验和各类习题的演练才能真正学好数据库。

本书每一章节都包括实验目的、实验内容、实验作业和同步练习。实验目的提出了学完本章后要掌握的知识点；实验内容是结合所学的知识点而安排的上机操作，并给出详细的操作步骤供学生练习；实验作业可以训练学生的实践操作能力，将学过的知识进行具体应用，并做到举一反三；同步练习提供了一系列的习题练习，加强学生对知识点的理解与掌握。另外，在附录中选编了全国计算机等级考试二级 Access 考试大纲和 2006～2011 年全国计算机等级考试二级 Access 笔试试题 11 套，其目的就是给学生营造一个考试环境，对于参加等级考试的同学大有帮助。

总之，本实验教材是以应用为目的，以案例为引导，使学生在掌握 Access 基本功能和操作时也能学以致用，完成小型信息管理系统的设计。

参与本书编写的作者都是长期从事计算机教学的一线教师，具有丰富的教学实践经验。本书由柳超、何立群主编，丁伟副主编。全书共有十个实验，其中实验一由丁伟编写，实验二由柳超编写，实验四、实验五及实验十由章毅编写，实验八、实验九由何立群编写，实验三、实验六、实验七及附录由胡庭艳编写。

对在本书的编写及出版过程中给予帮助的教师和同仁表示感谢。由于作者水平有限，书中难免有错误和不足之处，恳请广大读者批评指正。

编者

2011 年 11 月

目 录

实验一 数据库基础及 Access 基本操作

一、实验目的

1．学习关系型数据库的基本概念。

2．熟悉和掌握数据库的设计方法。

3．了解 Access 工作界面。

4．掌握 Access 数据库管理系统的进入与退出方法。

5．了解 Access 数据库管理系统的开发环境及其基本对象。

二、实验内容

【实验 1-1】熟悉 Access 工作界面。

【实验要求】打开 Access 工作界面，熟悉如何创建 Access 数据库的各种对象。

【操作步骤】

（1）打开 Access 主界面，如图 1-1 所示。熟悉 Access 工作界面。

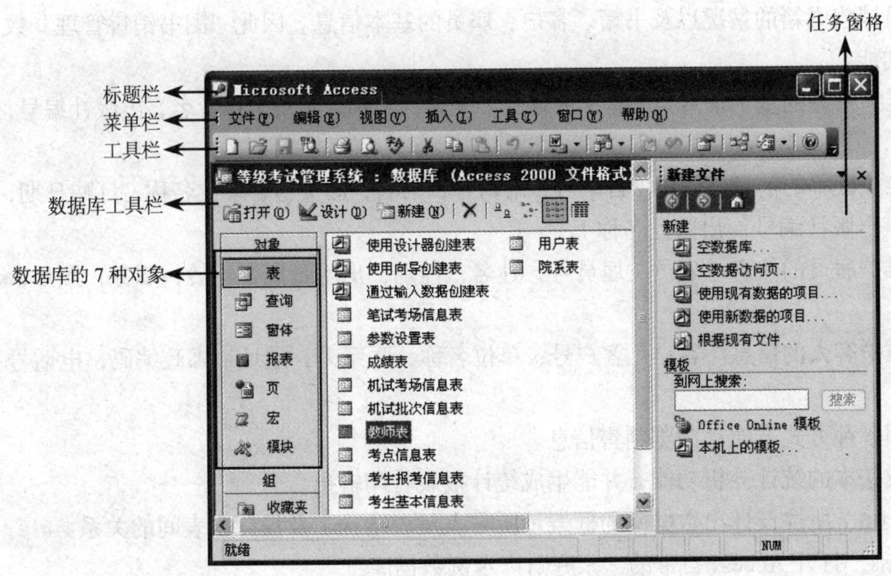

图 1-1　Access 工作界面

（2）通过选择【工具】菜单下的【选项】命令，弹出“选项”对话框，熟悉“页”、“高级”、“国际”、“错误检查”、“拼写检查”、“表/查询”、“视图”、“常规”、“编辑/查找”、“键盘”、“数据表”、“窗体/报表”等各选项卡中系统默认设置，如图 1-2 所示。

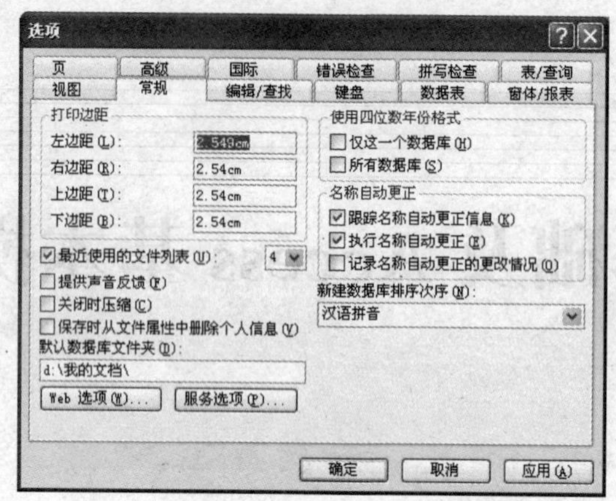

图 1-2 “选项”对话框

三、实验作业

1．Access 2003 的启动与退出。

2．Access 2003 帮助系统的使用。

3．创建一个名为“等级考试管理系统”的数据库文件，并设置密码为“123”。

四、同步练习

简答题

1．某图书大厦日常管理工作及需求描述如下。

建立“图书销售管理”数据库的主要目的是通过对书籍销售信息进行录入、修改与管理，能够方便地查询雇员销售书籍的情况以及书籍、客户、雇员的基本信息。因此“图书销售管理”数据库应具有如下功能。

（1）录入和维护书籍的基本信息。书籍（书籍号，书名，类别，定价，作者名，出版社编号，出版社名称）。

（2）录入和维护订单的信息。订单（订单号，书籍号，书名，雇员号，单位名称，订购日期，数量，售出单价，出版社编号，出版社名称）。

（3）录入和维护雇员的信息。雇员（雇员号，姓名，性别，出生日期，年龄，职务，照片，简历）。

（4）录入和维护客人的信息。客户（客户号，单位名称，联系人，地址，邮政编码，电话号码，区号）。

（5）能够按照各种方式方便地浏览销售信息。

（6）能够完成基本的统计分析功能，并能生成统计报表打印输出。

根据（1）~（6）所述设计出数据库的框架（所需表及表结构）及设计多表间的关系。

2．启动 Access，打开 Access 自带的“家庭财产示例数据库”。

3．查看“家庭财产示例数据库”中的 7 种数据库对象，同时调出系统帮助文件，找到帮助中关于 7 种对象的说明和解释，了解其功能，理解数据库的总体结构。

4．使用不同方式关闭 Access。

实验二 数据库与表的操作

一、实验目的

1. 掌握数据库的创建及副本备份。
2. 掌握用表设计器建立表以及字段属性的设置与修改方法。
3. 掌握数据记录的录入与修改。
4. 掌握数据表的维护。
5. 掌握数据的排序与筛选。
6. 掌握表间关联关系的创建。
7. 掌握表中数据的导入与导出操作。
8. 掌握数据表格式的设置。

二、实验内容

【实验 2-1】设计一个“等级考试管理系统”数据库。

【实验要求】

等级考试管理系统主要用于管理计算机等级考试的报名、考生考场（机试与笔试）的安排、教师监考安排、成绩汇总等，要求建立数据库来统一管理和使用相关数据。

【操作步骤】

（1）需求分析

首先要根据需要明确建立数据库的目的，数据库中需要哪些数据。根据实验的要求，等级考试管理系统的创建主要是解决等级考试报名及考试安排等数据的管理，教务处工作人员通过计算机来管理考生的报名、考场编排、准考证打印、监考教师安排；考生也可以在系统中核对自己的报名信息。经过分析可以确定，系统主要包含报名管理、编排管理、成绩管理、报表管理等。

（2）数据表的确定

在需求分析中提到了考生报名、考场编排等信息，根据已确定的“等级考试管理系统”应完成的任务和规范化理论，数据库包含考生基本信息表、参数设置表、笔试考场信息表、机试考场信息表、机试批次信息表、考生报考信息表、成绩表、用户表、教师表、院系表、考点信息表。

（3）确定相关字段

按照规范化理论，“等级考试管理系统”数据库中的 11 个表的字段如表 2-1 至表 2-11 所示。

表 2-1　考生基本信息表

字段名称	字段类型	字段大小	小数位数	备　注
姓名	文本	8		
性别	文本	1		
出生日期	日期/时间			长日期
身份证号	文本	18		主键
院系	文本	12		
班级	文本	7		
相片	OLE 对象			

表 2-2　参数设置表

字段名称	字段类型	字段大小	小数位数	备　注
类型代码	文本	2		主键
考试类型	文本	50		
收费	数字			整型
笔试开始时间	日期/时间			
笔试结束时间	日期/时间			

表 2-3　笔试考场信息表

字段名称	字段类型	字段大小	小数位数	备　注
考场编号	文本	3		主键
笔试考场	文本	5		

表 2-4　机试考场信息表

字段名称	字段类型	字段大小	小数位数	备　注
考场编号	文本	2		主键
上机考场	文本	13		

表 2-5　机试批次信息表

字段名称	字段类型	字段大小	小数位数	备　注
批次	文本	2		主键
开始时间	日期/时间			
结束时间	日期/时间			

表 2-6　考生报考信息表

字段名称	字段类型	字段大小	小数位数	备　注
身份证号	文本	18		外键
准考证号	文本	16		主键
考试类型编号	文本	2		
是否缴费	是/否			
笔试考场编号	文本	3		外键

续表

字段名称	字段类型	字段大小	小数位数	备　注
笔试座位编号	文本	2		
机试考场编号	文本	2		外键
批次	文本	1		外键

表 2-7　成绩表

字段名称	字段类型	字段大小	小数位数	备　注
准考证号	文本	16		主键
笔试成绩	数字			整型
机试成绩	数字			整型

表 2-8　用户表

字段名称	字段类型	字段大小	小数位数	备　注
用户名	文本	15		主键
密码	文本	15		
身份	文本	6		
记住密码	是/否			

表 2-9　教师表

字段名称	字段类型	字段大小	小数位数	备　注
工号	文本	5		主键
姓名	文本	8		
性别	文本	1		
院系	文本	12		

表 2-10　院系表

字段名称	字段类型	字段大小	小数位数	备　注
院系名称	文本	6		主键
办公电话	文本	11		

表 2-11　考点信息表

字段名称	字段类型	字段大小	小数位数	备　注
考点代码	文本	6		主键
考点名称	文本	50		
所在地址	文本	255		

（4）确定表间关系。

表中的关系能反映出实体之间存在的联系，各表关系如图 2-1 所示。

【实验 2-2】创建“等级考试管理系统”数据库。

【实验要求】

使用“直接创建空数据库”的方法创建“等级考试管理系统”数据库。

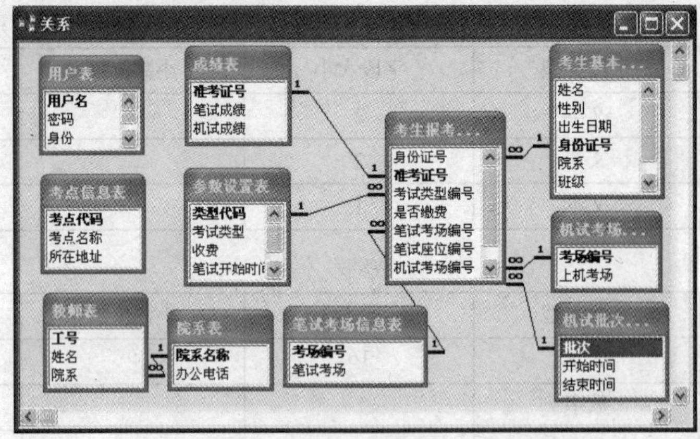

图 2-1 “等级考试管理系统”表间的关系

【操作步骤】

（1）打开 Microsoft Access 2003 窗口，如图 2-2 所示。

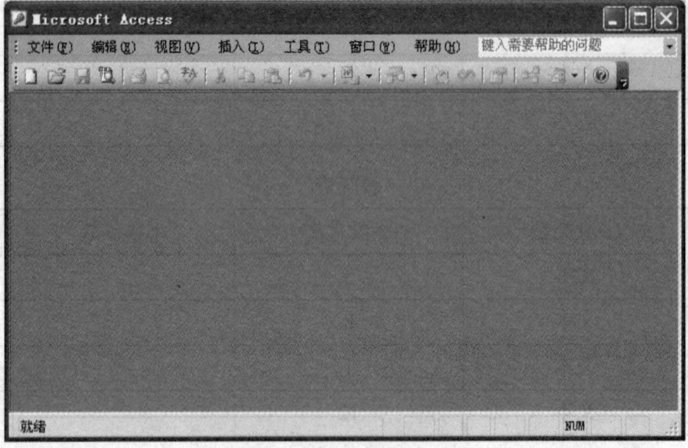

图 2-2 数据库系统窗口

（2）在【开始工作】任务窗格中单击【新建文件】，然后弹出如图 2-3 所示的“新建文件”任务窗格。

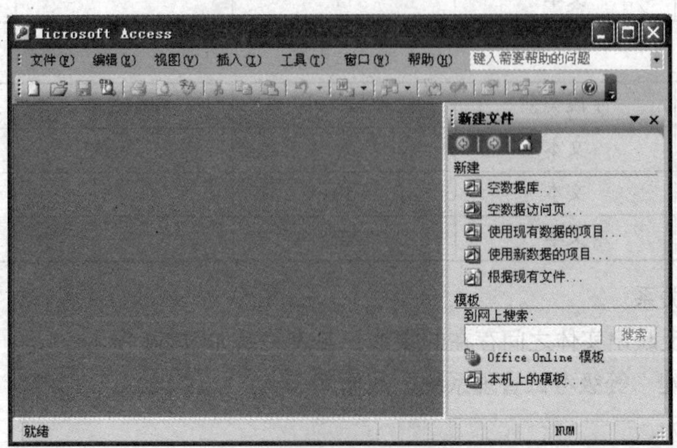

图 2-3 “新建文件”任务窗格

（3）在“新建文件”任务窗格中单击【空数据库】超链接，系统弹出如图 2-4 所示的对话框，在其中的【保存位置】下拉列表框中选择数据库文件的保存位置，然后输入文件名为“等级考试管理系统”，单击【创建】按钮，打开数据库窗口，如图 2-5 所示，即完成了数据库的创建。

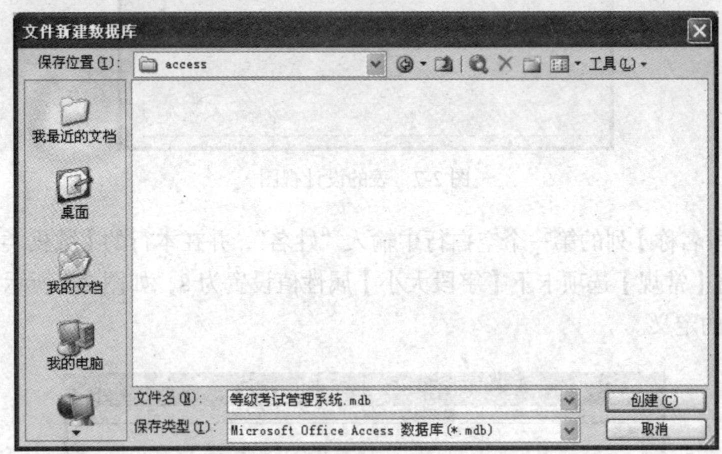

图 2-4　“文件新建数据库”对话框

【实验 2-3】数据表的创建。

【实验要求】

在“等级考试管理系统”数据库中创建“考生基本信息表”，并输入如图 2-6 所示的记录内容。

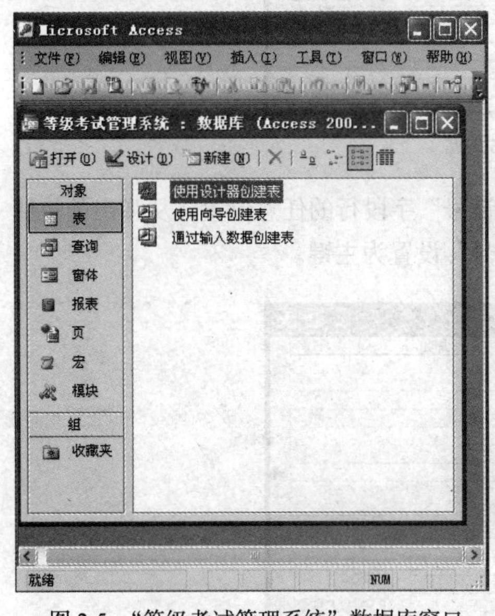

图 2-5　“等级考试管理系统”数据库窗口

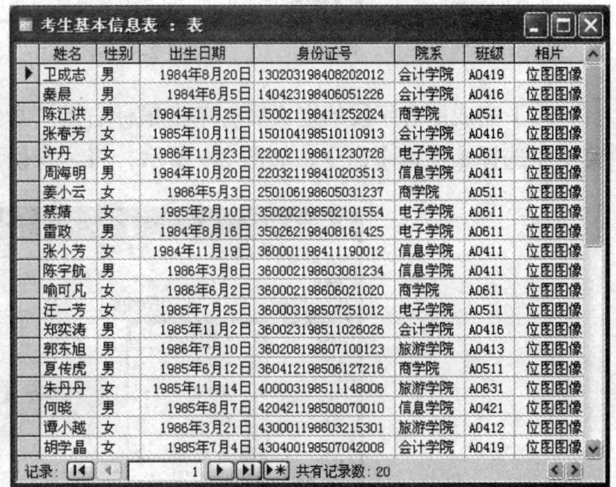

考生基本信息表 : 表

姓名	性别	出生日期	身份证号	院系	班级	相片
卫成志	男	1984年8月20日	130203198408202012	会计学院	A0419	位图图像
秦晨	男	1984年6月5日	140423198406051226	会计学院	A0416	位图图像
陈江洪	男	1984年11月25日	150021198411252024	商学院	A0511	位图图像
张春芳	女	1985年10月11日	150104198510110913	会计学院	A0416	位图图像
许丹	女	1986年11月23日	220021198611230728	电子学院	A0611	位图图像
周海明	男	1984年10月20日	220321198410203513	信息学院	A0411	位图图像
姜小云	女	1986年5月3日	250106198605031237	商学院	A0511	位图图像
蔡婧	女	1985年2月10日	350202198502101554	电子学院	A0611	位图图像
雷政	男	1984年8月16日	350262198408161425	电子学院	A0611	位图图像
张小芳	女	1984年11月19日	360001198411190012	信息学院	A0411	位图图像
陈宇航	男	1986年3月8日	360002198603081234	信息学院	A0411	位图图像
喻可凡	女	1986年6月2日	360002198606021020	商学院	A0611	位图图像
汪一芳	女	1985年7月25日	360003198507251012	电子学院	A0511	位图图像
郑奕涛	男	1985年11月2日	360023198511026026	会计学院	A0416	位图图像
郭东旭	男	1986年7月10日	360208198607100123	旅游学院	A0413	位图图像
夏传虎	男	1985年6月12日	360412198506127216	商学院	A0511	位图图像
朱丹丹	女	1985年11月14日	400003198511148006	旅游学院	A0631	位图图像
何晓	男	1985年8月7日	420421198508070010	信息学院	A0421	位图图像
谭小越	女	1986年3月21日	430001198603215301	旅游学院	A0412	位图图像
胡学晶	女	1985年7月4日	430400198507042008	会计学院	A0419	位图图像

记录: 1 共有记录数: 20

图 2-6　考生基本信息表的记录

【操作步骤】

1. 使用设计器创建表

（1）打开“等级考试管理系统”数据库，在该数据库窗口的【对象】列表中选择【表】，然后双击【使用设计器创建表】选项，打开表的设计视图，如图 2-7 所示。

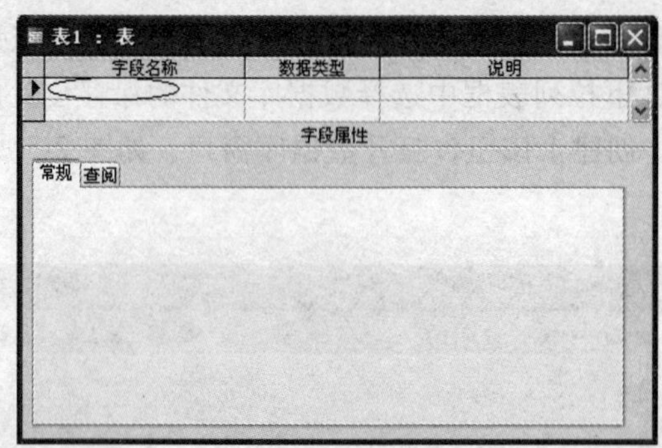

图 2-7　表的设计视图

（2）在【字段名称】列的第一个空白行中输入“姓名”，并在本行的【数据类型】下拉列表中选择“文本”，将【常规】选项卡下【字段大小】属性值设置为 8，如图 2-8 所示。采用同样的方法完成其他字段的定义。

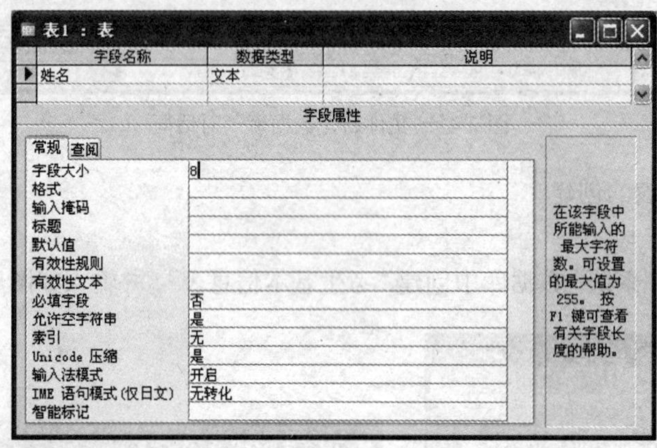

图 2-8　表字段的属性设置

（3）完成所有字段的定义后，单击鼠标右键“身份证号”字段行的任意位置，从弹出的快捷菜单中选择【主键】命令，如图 2-9 所示，将“身份证号”设置为主键。

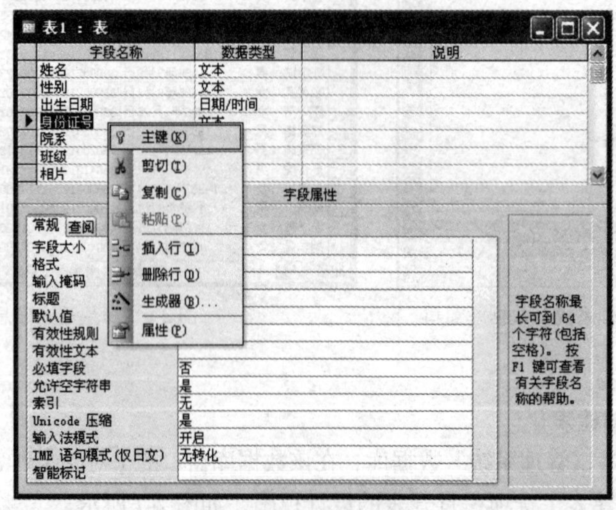

图 2-9　设置主键

（4）然后单击工具栏的【保存】按钮或【文件】菜单中的【保存】命令，在弹出的【另存为】对话框中输入表的名称为“考生基本信息表”。

（5）在“数据库”窗口的【对象】列表下选择【表】选项，继而双击“考生基本信息表”，如图 2-10 所示。然后在数据表视图中打开“考生基本信息表”，如图 2-11 所示。在输入照片字段值时，单击鼠标右键，在弹出的快捷菜单中选择【插入对象】，然后在弹出的“Microsoft Office Access”对话框中选择【位图图像】，在“表中-画图”窗口中选择【编辑】菜单下的【粘贴来源】命令，如图 2-12 所示。在“粘贴来源”对话框中选择照片后，单击【打开】按钮，然后关闭“表中-画图”窗口返回数据表视图，即完成了照片的录入。

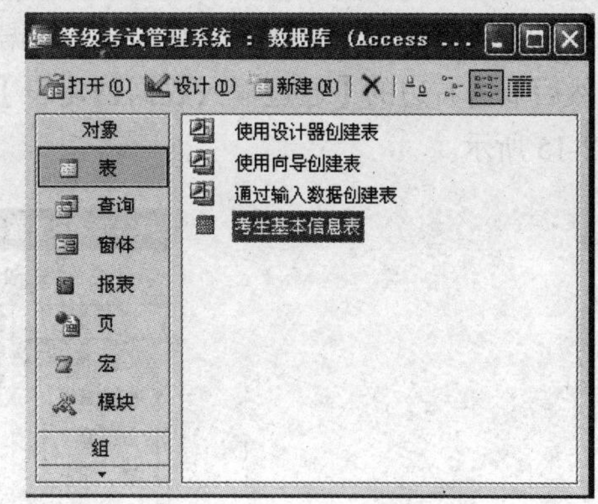

图 2-10 “数据库”窗口

考生基本信息表 : 表

姓名	性别	出生日期	身份证号	院系	班级	相片
卫成志	男	1984年8月20日	130203198408202012	会计学院	A0419	

记录: 1 共有记录数: 1

图 2-11 “考生基本信息表”记录

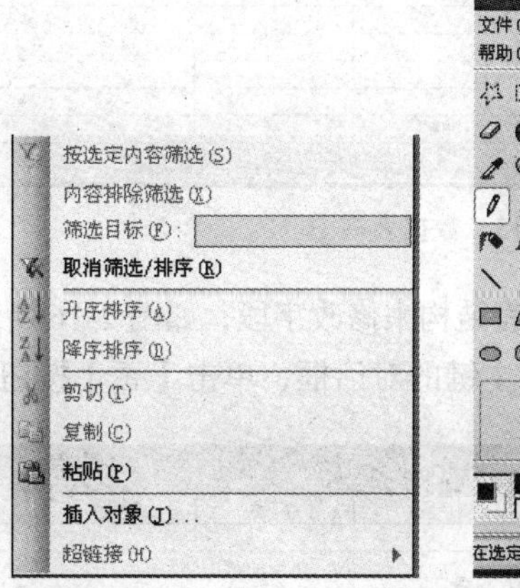

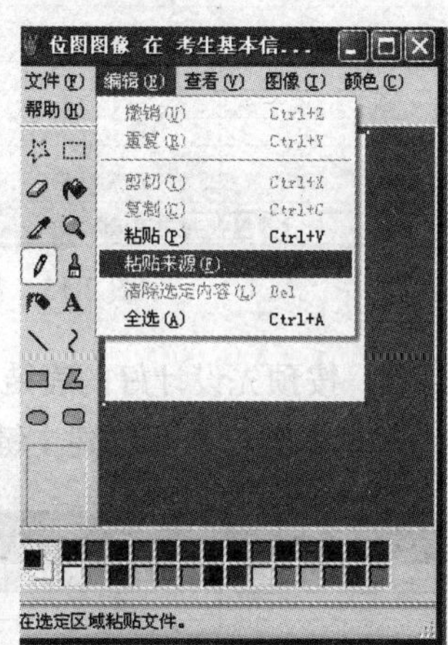

图 2-12 插入照片

2. 通过输入数据创建表

（1）在“等级考试管理系统”数据库中通过输入数据的方法创建“参数设置表”，如图 2-13 所示，并在表的设计视图中修改表的结构。

参数设置表 : 表

类型代码	考试类型	收费	笔试开始时间	笔试结束时间
12	一级B	50		
13	一级MS OFFICE	50		
15	一级WPS OFFICE	50		
21	二级C	100	2011-11-3 9:00:00	2011-11-3 11:30:00
23	二级VC	100	2011-11-3 9:00:00	2011-11-3 11:00:00
26	二级VB	100	2011-11-3 9:00:00	2011-11-3 11:00:00
27	二级VF	100	2011-11-3 9:00:00	2011-11-3 11:00:00
28	二级Java	100	2011-11-3 9:00:00	2011-11-3 11:00:00
31	三级PC技术	200	2011-11-3 9:00:00	2011-11-3 11:30:00
32	三级网络技术	200	2011-11-3 9:00:00	2011-11-3 11:30:00
33	三级数据库技术	200	2011-11-3 9:00:00	2011-11-3 11:30:00

记录: 1 共有记录数: 11

图 2-13 “参数设置表”的记录内容

（2）打开“等级考试管理系统”数据库，在该数据库窗口的【对象】列表下选择【表】选项，然后双击右边的【通过输入数据创建表】选项，如图 2-14 所示。此时打开数据表的视图，如图 2-15 所示。

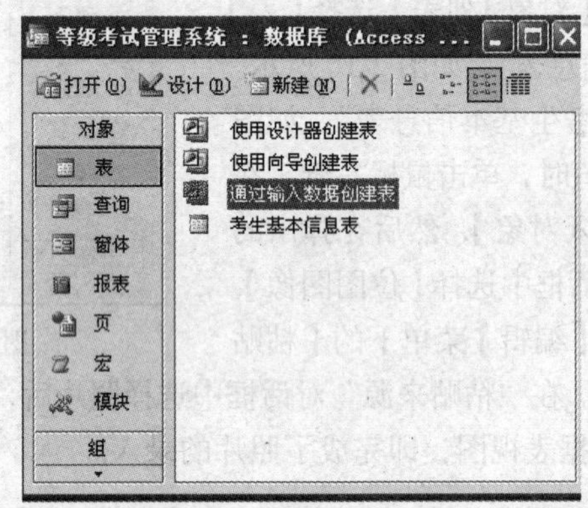

图 2-14 “数据库”窗口

图 2-15 数据表视图

（3）双击字段名称栏，按预先设计好的表结构来修改字段，如图 2-16 所示，在输入给定的记录内容后单击【保存】按钮，弹出提示创建主键的对话框，单击【否】按钮，如图 2-17 所示。

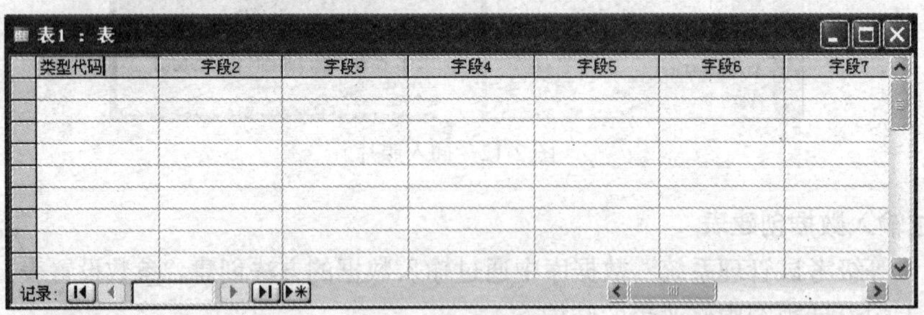

图 2-16 修改表的字段

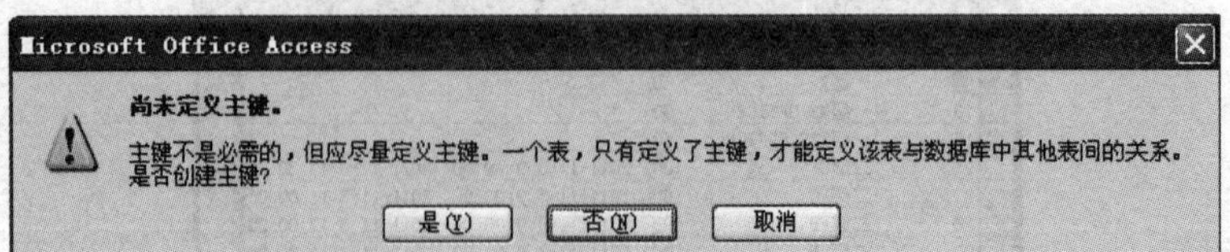

图 2-17 提示创建主键

（4）在数据库窗口的【对象】列表下选择【表】选项，然后双击“参数设置表”，打开表后，单击【视图】菜单下的【设计视图】命令后进入数据表的设计视图，即可修改表结构；也可以在数据库窗口的【对象】列表下选择【表】选项，然后选择“参数设置表”，再单击【设计】按钮，也可打开设计视图。

（5）分别创建机试批次信息表、考生报考信息表、笔试考场信息表、机试考场信息表，内容如图 2-18～图 2-21 所示。

机试批次信息表 ： 表

批次	开始时间	结束时间
1	2011-11-3 14:00:00	2011-11-3 15:30:00
2	2011-11-3 16:00:00	2011-11-3 17:30:00
3	2011-11-4 8:00:00	2011-11-4 9:30:00
4	2011-11-4 10:00:00	2011-11-4 11:30:00

记录：1 共有记录数：4

图 2-18　机试批次信息表

考生报考信息表 ： 表

身份证号	准考证号	考试类型编号	是否缴费	笔试考场编号	笔试座位编号	机试考场编号	批次
350202198502101554	1233360005001001	12	☑			16	1
360003198507251012	1233360005036010	12	☑			13	2
420421198508070010	1233360005037002	12	☑			5	2
220321198410203513	1333360005001004	13	☑			12	1
350262198408161425	1333360005060003	13	☑			6	2
130203198408202012	1333360005075004	13	☑			10	3
360001198411190012	1533360005097002	15	☑			1	3
140423198406051226	1533360005120018	15	☑			3	4
400003198511148006	2333360005037001	23	☑	037	01	12	2
220021198611230728	2333360005059028	23	☑	037	03	2	2
250106198605031237	2333360005123020	23	☑	037	02	11	4
360002198606021020	2633360005059029	26	☑	059	01	2	2
430400198507042008	2633360005096015	26	☑	059	02	5	3
360412198506127216	2733360005001002	27	☑	001	02	5	1
150104198510110913	2733360005013004	27	☑	001	01	17	1
430001198603215301	2833360005072005	28	☑	016	02	6	3
360002198603081234	2833360005097001	28	☑	016	01	13	3
150021198411252024	3133360005097003	31	☑	102	01	6	3
360023198511026026	3233360005096018	32	☑	103	01	3	3
360208198607100123	3333360005013003	33	☑	104	01	3	1

记录：1 共有记录数：20

图 2-19　考生报考信息表

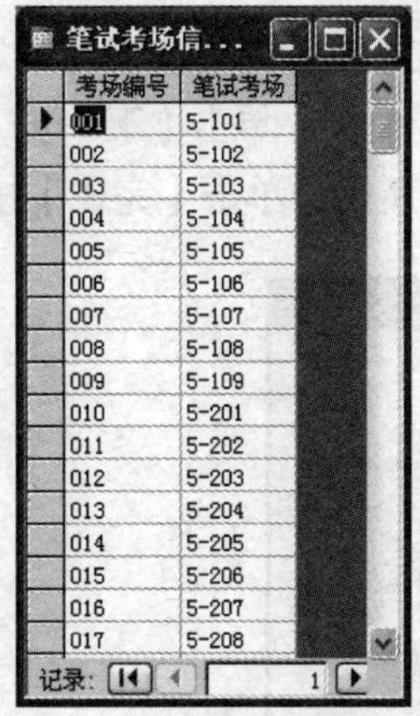

笔试考场信...

考场编号	笔试考场
001	5-101
002	5-102
003	5-103
004	5-104
005	5-105
006	5-106
007	5-107
008	5-108
009	5-109
010	5-201
011	5-202
012	5-203
013	5-204
014	5-205
015	5-206
016	5-207
017	5-208

记录：1

图 2-20　笔试考场信息表

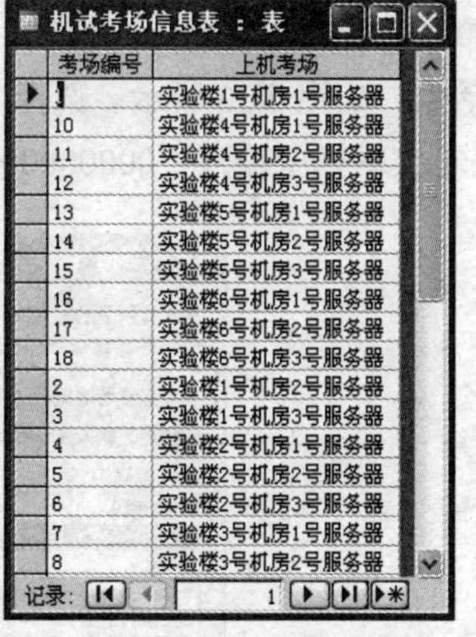

机试考场信息表 ： 表

考场编号	上机考场
1	实验楼1号机房1号服务器
10	实验楼4号机房1号服务器
11	实验楼4号机房2号服务器
12	实验楼4号机房3号服务器
13	实验楼5号机房1号服务器
14	实验楼5号机房2号服务器
15	实验楼5号机房3号服务器
16	实验楼6号机房1号服务器
17	实验楼6号机房2号服务器
18	实验楼6号机房3号服务器
2	实验楼1号机房2号服务器
3	实验楼1号机房3号服务器
4	实验楼2号机房1号服务器
5	实验楼2号机房2号服务器
6	实验楼2号机房3号服务器
7	实验楼3号机房1号服务器
8	实验楼3号机房2号服务器

记录：1

图 2-21　机试考场信息表

【实验 2-4】字段属性的设置。

【实验要求】

（1）利用表设计器将“考生基本信息表”中的“身份证号”字段的长度限定为 15 位或 18 位，如果输入不符合要求，则提示“身份证号不合法，请重新输入!”。并将“必填字段”属性设置为

“是”，“允许空字符串”设置为“否”。

（2）利用表设计器将“考生基本信息表”中的“身份证号”字段的掩码属性设置为0000000000000099A。

【操作步骤】

（1）打开“等级考试管理系统”数据库，在该数据库窗口中选择【对象】列下的【表】选项，在右边的子对象中选择“考生基本信息表”选项，然后单击【设计】按钮。

（2）在设计视图中选择“身份证号”字段，然后在【有效性规则】文本框中直接输入表达式“Len([身份证号])=18 Or Len([身份证号])=15”，在【有效性文本】文本框中输入不符合条件时显示的提示信息“输入的身份证号不合法，请重新输入！”。单击【必填字段】文本框，在下拉列表中选择“是”。单击【允许空字符串】文本框，在下拉列表中选择“否”，如图 2-22 所示。

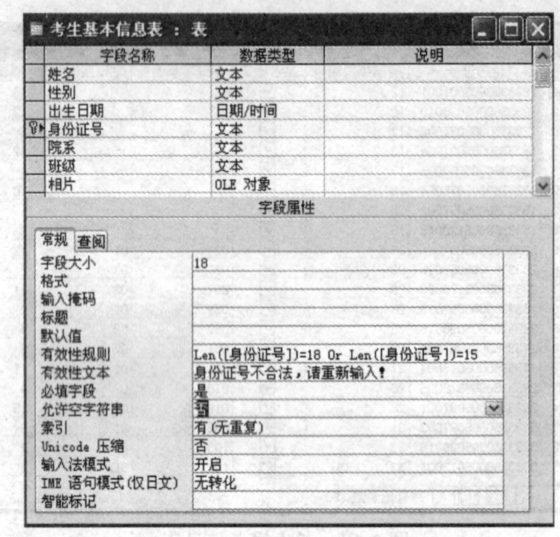

图 2-22　字段的有效性规则

（3）单击【保存】按钮保存修改。然后单击【输入掩码】文本框后面的按钮打开“输入掩码向导”对话框，如图 2-23 所示。选择“身份证号码（15 位或 18 位）”，单击【下一步】按钮，在【输入掩码】文本框中输入“0000000000000099A”，如图 2-24 所示，单击【完成】按钮。

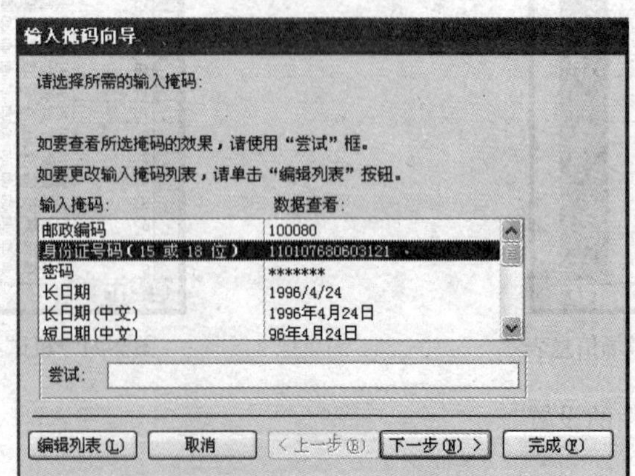

图 2-23 “输入掩码向导”对话框

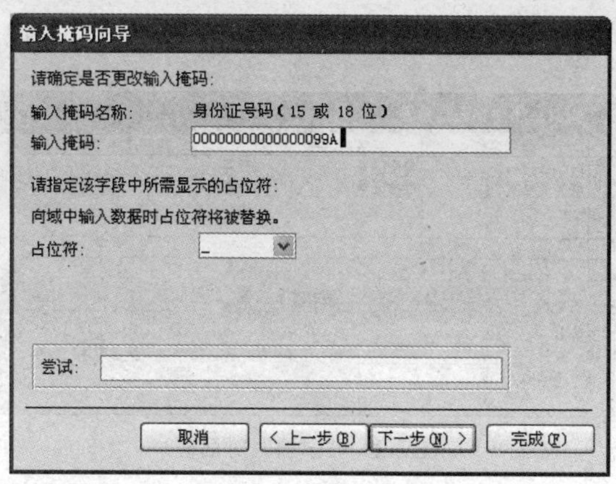

图 2-24 “输入掩码向导”对话框

【实验 2-5】表的维护。

【实验要求】

(1)将“考生基本信息表”的“姓名”字段长度改成 12，另外添加一个“备注”字段，并将其数据类型定义为“备注”型。

(2)将“考生基本信息表”中“备注”的内容设置为“大学的简历信息”。

(3)删除表中的最后一条记录。

【操作步骤】

(1)打开“等级考试管理系统”数据库，在该数据库窗口中选择【对象】列下的【表】选项，在右边的子对象中选择“考生基本信息表”选项，然后单击【设计】按钮。

(2)在设计视图中选择“姓名”字段，然后在【字段大小】文本框中输入“12”。

(3)将光标移到最后一行，然后在【字段名称】列中输入“备注”，在【数据类型】下拉列表中选择“备注”，保存修改。

(4)单击【视图】菜单下的【数据表视图】命令，在【备注字段】列直接输入“大学的简历信息”。

(5)将光标移到最后一条记录，然后单击鼠标右键最左侧的按钮，在弹出的快捷菜单中单击【删除记录】命令，然后在弹出的提示信息中单击【是】按钮，即完成了一条记录的删除，如图 2-25 所示。

新记录(W)
删除记录(R)
剪切(T)
复制(C)
粘贴(P)
行高(R)...

图 2-25 删除记录

【实验 2-6】创建索引。

【实验要求】

给“考生报考信息表”的“准考证号”创建索引，索引名为“准考证号索引”，按升序排列。

【操作步骤】

(1)打开“考生报考信息表”的设计视图，然后单击工具栏的【索引】按钮，打开“索引”对话框，在该对话框的【索引名称】列的第 1 个空白行中输入“准考证号索引”，在【字段名称】列选择“准考证号”，在【排序次序】列选择“升序”，如图 2-26 所示。

(2)关闭“索引”对话框，单击【保存】按钮。

【实验 2-7】排序与筛选操作。

【实验要求】

(1)将“考生基本信息表”的“班级”字段按升序排列。

（2）从“考生报考信息表”中找出“考试类型编号”是“13”的记录。

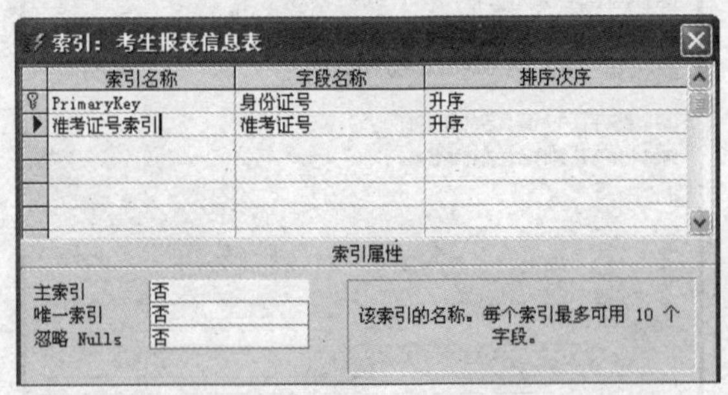

图 2-26 “索引”对话框

【操作步骤】

（1）打开“等级考试管理系统”数据库，在该数据库窗口中选择【对象】列下的【表】选项，在右边的子对象中选择“考生基本信息表”选项，然后双击打开数据表视图。

（2）选定要排序的“班级”字段，单击【记录】菜单下的【排序】命令，选择【升序排序】命令，单击【保存】按钮完成排序操作。

（3）打开“等级考试管理系统”数据库，在该数据库窗口中选择【对象】列下的【表】选项，在右边的子对象中选择“考生报考信息表”选项，然后双击打开数据表视图。

（4）将光标定位在“考试类型编号”字段值为“13”的单元格，然后单击鼠标右键，从弹出的快捷菜单中选择【按选定内容筛选】命令，如图 2-27 所示。筛选结果如图 2-28 所示。

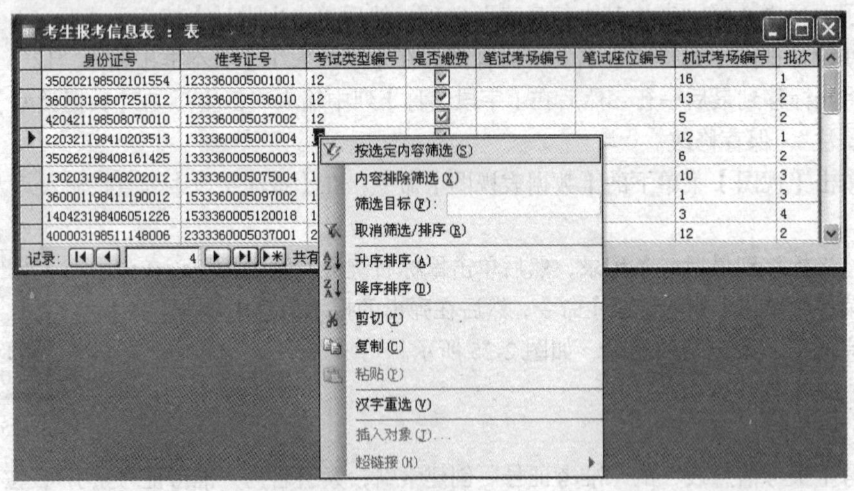

图 2-27 按选定内容筛选

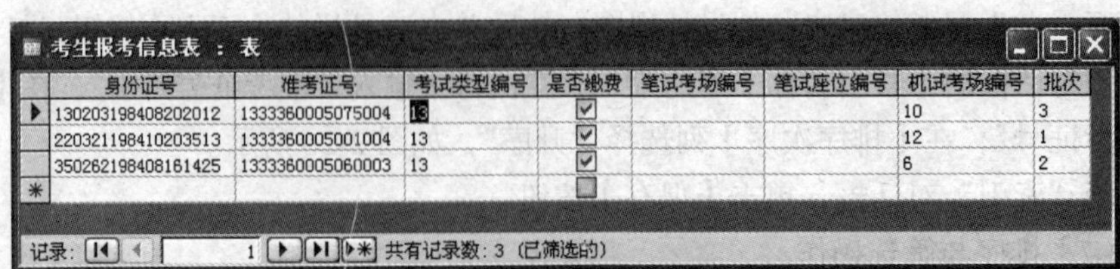

图 2-28 筛选结果

【实验 2-8】表间的关联。

【实验要求】

掌握表间关联关系的建立，并实施参照完整性的设置。建立“考生基本信息表”、“参数设置表”、“笔试考场信息表”、“机试考场信息表”、“考生报考信息表”、“机试批次信息表”、“成绩表”之间的一对一及一对多的关系。

【操作步骤】

（1）打开“等级考试管理系统”数据库，单击工具栏上的【关系】按钮，则打开“关系”窗口，此时会弹出如图 2-29 所示的窗口。然后依次双击“考生基本信息表”、“参数设置表”、“笔试考场信息表”、“机试考场信息表”、“考生报考信息表”、“机试批次信息表”　、“成绩表”，将它们添加到“关系”窗口，如图 2-30 所示。

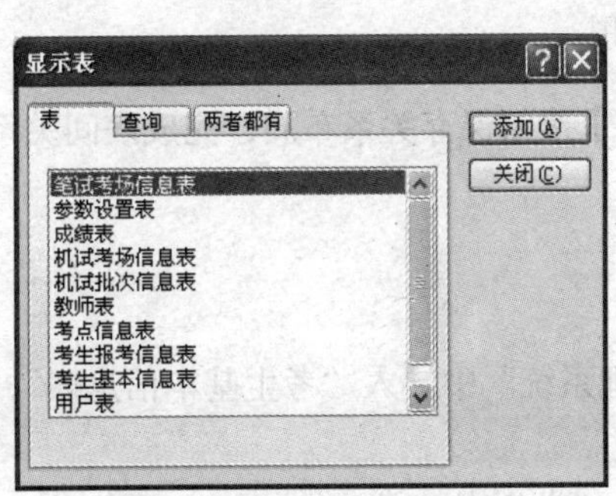

图 2-29　“显示表”窗口

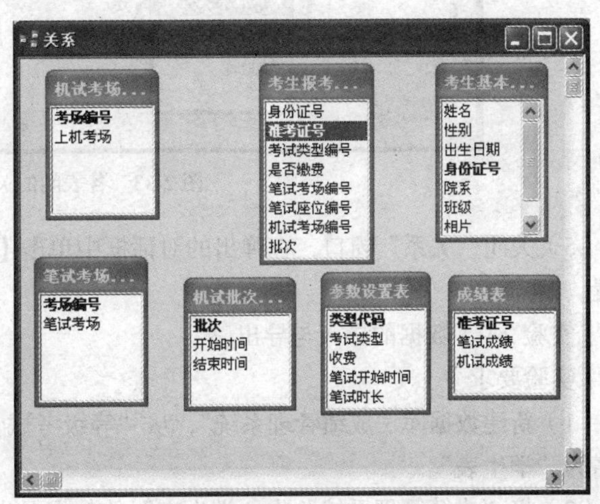

图 2-30　“关系”窗口

（2）在“关系”窗口中，将“考生报考信息表”的“准考证号”字段拖到“成绩表”中的“准考证号”字段上松开，弹出“编辑关系”对话框，如图 2-31 所示。

（3）在“编辑关系”对话框中，选中【实施参照完整性】复选框，然后选中【级联更新相关字段】和【级联删除相关记录】复选框，再单击【创建】按钮，两表间就有了一条连接线，这样就创建好了两表之间的一对一的关系，如图 2-32 所示。

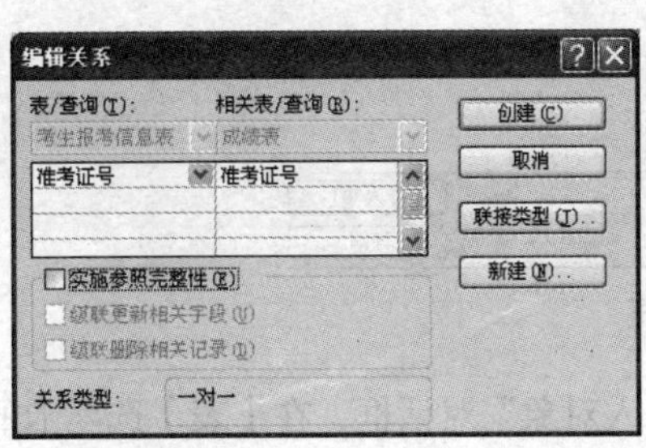

图 2-31　“编辑关系”对话框

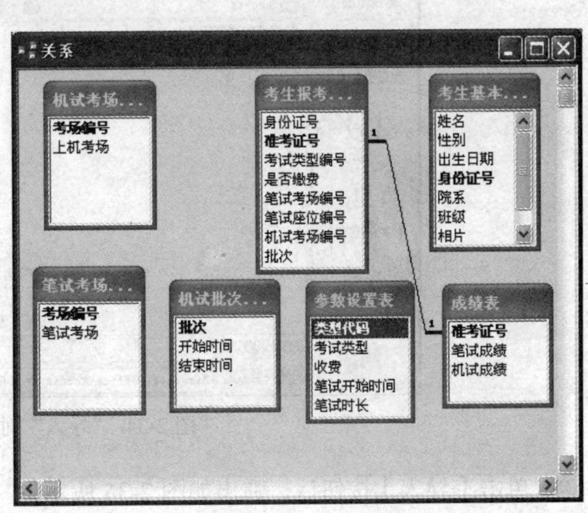

图 2-32　两表间一对一的关系

（4）用同样的方法建立“考生基本信息表”、“参数设置表”、“笔试考场信息表”、“机试考场信息表”、“考生报考信息表”、“机试批次信息表”之间的联系。各表之间的关系如图 2-33 所示。

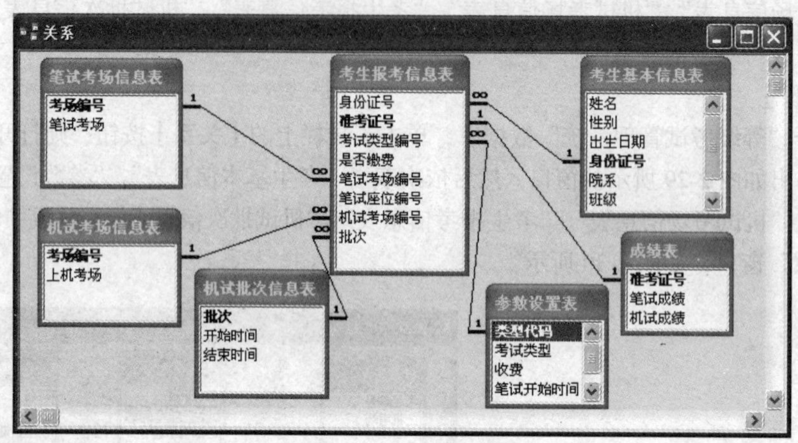

图 2-33　各表间的关系图

（5）关闭“关系”窗口，在弹出的对话框中单击【是】按钮保存关系布局，完成表间关系的设置。

【实验 2-9】数据的导入与导出。

【实验要求】

（1）新建数据库“成绩管理系统”，从“等级考试管理系统”中导入“考生基本信息表”，并更名为“学生表”。

（2）将“成绩管理系统”中“学生表”的数据导出为“学生表.xls”。

【操作步骤】

（1）打开 Access 2003，创建“成绩管理系统”数据库，然后单击【文件】菜单中【获取外部数据】的级联菜单中的【导入】命令项，在弹出的“导入”对话框中选择“等级考试管理系统.mdb”文件，如图 2-34 所示。

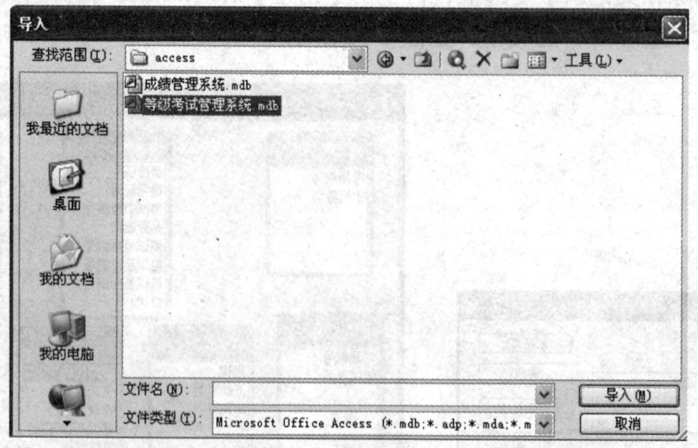

图 2-34　“导入”对话框

（2）单击【导入】按钮后，弹出如图 2-35 所示的“导入对象”对话框，在【表】选项卡的列表框中选择“考生基本信息表”，单击【确定】按钮，完成表的导入。

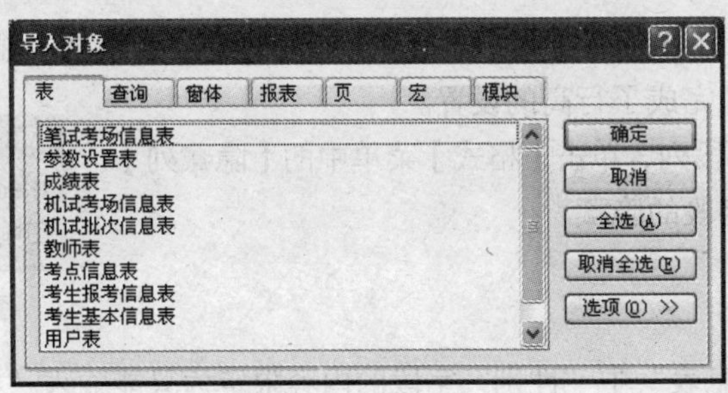

图 2-35　“导入对象”对话框

（3）在“成绩管理系统”数据库中，鼠标右键单击“考生基本信息表”，在弹出的快捷菜单中选择【重命名】命令，将表更名为“学生表”。

（4）选择“学生表”，单击【文件】菜单中的【导出】命令项，如图 2-36 所示，在弹出的“导出”对话框中选择【保存位置】和【保存类型】，输入文件名为“学生表.xls”，单击【导出】按钮即可。

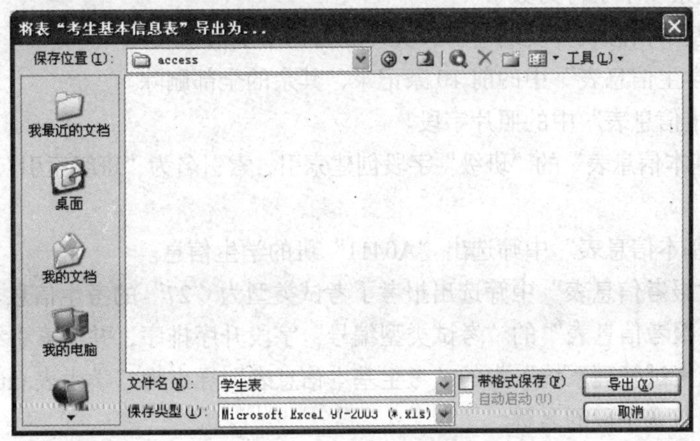

图 2-36　“导出”对话框

【实验 2-10】编辑表的外观。

【实验要求】

将“考生基本信息表”的字体设置为宋体，字号设置为二号，行高设为 20，照片列隐藏。

【操作步骤】

（1）打开“考生基本信息表”，单击【格式】菜单中的【字体】命令项，打开如图 2-37 所示的“字体”对话框，将【字体】设置为“宋体”，将【字号】设置为“二号”，单击【确定】按钮。

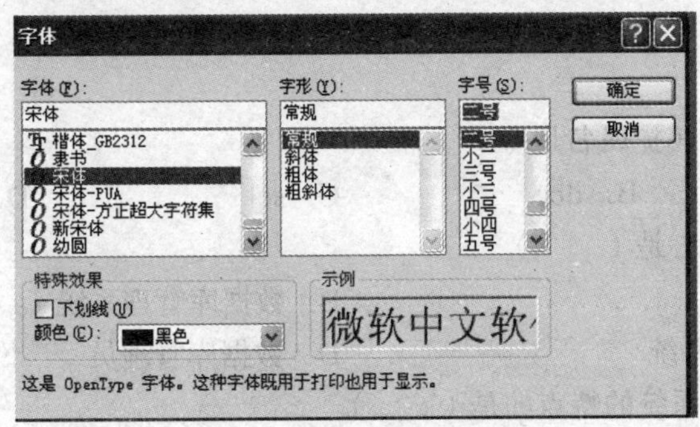

图 2-37　“字体”对话框

（2）单击【格式】菜单中的【行高】命令项，在【行高】文本框中输入 20，如图 2-38 所示，然后单击【确定】按钮即完成了行高的设置。

（3）单击“照片”字段列，单击【格式】菜单中的【隐藏列】命令即完成了“照片”字段的隐藏。

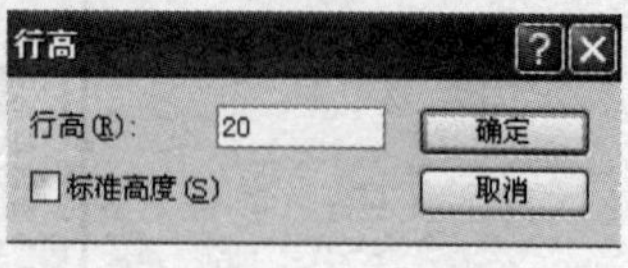

图 2-38 “行高”对话框

三、实验作业

1. 将“考生基本信息表”中“性别”字段的内容限定为只能输入“男”或“女”，如果输入错误，则给出出错提示“请输入男或女！请重新输入”；如没有输入性别值，系统缺省为“男”。
2. 将“成绩表”中“笔试成绩”字段的取值限定在 0 ~ 100，如果输入错误，则给出错误提示“成绩取值越界！请重新输入”。
3. 将“考生基本信息表”中“出生日期”字段的掩码属性设置为 99 年 99 月 99 日。
4. 为“考生基本信息表”中的“班级”字段设置掩码格式，格式为第 1 个字符为汉字，第 2 个字符为字母，剩余 4 个字符为数字。
5. 将“考生基本信息表”复制一份，文件名为“学生信息表”。
6. 只保留“学生信息表”中的前 10 条记录，其余的全部删除。
7. 删除“学生信息表”中的照片字段。
8. 对“考生基本信息表”的“班级”字段创建索引，索引名为“班级索引”，排序次序为“降序”。
9. 从“考生基本信息表”中筛选出“A0411”班的学生信息。
10. 从“考生报考信息表”中筛选出报考了考试类型为“27”的考生信息。
11. 将“考生报考信息表”的“考试类型编号”字段升序排序，并与索引结果进行比较。
12. 将“等级考试管理系统”中的“考生基本信息表”导出为“学生表.txt”，字段间以逗号为分隔符，第 1 行包含字段的名称。
13. 将“等级考试管理系统”中的“参数设置表”、“考生报考信息表”链接到“成绩管理系统”数据库中。
14. 将“等级考试管理系统”中的“参数设置表”导出为“参数设置表.dbf”。
15. 在“考生基本信息表”的数据表视图中将隐藏的“照片”字段重新显示出来。
16. 在“考生基本信息表”的数据表视图中将“出生日期”字段列冻结。
17. 将“考生基本信息表”的前景色设置为“白色”，背景色设置为“黑色”。
18. 将“考生基本信息表”的单元格效果设置为“凸起”。

四、同步练习

（一）选择题

1. Access 数据库，其扩展名是（　　）。

A．dbf　　B．dbc　　C．sql　　D．mdb

2. 数据库系统的核心是（　　）。

A．数据　　B．数据库管理系统

C．数据库应用系统　　D．数据库管理员

3. 下列不是数据库系统的特点的是（　　）。

A．数据独立性　　B．数据完整性

C．没有冗余　　D．数据共享

4．Access 是（　　）数据库管理系统。

A．层次　　B．网状　　C．关系　　D．链式

5．在一个等级考试管理系统的数据库中，字段“照片”的数据类型是（　　）。

A．文本　　B．数字　　C．备注　　D．OLE 对象

6．假定有一个数字型的成绩字段，要查找及格学生应该使用（　　）。

A．成绩>=60　　B．[成绩]>=60　　C．成绩<60　　D．[成绩]<60

7．下列选项中，不能建立索引的数据类型是（　　）。

A．文本　　B．是/否　　C．货币　　D．备注

8．在 Access 中，表和数据库的关系是（　　）。

A．一个数据库可以包含多个表

B．一个表只能属于一个数据库

C．一个表属于多个数据库

D．一个数据库只能包含一个表

9．下列选项中，哪种通配符不是 Access 合法的？（　　）

A．*　　B．?　　C．()　　D．[]

10．必须输入 0～9 数字的输入掩码是（　　）。

A．0　　B．9　　C．A　　D．C

（二）填空题

1．数据库系统是由数据库、（　　）、（　　）、应用程序、用户等构成的。

2．在数据库中存储的是（　　）。

3．当前数据库有一个 student 表，如果从外部导入一个同名的数据表，那（　　）（会/不会）覆盖当前表。

4．在关系数据库中，二维表的一行被称为（　　）。

5．常见的数据模型有 3 种，分别是（　　）、（　　）、（　　）。

6．Access 的对象有表、（　　）、（　　）、报表、数据访问页、宏、模块。

7．如果在创建表时需要随机编号的字段，其数据类型应当为（　　）。

8．创建表结构时，某一字段所存内容超过了 255 个字符，则应定义为（　　）类型。

9．在 Access 中，数据库的核心是（　　）。

（三）问答题

1．表之间的关系有哪几种？

2．参照完整性的作用是什么？

3．简述空值（NULL）和空字符串之间的区别。

4．创建数据库的方法有几种？

实验三 查询设计

一、实验目的

1．熟悉和掌握选择查询、参数查询、交叉表查询、不匹配查询的创建方法。

2．熟悉和掌握操作查询中删除、追加、更改、生成表的创建方法。

3．熟悉和掌握单表、多表查询的创建方法。

二、实验内容

【实验 3-1】查询考生的基本信息。

【实验要求】

以“考生基本信息表”为数据源，创建一个查询，查找并显示考生的“姓名”、“性别”、“出生日期”、“院系”、“班级”字段的内容，所建查询命名为“考生基本信息”。

【操作步骤】

（1）在“等级考试管理系统”数据库中选择【查询】对象，在该对象窗口的工具栏上单击【新建】按钮，如图 3-1 所示。在弹出的“新建查询”对话框中选择【简单查询向导】选项，如图 3-2 所示。

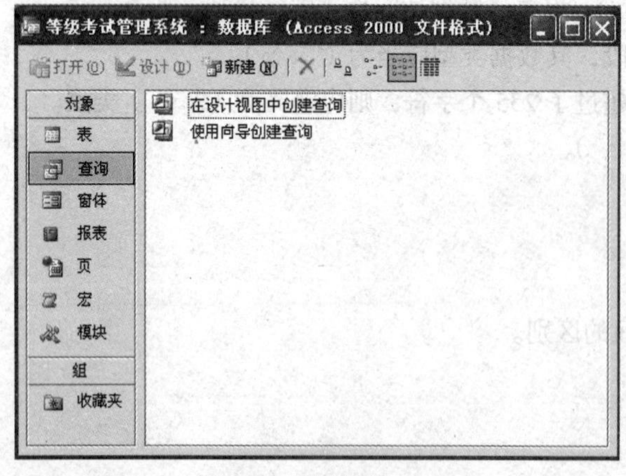

图 3-1 “数据库”窗口

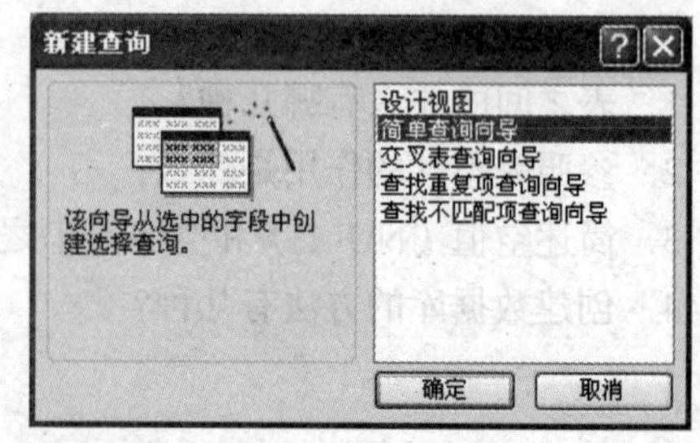

图 3-2 “新建查询”对话框

（2）单击【确定】按钮，弹出“简单查询向导”对话框，在【表/查询】下拉列表框中选择“表：考生基本信息表”，然后将【可用字段】列表框中的“姓名”、“性别”、“出生日期”、“院系”、“班级”字段添加到【选定的字段】列表框中，如图 3-3 所示。

（3）单击【下一步】按钮，在【请为查询指定标题：】文本框中输入查询标题“考生基本信息”，如图 3-4 所示。单击【完成】按钮可得到如图 3-5 所示的查询结果。

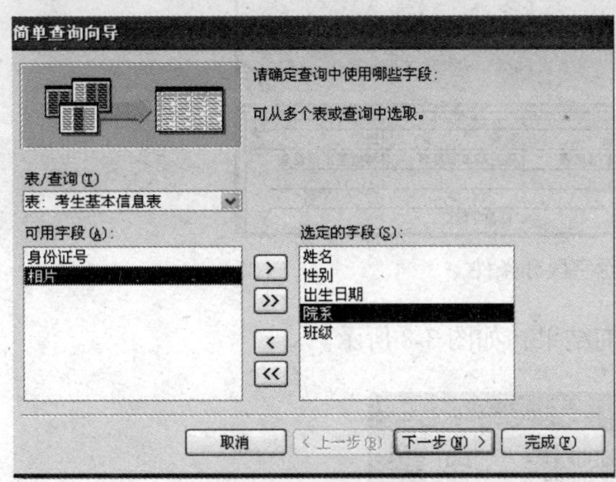

图 3-3　选择显示字段

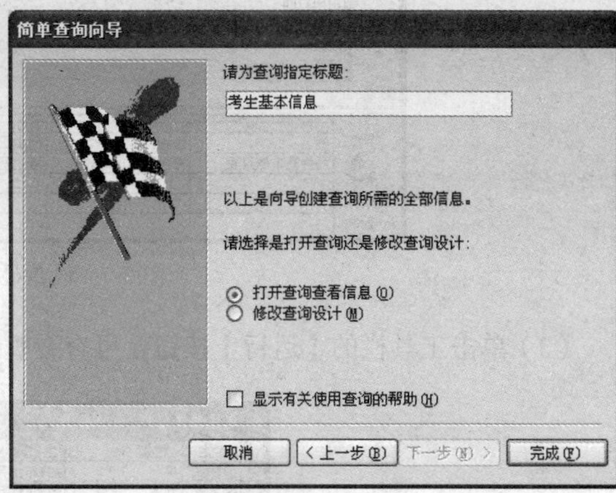

图 3-4　输入查询标题

考生基本信息 ： 选择查询

姓名	性别	出生日期	院系	班级
卫成志	男	1984年8月20日	会计学院	A0419
秦晨	男	1984年6月5日	会计学院	A0416
陈江洪	男	1984年11月25日	商学院	A0511
张春芳	女	1985年10月11日	会计学院	A0416
许丹	女	1986年11月23日	电子学院	A0611
周海明	男	1984年10月20日	信息学院	A0411
姜小云	女	1986年5月3日	商学院	A0511
蔡婧	女	1985年2月10日	电子学院	A0611
雷政	男	1984年8月16日	电子学院	A0611
张小芳	女	1984年11月19日	信息学院	A0411
陈宇航	男	1986年3月8日	信息学院	A0411
喻可凡	女	1986年6月2日	商学院	A0611
汪一芳	女	1985年7月25日	电子学院	A0511
郑奕涛	男	1985年11月2日	会计学院	A0416
郭东旭	男	1986年7月10日	旅游学院	A0413
夏传虎	男	1985年6月12日	商学院	A0511
朱丹丹	女	1985年11月14日	旅游学院	A0631
何晓	男	1985年8月7日	信息学院	A0421

记录：1　共有记录数：20

图 3-5　查询结果

【实验 3-2】查询信息学院考生的基本信息。

【实验要求】

以“考生基本信息表”为数据源，创建一个查询，查找并显示信息学院考生的“姓名”、“性别”、“出生日期”、“院系”、“班级”字段的内容，所建查询命名为“信息学院考生信息”。

【操作步骤】

（1）在“等级考试管理系统”数据库中选择【查询】对象，双击【在设计视图中创建查询】选项，弹出“选择查询”设计视图窗口。在“显示表”对话框中，双击“考生基本信息表”，如图 3-6 所示。

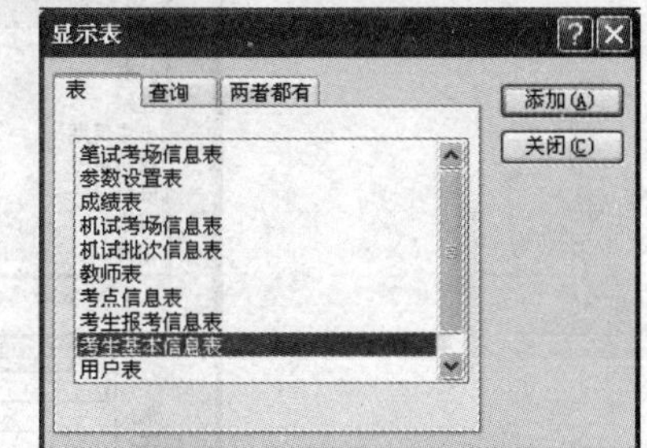

图 3-6　查询设计视图窗口

（2）将表添加到设计网格上部的【数据源区域】窗格中，然后关闭“显示表”对话框。双击“考生基本信息表”的“姓名”、“性别”、“出生日期”、“院系”、“班级”字段，将它们添加到设计网格中。在【院系】字段列的【条件】单元格中输入条件“″信息学院″”，如图 3-7 所示。

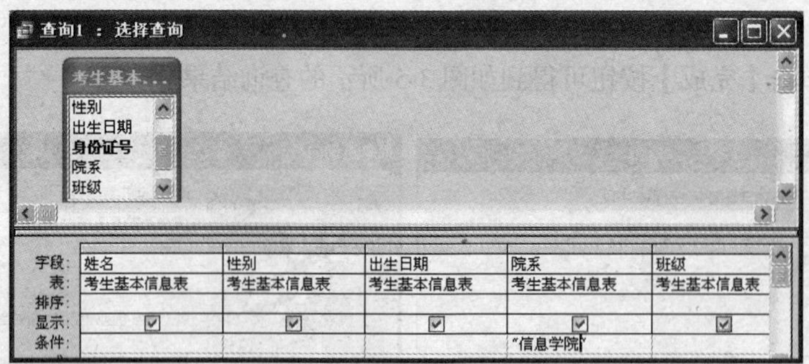

图 3-7　设置显示字段和条件

（3）单击工具栏的【运行】按钮，可查看查询结果，如图 3-8 所示。

图 3-8　查询结果

（4）单击工具栏上的【保存】按钮，在弹出的【另存为】对话框中输入查询名称“信息学院考生信息”，单击【确定】按钮保存。

【实验 3-3】查询考生的成绩。

【实验要求】

以“考生基本信息表”、“成绩表”、“考生报考信息表”为数据源，创建一个多表查询，要求显示考生的“姓名”、“班级”、“准考证号”、“笔试成绩”、“机试成绩”字段的内容，所建查询命名为“考生成绩”。

【操作步骤】

（1）在“等级考试管理系统”数据库中选择【查询】对象，双击【在设计视图中创建查询】选项，弹出“选择查询”设计视图窗口，在“显示表”对话框中，依次双击“考生基本信息表”、“考生报考信息表”、“成绩表”，将它们分别添加到设计网格上部的【数据源区域】窗格中，然后关闭“显示表”对话框，如图 3-9 所示。

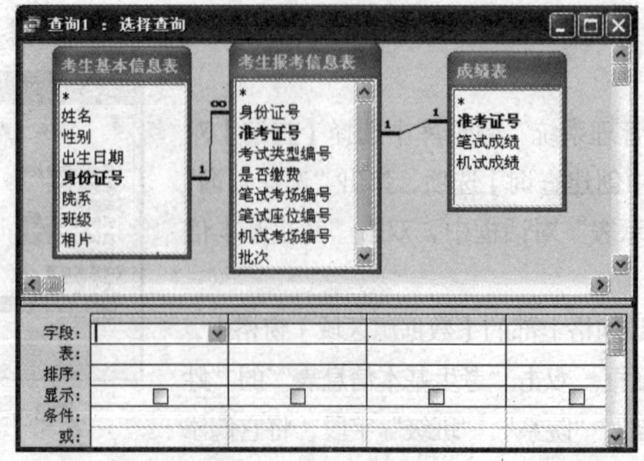

图 3-9　查询设计器窗口

（2）双击“考生基本信息表”的“姓名”、“班级”字段，“考生报考信息表”中的“准考证号”字段，“成绩表”中的“笔试成绩”、“机试成绩”字段，将它们添加到设计网格中，如图 3-10 所示。

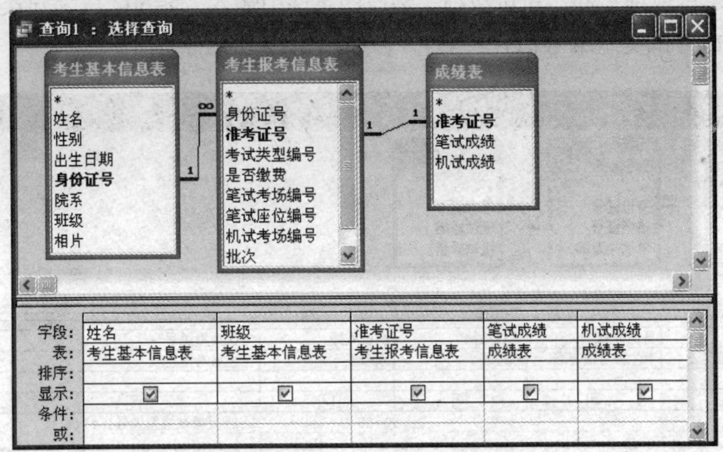

图 3-10　设计完成的查询设计器窗口

（3）单击工具栏的【运行】按钮或【查询】菜单下的【运行】命令，可执行查询，查询结果如图 3-11 所示。

查询1 : 选择查询

姓名	班级	准考证号	笔试成绩	机试成绩
桑晟	A0416	1533360005120018	0	76
张春芳	A0416	2733360005013004	56	65
张小芳	A0411	1533360005097002	0	90
陈宇航	A0411	2833360005097001	83	82
喻可凡	A0611	2633360005059029	72	60
汪一芳	A0511	1233360005036010	0	63
郑奕涛	A0416	3233360005096018	50	45
郭东旭	A0413	3333360005013003	65	60
朱丹丹	A0631	2333360005037001	50	35
何晓	A0421	1233360005037002	0	60
谭小越	A0412	2833360005072005	65	50
胡学晶	A0419	2633360005096015	60	74
卫成志	A0419	1333360005075004	0	0
周海明	A0411	1333360005001004	0	50

记录: 1 共有记录数: 20

图 3-11　查询结果

（4）单击工具栏上的【保存】按钮，在弹出的【另存为】对话框中输入查询名称“考生成绩”，单击【确定】按钮保存。

【实验 3-4】查询已通过考试的考生信息。

【实验要求】

以“考生基本信息表”、“成绩表”、“考生报考信息表”为数据源，创建一个查询，显示通过了考试的考生的“姓名”、“身份证号”、“准考证号”、“笔试成绩”、“机试成绩”字段的内容，所建查询命名为“考生成绩”。（注意：一级考试只有机试成绩，其他考试有笔试成绩和机试成绩。）

【操作步骤】

（1）在“等级考试管理系统”数据库中选择【查询】对象，双击【在设计视图中创建查询】选项，弹出“选择查询”设计视图窗口，在“显示表”对话框中，依次双击“考生基本信息表”、“考生报考信息表”、“成绩表”，将它们分别添加到设计网格上部的【数据源区域】窗格中，然后关闭“显示表”对话框。

（2）双击“考生基本信息表”的“姓名”字段，“考生报考信息表”中的“准考证号”、“考试类型编号”、“身份证号”字段，“成绩表”中的“笔试成绩”、“机试成绩”字段，将它们添加到设计网格中，在“笔试成绩”和“机试成绩”字段的条件中输入“>=60”，“考试类型编号”字段的条件中输入“left([考试类型编号],1)<> "1"　”，如图 3-12 所示。

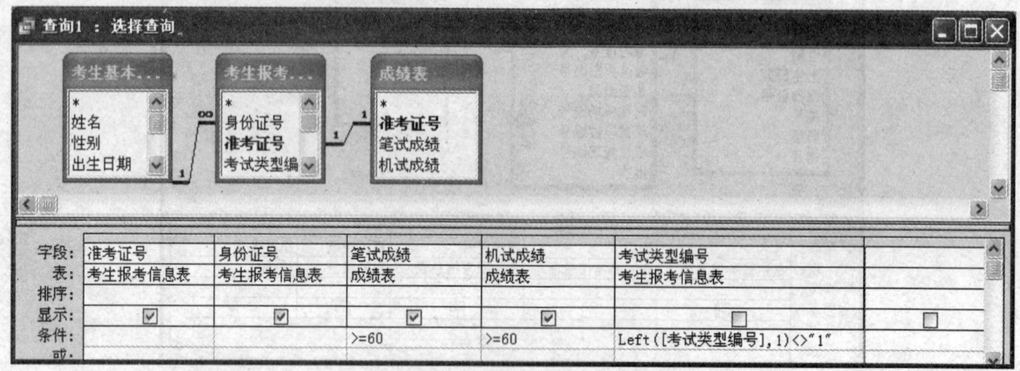

图 3-12　设计完成的查询设计器窗口

（3）打开 SQL 视图，在 SQL 视图中加上联合查询语句，如图 3-13 所示，单击工具栏的【运行】按钮，可查看查询结果，如图 3-14 所示。

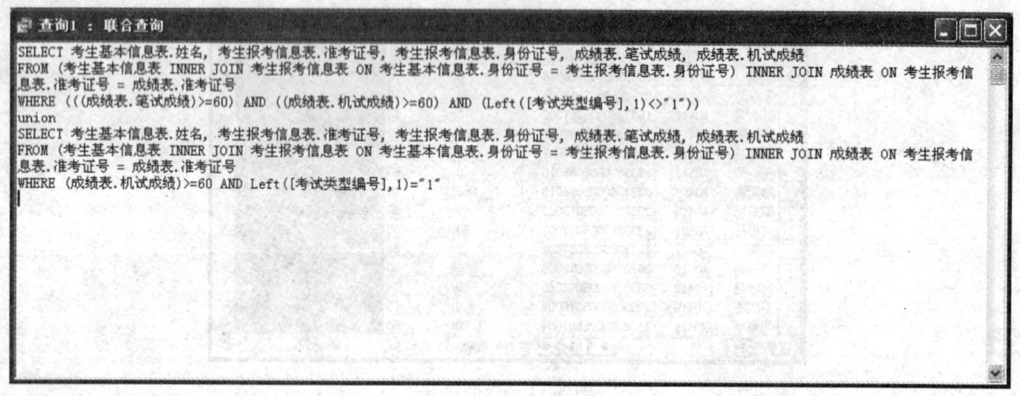

```
SELECT 考生基本信息表.姓名, 考生报考信息表.准考证号, 考生报考信息表.身份证号, 成绩表.笔试成绩, 成绩表.机试成绩
FROM (考生基本信息表 INNER JOIN 考生报考信息表 ON 考生基本信息表.身份证号 = 考生报考信息表.身份证号) INNER JOIN 成绩表 ON 考生报考信息表.准考证号 = 成绩表.准考证号
WHERE (((成绩表.笔试成绩)>=60) AND ((成绩表.机试成绩)>=60) AND (Left([考试类型编号],1)<>"1"))
union
SELECT 考生基本信息表.姓名, 考生报考信息表.准考证号, 考生报考信息表.身份证号, 成绩表.笔试成绩, 成绩表.机试成绩
FROM (考生基本信息表 INNER JOIN 考生报考信息表 ON 考生基本信息表.身份证号 = 考生报考信息表.身份证号) INNER JOIN 成绩表 ON 考生报考信息表.准考证号 = 成绩表.准考证号
WHERE (成绩表.机试成绩)>=60 AND Left([考试类型编号],1)="1"
```

图 3-13　联合查询

（4）单击工具栏上的【保存】按钮，在弹出的【另存为】对话框中输入查询名称“通过等级考试的考生名单”，单击【确定】按钮保存。

查询1 ：联合查询

姓名	准考证号	身份证号	笔试成绩	机试成绩
陈宇航	2833360005097001	360002198603081234	83	82
郭东旭	3333360005013003	360208198607100123	65	60
何晓	1233360005037002	420421198508070010	0	60
胡学晶	2633360005096015	430400198507042008	60	74
姜小云	2333360005123020	250108198605031237	90	100
秦晨	1533360005120018	140423198406051226	0	76
汪一芳	1233360005036010	360003198507251012	0	63
喻可凡	2633360005059029	360002198606021020	72	60
张小芳	1533360005097002	360001198411190012	0	90

记录: 1 共有记录数: 9

图 3-14　查询结果

【实验 3-5】查询未安排上机考试的机房。

【实验要求】

以“机试考场信息表”、“考生报考信息表”为数据源，创建一个查询，显示“考场编号”、“上机考场”字段的内容，所建查询命名为“未用上机考场”。

【操作步骤】

（1）在“等级考试管理系统”数据库中选择【查询】对象，单击【新建】按钮，打开“新建查询”对话框，如图 3-15 所示。

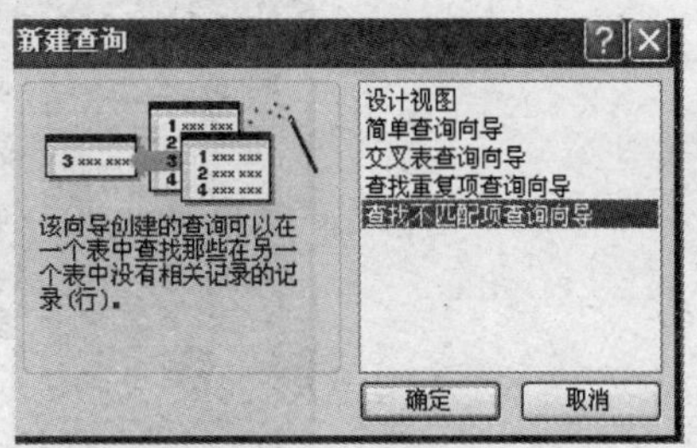

图 3-15　“新建查询”对话框

（2）在“新建查询”对话框中选择【查找不匹配项查询向导】，单击【确定】按钮，弹出“查找不匹配项查询向导”对话框，选中“机试考场信息表”，如图 3-16 所示。

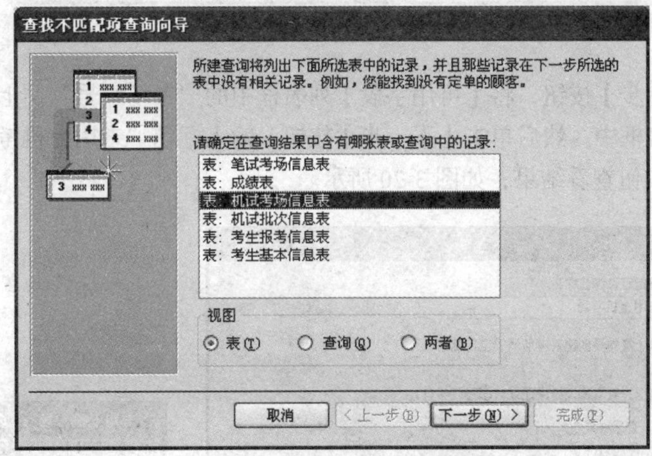

图 3-16　选择第一个数据源文件

（3）单击【下一步】按钮，选择“考生报考信息表”，如图 3-17 所示。

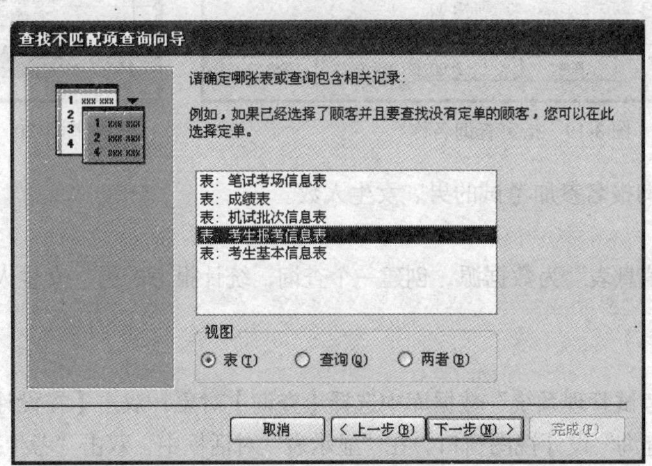

图 3-17　选择第二个数据源

（4）单击【下一步】按钮，确定两个表的匹配字段。分别选中“机试考场信息表”的“考场编号”字段和“考生报考信息表”的“机试考场编号”字段，创建匹配字段，如图 3-18 所示。

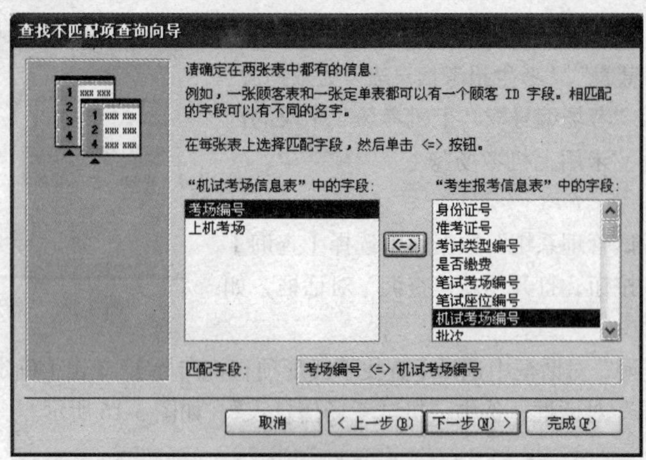

图 3-18　选定匹配字段

（5）单击【下一步】按钮，将【可用字段】列表框中的“考场编号”、“上机考场”字段添加到【选定字段】列表框中。然后单击【下一步】按钮，输入标题“未用上机考场”，如图 3-19 所示。单击【完成】按钮查看结果，如图 3-20 所示。

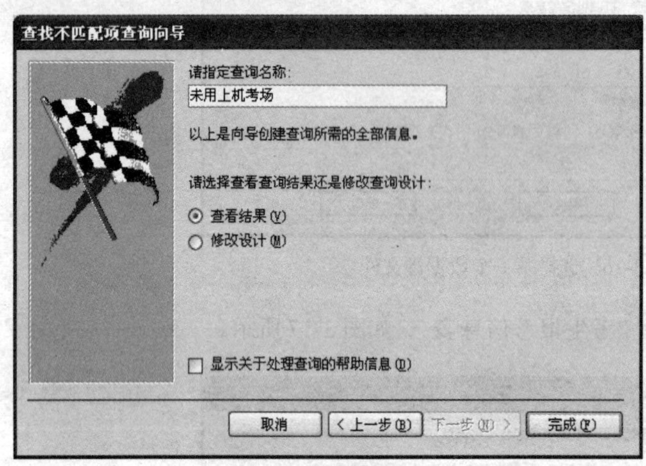

图 3-19　指定查询名称

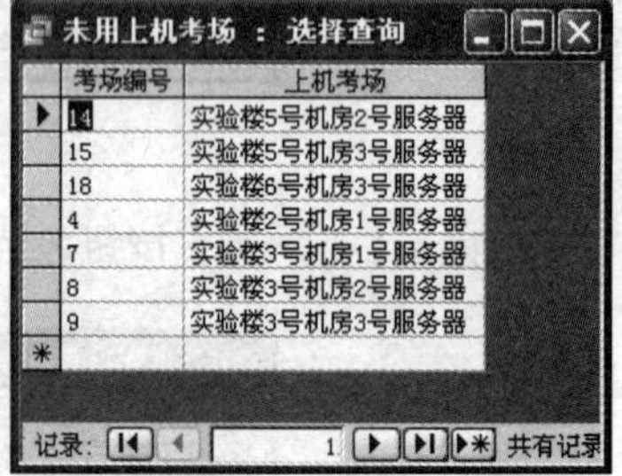

图 3-20　查询结果

【实验 3-6】查询报名参加考试的男、女生人数。

【实验要求】

以“考生基本信息表”为数据源，创建一个查询，统计报考的男、女生人数，所建查询命名为“统计人数”。

【操作步骤】

（1）在“等级考试管理系统”数据库中选择【查询】对象，双击【在设计视图中创建查询】选项，弹出“选择查询”设计视图窗口，在“显示表”对话框中，双击“考生基本信息表”，将它们分别添加到设计网格上部的【数据源区域】窗格中，然后关闭“显示表”对话框。

（2）双击 “考生基本信息表”中的“性别”和“身份证号”字段，将它们添加到设计网格中，然后单击【视图】菜单的【总计】命令，在“身份证号”列的【总计】行下拉列表中选择“计数”，并在“身份证号”前添加“人数:”（别名:修改该列显示标题），如图 3-21 所示。

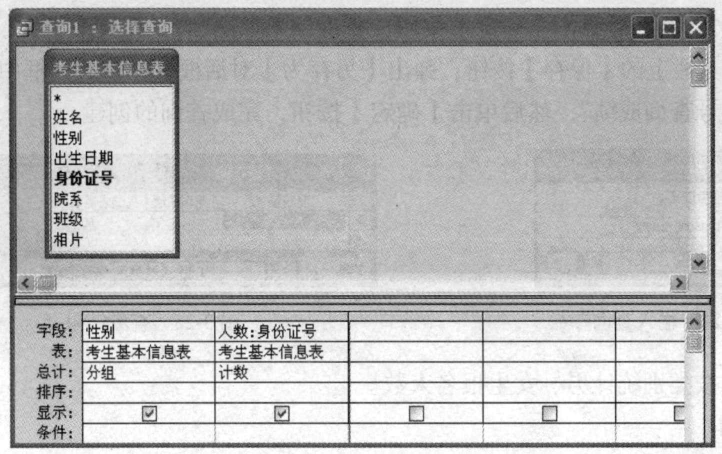

图 3-21　查询设计视图

（3）单击工具栏的【运行】按钮，可查看查询结果，如图 3-22 所示。

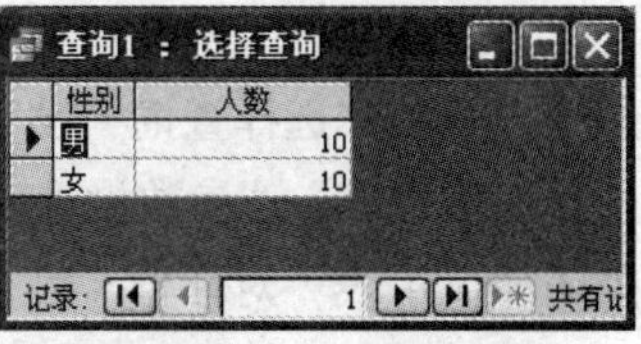

图 3-22　查询结果

（4）单击工具栏上的【保存】按钮，在弹出的【另存为】对话框中输入查询名称“统计人数”即完成查询的设计。

【实验 3-7】查询考生的分数。

【实验要求】

创建一个查询，根据输入的考生身份证号，查询考生的成绩。

【操作步骤】

（1）在“等级考试管理系统”数据库中选择【查询】对象，双击【在设计视图中创建查询】选项，弹出“选择查询”设计视图窗口，在“显示表”对话框中，双击“考生报考信息表”、“成绩表”，将它们分别添加到设计网格上部的【数据源区域】窗格中，然后关闭“显示表”对话框。

（2）双击“考生报考信息表”中的“身份证号”字段，“成绩表”中的“笔试成绩”、“机试成绩”字段，将它们添加到设计网格中，然后在“身份证号”列的“条件”行输入“[请输入身份证号:]”，如图 3-23 所示。

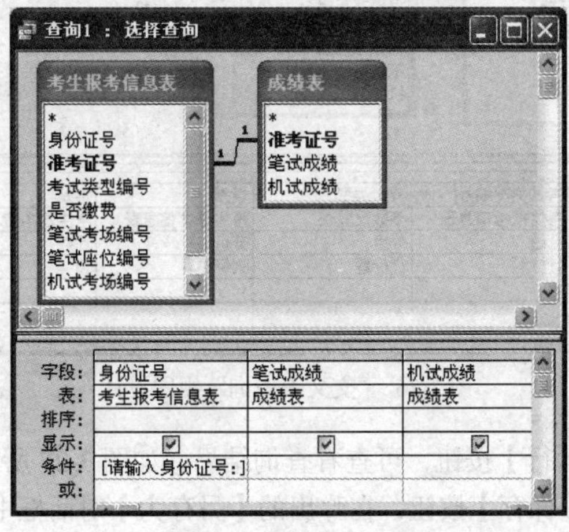

图 3-23　设置查询视图

（3）单击工具栏的【运行】按钮，弹出如图 3-24 所示的“输入参数值”对话框，输入

“360002198606021020”后单击【确定】按钮，查询结果如图 3-25 所示。

（4）单击工具栏上的【保存】按钮，弹出【另存为】对话框，在该对话框中输入所建查询的名称“按身份证号查询成绩”，然后单击【确定】按钮，完成查询的创建。

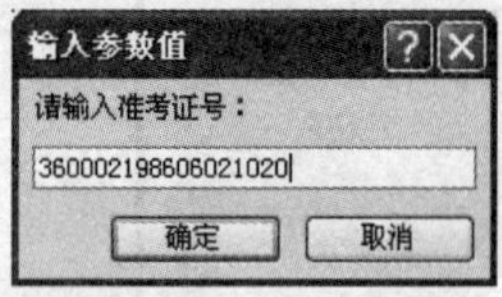

图 3-24 输入查询参数

图 3-25 查看结果

【实验 3-8】按类别统计男、女生报名人数。

【实验要求】

创建一个交叉表查询，显示各考试类型的男、女生报名人数。

【操作步骤】

（1）在“等级考试管理系统”数据库中选择【查询】对象，双击【在设计视图中创建查询】选项，弹出“选择查询”设计视图窗口，在“显示表”对话框中，双击“考生基本信息表”、“考生报考信息表”、“参数设置表”，将它们分别添加到设计网格上部的【数据源区域】窗格中，然后关闭“显示表”对话框。

（2）双击“考生报考信息表”的“考试类型编号”字段，“参数设置表”的“考试类型”字段，“考生基本信息表”的“性别”字段，将它们添加到设计网格中。

（3）单击【查询】菜单下的【交叉表查询】命令，在“考试类型编号”列的【交叉表】行中选择“行标题”；在“考试类型”列的【交叉表】行中选择“行标题”；在“性别”列的【交叉表】行中选择“列标题”；在另一个“性别”列的【总计】行中选择“计数”，在另一个“性别”列的【交叉表】行中选择“值”，如图 3-26 所示。

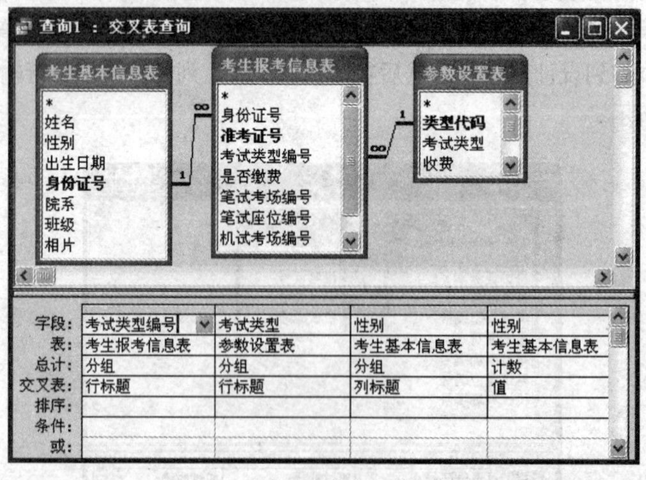

图 3-26 “交叉表查询”视图设计

（4）单击工具栏的【运行】按钮，可查看查询结果，如图 3-27 所示。

（5）单击工具栏上的【保存】按钮，在弹出的【另存为】对话框中输入查询名称“按类别统计男、女生人数”即完成查询的设计。

查询1 ：交叉表查询

考试类型编号	考试类型	男	女
12	一级B	1	2
13	一级MS OFFICE	3	
15	一级WPS OFFICE	1	1
23	二级VC		3
26	二级VB		2
27	二级VF	1	1
28	二级Java	1	1
31	三级PC技术	1	
32	三级网络技术	1	
33	三级数据库技术	1	

记录: 1 共有记录数: 10

图 3-27　查询结果

【实验 3-9】更新表数据。

【实验要求】

创建一个查询，根据输入的考生“身份证号”、“班级”、“院系”来更改考生信息。

【操作步骤】

（1）在“等级考试管理系统”数据库中选择【查询】对象，双击【在设计视图中创建查询】选项，弹出“选择查询”设计视图窗口，在“显示表”对话框中，双击“考生基本信息表”，将它添加到设计网格上部的【数据源区域】窗格中，然后关闭“显示表”对话框。

（2）双击“考生基本信息表”的“身份证号”、“院系”、“班级”字段，将它们添加到设计网格中。

（3）单击【查询】菜单下的【更新查询】命令，在“身份证号”列的【条件】行输入“[请输入身份证号:]”，在“院系”列的【更新到】行输入“[请输入新的院系：]”，在“班级”列的【更新到】行输入“[请输入新的班级：]”，如图 3-28 所示。

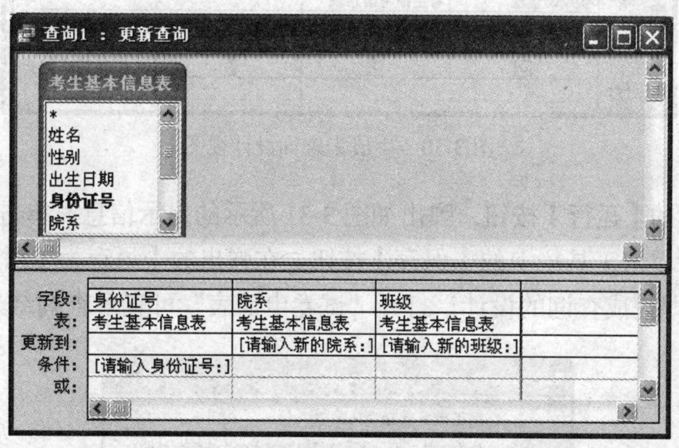

图 3-28　更新查询设计视图

（4）单击工具栏上的【保存】按钮，在弹出的【另存为】对话框中输入查询名称“更新院系班级”即完成查询的设计。

【实验 3-10】试卷申请查询。

【实验要求】

创建一个查询，将各种考试类型的人数统计出来存放在新表“试卷申请表”中。

【操作步骤】

（1）在“等级考试管理系统”数据库中选择【查询】对象，双击【在设计视图中创建查询】选项，弹出“选择查询”设计视图窗口，在“显示表”对话框中，双击“考生报考信息表”、“参数设置表”，将它们添加到设计网格上部的【数据源区域】窗格中，然后关闭“显示表”对话框。

（2）单击【查询】菜单下的【生成表查询】命令，弹出如图 3-29 所示的对话框，在“表名称”中输入“试卷申请表”，选择“当前数据库”，单击【确定】按钮。然后双击“参数设置表”中的“考试类型”字段、“考生报考信息表”中的“准考证号”字段。

图 3-29 “生成表”对话框

（3）单击【视图】菜单下的【总计】命令，在“准考证号”列的【总计】行中选择“计数”，并在“准考证号”前添加“人数:”，如图 3-30 所示。

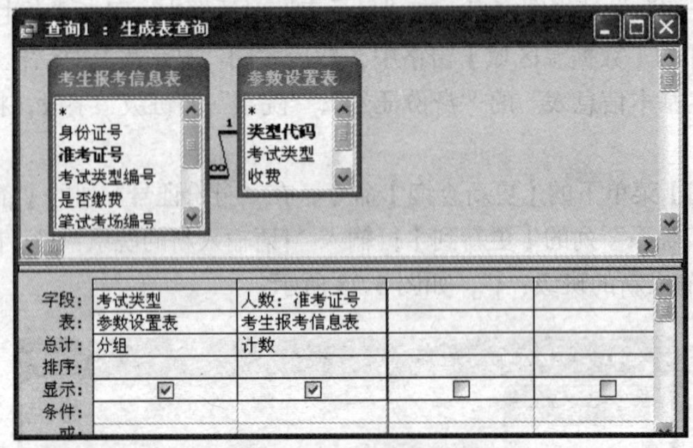

图 3-30 生成表查询设计视图

（4）单击工具栏的【运行】按钮，弹出如图 3-31 所示的提示信息，单击【是】按钮，完成生成新表的操作，然后单击工具栏上的【保存】按钮，在弹出的【另存为】对话框中输入查询名称“生成试卷申请表”即完成查询的设计。打开“试卷申请表”可查看查询结果。

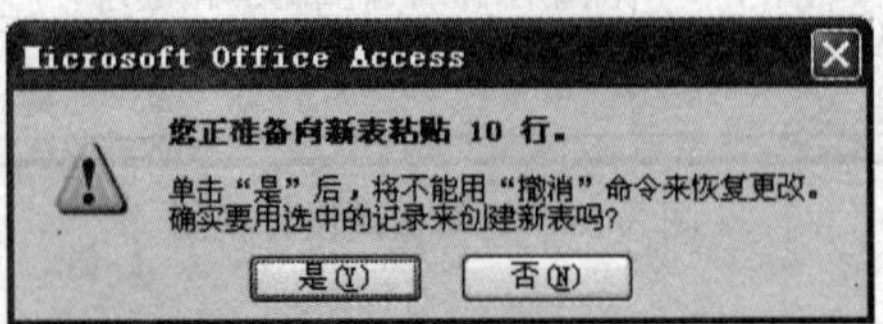

图 3-31 提示信息

三、实验作业

1．查询等级考试的类型及其收费情况。
2．查询笔试考场（机试考场）的考场信息。
3．查询所有女生的基本信息。
4．查询 1986 年出生的考生信息。

5. 查询“陈”姓考生的基本信息。
6. 查询身份证号以“36”开头的考生信息。
7. 查询考生的笔试安排信息（包括考试地点、座位号等信息）。
8. 查询考生的机试安排信息（包括机试地点、机试时间、批次等信息）。
9. 查询报考“二级 C”的考生信息。
10. 查询“信息学院”通过了考试的考生信息。
11. 查询通过了考试的男生信息。
12. 查询未参加考试的考生信息。
13. 查询各个院系的报名人数。
14. 查询各个年级的报名人数。
15. 根据输入的姓名，查询考生的基本信息。
16. 根据输入的班级，查询该班考生的基本信息。
17. 根据输入的“身份证号”来更新考生的报考类型。
18. 删除“张”姓考生的所有资料。
19. 创建生成表查询，生成“信息学院考生表”，添加符合条件的记录。

四、同步练习

（一）选择题

1. 在查询的设计视图中，通过设置（　　）行，可以让某个字段只用于设定条件，而不会出现在查询结果中。

A. 排序　　B. 显示　　C. 条件　　D. 字段

2. 下列哪个选项不是查询的视图？（　　）

A. 设计视图　　B. SQL 视图　　C. 报表视图　　D. 数据表视图

3. 如果通过班级字段显示“信息学院”的考生信息，在条件行应输入（　　）。

A. “信息学院”　　B. 信息　　C. like “信息”　　D. like “*信息*”

4. 下列不属于操作查询的是（　　）。

A. 生成表查询　　B. 更新查询　　C. 删除查询　　D. 参数查询

5. 创建分组统计查询时，总计项应选择（　　）。

A. 总计　　B. 计数　　C. 平均值　　D. 分组

6. 查询向导不能创建（　　）。

A. 参数查询　　B. 简单查询　　C. 交叉表查询　　D. 重复项查询

7. 创建查询时，下列哪个选项不能实现（　　）。

A. 选择显示字段　　B. 确定查询的条件

C. 分组统计　　D. 删除数据

8. 创建交叉表查询时，列标题字段的值显示在交叉表的位置是（　　）。

A. 第一行　　B. 第一列

C. 上面若干行　　D. 左边若干行

9. 下列关于查询“设计网格”中行的作用的叙述，错误的是（　　）。

A. “字段”表示可以在此输入或添加字段名

B. “总计”用于对查询的字段求和

C．“表”表示字段所在的表或查询的名称

D．“条件”用于输入一个条件表达式来限定记录的选择

10．利用对话框提示用户输入条件的查询是（　　）。

A．选择查询　　B．交叉表查询　　C．参数查询　　D．重复项查询

（二）填空题

1．表达式 between #1980-01-01#and #1980-12-31#的作用是（　　）。

2．查询可以作为（　　）、（　　）和数据访问页的数据源。

3．根据其应用目的的不同，Access 的查询可以分为选择查询、计算查询、（　　）、（　　）、（　　）和 SQL 查询。

4．操作查询分为（　　）、（　　）、（　　）和生成表四种。

5．若要用设计视图创建查询，查询通过了等级考试的考生信息对应的查询准则是（　　）。（笔试成绩与机试成绩同时通过才算通过考试）

6．根据指定的查询条件，从一个或多个表中获取数据并显示结果的查询称为（　　）。

（三）简答题

1．查询的类型有哪几种？各类之间有什么区别？

2．简述交叉表查询的作用。

3．在 Access 中，可以通过哪些方式来创建查询？

实验四
SQL

一、实验目的

1. 掌握 SQL 中 select 语句的格式，注意 where、group by、order by 等子句的用法。
2. 掌握简单查询、连接查询、嵌套查询等的应用。
3. 了解各种查询条件的表达方法。
4. 学会独立解决复杂查询的思路与方法。

二、实验内容

【实验 4-1】SQL 查询视图的切换。

【实验要求】

掌握 SQL 查询视图的切换方法。

【操作步骤】

（1）在【数据库】窗口的【对象】列表中选择【查询】，如图 4-1 所示。

（2）单击工具栏上的【新建】按钮，弹出“新建查询”对话框，如图 4-2 所示。在该对话框中选择【设计视图】并单击【确定】按钮。

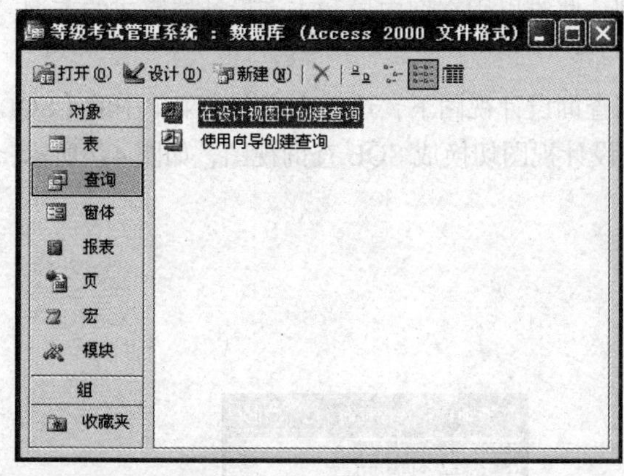

图 4-1 “数据库”窗口

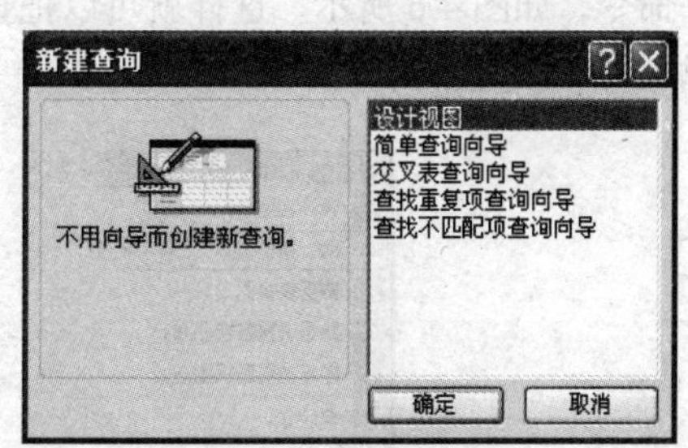

图 4-2 “新建查询”对话框

这时候，系统会弹出一个“查询设计视图”窗口（如图 4-3 所示）和一个“显示表”窗口（如图 4-4 所示）。

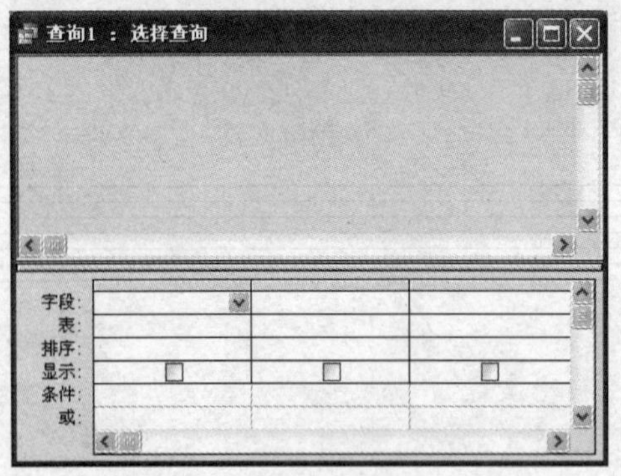

图 4-3 “查询设计视图”窗口

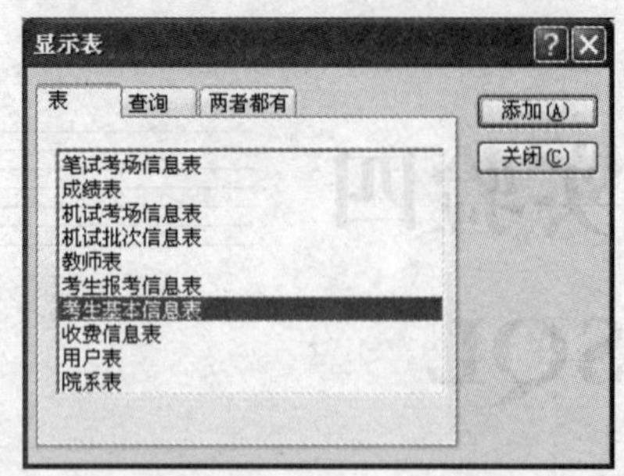

图 4-4 “显示表”窗口

（3）在“显示表”窗口中单击需要查询的表，然后单击【添加】按钮将选中的表放入【查询设计视图】中，如图 4-5 所示。如果需要添加多个表，重复以上添加步骤即可。

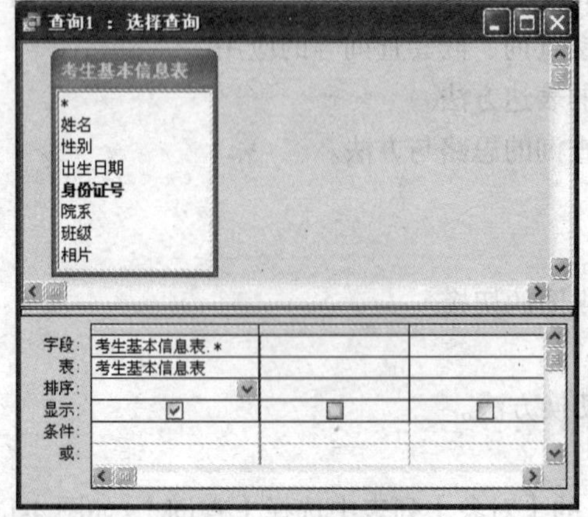

图 4-5 查询设计视图

Access 提供了查询设计功能，用户可以很方便地在查询设计视图中进行各种查询的设计。但是，我们在使用数据库的过程中，经常会遇到一些难以用查询向导和查询设计器完成的查询，这时候就必须要使用 SQL 查询来完成了。

（4）如果碰到了这种情况，我们只需要在查询设计视图下，选择【视图】菜单中的【SQL 视图】命令，如图 4-6 所示。这样就可以把查询设计视图切换成 SQL 查询视图，如图 4-7 所示，并自己编写 SQL 查询语句了。

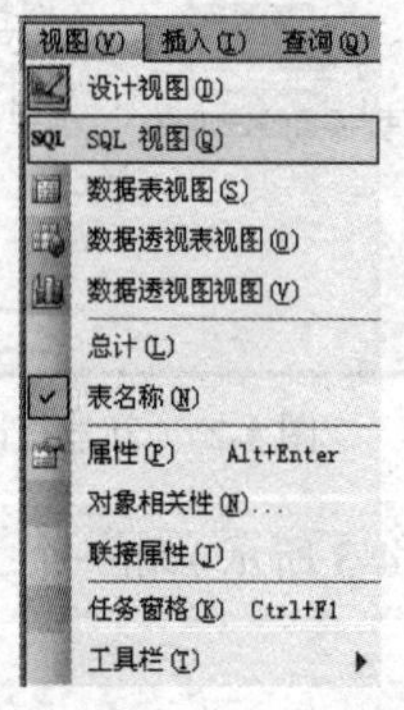

图 4-6 【视图】菜单

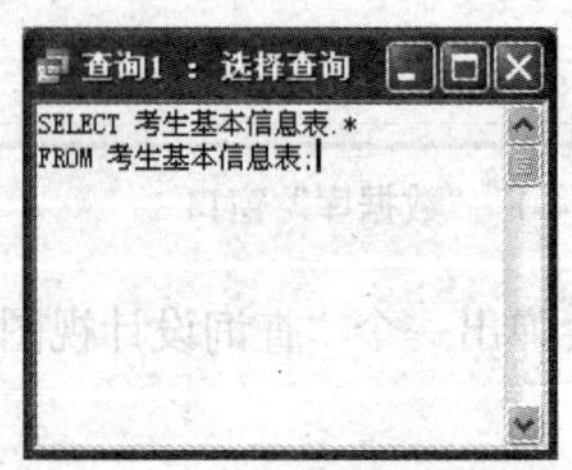

图 4-7 SQL 查询视图

【实验 4-2】简单查询。

【实验要求】

掌握 SQL 查询语句的基本语法，理解简单查询的含义。

【操作步骤】

实验中需要用到的表。

表 4-1 考生基本信息表（student）

字段名称	字段类型	字段大小（Byte）	小数位数	备注
姓名	文本	8		
性别	文本	1		
出生日期	日期/时间			长日期
身份证号	文本	18		主键
院系	文本	12		
班级	文本	5		
相片	OLE 对象			

（1）显示考生基本信息表中的所有考生信息，在 SQL 查询视图中编写以下语句：

```
select * from 考生基本信息表;
```

（2）显示考生基本信息表中所有考生的姓名和身份证号信息，在 SQL 查询视图中编写以下语句：

```
select 姓名,身份证号 from 考生基本信息表;
```

（3）显示考生基本信息表中的所有考生的姓名、身份证号、院系、班级信息，并把“院系”和“班级”合并在一个字段中显示，在 SQL 查询视图中编写以下语句：

```
select 姓名,身份证号, 院系+班级 as 院系班级 from 考生基本信息表;
```

【实验 4-3】条件查询。

【实验要求】

掌握条件查询用法，理解条件查询的含义。

【操作步骤】

（1）显示考生基本信息表中的所有男生信息，在 SQL 查询视图中编写以下语句：

```
select * from 考生基本信息表 where 性别="男";
```

（2）显示考生基本信息表中所有姓“张”的考生信息，在 SQL 查询视图中编写以下语句：

```
Select * from 考生基本信息表 where 姓名 like "张*";
```

【实验 4-4】联合查询。

【实验要求】

掌握联合查询语句的语法，理解联合查询的含义。

【操作步骤】

实验中需要用到的表。

表 4-2 笔试考场信息表（classroom）

字段名称	字段类型	字段大小（Byte）	小数位数	备 注
考场编号	文本	4		主键
笔试考场	文本	5		

表 4-3 机试考场信息表（generatorroom）

字段名称	字段类型	字段大小（Byte）	小数位数	备 注
考场编号	文本	2		主键
上机考场	文本	13		

显示所有的考场地点，包括笔试考场和上机考场。在 SQL 查询视图中编写以下语句：

```
select 考场编号,笔试考场 as 考场 from 笔试考场信息表
union
select 考场编号,上机考场 from 机试考场信息表;
```

【实验 4-5】嵌套查询（子查询）。

【实验要求】

掌握嵌套查询语句的语法，理解嵌套查询的含义。

【操作步骤】

嵌套查询的含义：将一个查询的结果作为另一个查询的条件进行更深一层次的查询。

显示比“蔡婧”年龄小的所有学生。在 SQL 查询视图中编写以下语句：

```
select * from 考生基本信息表
where 出生日期>（select 出生日期 from 考生基本信息表 where 姓名="蔡婧"）;
```

【实验 4-6】排序查询。

【实验要求】

掌握利用 SQL 查询对查询的数据进行排序的方法，理解排序查询的含义。

【操作步骤】

（1）按年龄从小到大的顺序显示所有考生信息。在 SQL 查询视图中编写以下语句：

```
select * from 考生基本信息表 order by 出生日期 desc;
```

（2）显示所有考生信息，按性别排序，性别相同的按姓名排序。在 SQL 查询视图中编写以下语句：

```
select * from 考生基本信息表 order by 性别,姓名;
```

【实验 4-7】分组查询。

【实验要求】

掌握分组查询方法，理解分组查询的含义。

【操作步骤】

统计各院系的报考人数。在 SQL 查询视图中编写以下语句：

```
select 院系,count（院系） as 人数 from 考生基本信息表 group by 院系;
```

【实验 4-8】计算查询（统计查询）。

【实验要求】

掌握计算查询方法，理解计算查询的含义。

【操作步骤】

统计考生信息中男生人数。在SQL查询视图中编写以下语句：

```
select count(*) as 人数 from 考生基本信息表 where 性别="男";
```

【实验4-9】复杂查询（多表查询）。

【实验要求】

掌握利用SQL查询对多个关联表中数据进行操作的方法，理解复杂查询的含义。

【操作步骤】

实验中需要用到的表。

表4-4 考生报考信息表（exam）

字段名称	字段类型	字段大小（Byte）	小数位数	备 注
身份证号	文本	18		外键
准考证号	文本	16		主键
考试类型编号	文本	2		
是否缴费	是/否			
笔试考场编号	文本	4		外键
笔试座位编号	文本	2		
机试考场编号	文本	2		外键
机试批次	文本	1		外键

表4-5 成绩表（result）

字段名称	字段类型	字段大小（Byte）	小数位数	备 注
准考证号	文本	16		主键
笔试成绩	数字			整型
机试成绩	数字			整型

显示考生成绩，要求显示考生姓名、身份证号、准考证号、笔试成绩、机试成绩。在SQL查询视图中编写以下语句：

```
select a.姓名, b.身份证号, c.准考证号, c.笔试成绩, c.机试成绩
from 考生基本信息表 as a, 考生报考信息表 as b, 成绩表 as c
where a.身份证号=b.身份证号 and b.准考证号=c.准考证号;
```

【实验4-9】操作查询。

【实验要求】

掌握利用SQL查询进行数据的追加、删除、更新操作的方法，理解操作查询的含义。

【操作步骤】

（1）将所有考生的机试成绩增加5分。在SQL查询视图中编写以下语句：

```
update 成绩表 set 机试成绩=机试成绩+5
```

（2）将“成绩表”中所有参加“一级”的考生成绩追加到“一级考试表”。在SQL查询视图

中编写以下语句：

```
insert into 一级考试表
select *
from 成绩表
where left(准考证号,1)="1"
```

（3）删除“成绩表”中所有参加了“一级”考试的考生成绩。在 SQL 查询视图中编写以下语句：

```
delete *
from 成绩表
where left(准考证号,1)="1"
```

三、实验作业

根据提供的功能描述，写出对应的 SQL 查询语句。

SQL 查询语句	功能描述
	显示成绩表中所有笔试和机试均合格的考生
	显示考生基本信息表中身份证号最后一位为单数的考生
	显示所有笔试考场和上机考场，并按考场名称的顺序排序
	显示考生基本信息表中与“蔡婧”同一院系的所有学生信息
	统计成绩表所有笔试和机试均合格的人数
	显示所有考生的姓名、身份证号、准考证号、笔试考场编号、笔试考场座位号、机试考场编号、机试批次信息

四、同步练习

（一）选择题

1．在 Access 的 5 个最主要的查询中，能从一个或多个表中检索数据，在一定的限制条件下，还可以通过此查询方式来更改相关表中记录的是（　　）。

A．选择查询　　B．参数查询　　C．操作查询　　D．SQL 查询

2．（　　）查询是包含另一个选择或操作查询中的 SQL select 语句，可以在查询设计网格的“字段”行输入这些语句来定义新字段，或在“准则”行来定义字段的准则。

A．联合查询　　B．传递查询　　C．数据定义查询　　D．子查询

3．下列不属于查询的三种视图的是（　　）。

A．设计视图　　B．模板视图　　C．数据表视图　　D．SQL 视图

4．要将“选课成绩”表中学生的成绩取整，可以使用（　　）。

A．abs（[成绩]）　　B．int（[成绩]）　　C．sqr（[成绩]）　　D．sgn（[成绩]）

5．在查询设计视图中，正确的是（　　）。

A．可以添加数据库表，也可以添加查询

B．只能添加数据库表

C．只能添加查询

D．以上两者都不能添加

6．以下哪个不属于 Access 中的查询的是（　　）。

A．选择查询　　B．参数查询　　C．准则查询　　D．操作查询

7．在一个操作中可以更改多条记录的查询是（　　）。

A．参数查询　　B．操作查询　　C．SQL 查询　　D．选择查询

8．对“将信息系 99 年以前参加工作的教师的职称改为副教授”，合适的查询为（　　）。

A．生成表查询　　B．更新查询　　C．删除查询　　D．追加查询

9．检索价格在 30 万元 ~ 60 万元之间的产品，可以设置条件为（　　）。

A．in （30, 60）　　B．>30 or < 60

C．between 30 and 60　　D．30 like 60

10．下面对查询功能的叙述中正确的是（　　）。

A．选择查询可以只选择表中部分字段，选择一个表中的不同字段生成同一个表

B．编辑记录主要包括添加记录、修改记录、删除记录和导入、导出记录

C．查询不仅可以找到满足条件的记录，还可以在建立查询的过程中进行统计计算

D．以上说法均不对

11．用 SQL 语言描述“在教师表中查找男教师的全部信息”，以下描述正确的是（　　）。

A．select from 教师表 if（性别="男"）

B．select 性别 from 教师表 if（性别="男"）

C．select * from 教师表 where（性别="男"）

D．select * from 性别 where（性别="男"）

12．下列属于操作查询的是（　　）。

①删除查询　②更新查询　③交叉表查询　④追加查询　⑤生成表查询

A．①②③④　　B．②③④⑤　　C．①③④⑤　　D．①②④⑤

13．下列（　　）会在执行时弹出对话框，提示用户输入必要的信息，再按照这些信息进行查询。

A．选择查询　　B．参数查询　　C．交叉表查询　　D．操作查询

14．查询能实现的功能有（　　）。

A．选择字段，选择记录，编辑记录，实现计算，建立新表，建立数据库

B．选择字段，选择记录，编辑记录，实现计算，建立新表，更新关系

C．选择字段，选择记录，编辑记录，实现计算，建立新表，设置格式

D．选择字段，选择记录，编辑记录，实现计算，建立新表，建立报表和窗体

15．特殊运算符“In”的含义是（　　）。

A．用于指定一个字段值的范围，指定的范围之间用 and 连接

B．用于指定一个字段值的列表，列表中的任一值都可与查询的字段相匹配

C．用于指定一个字段为空

D．用于指定一个字段为非空

16．下面示例中准则的功能是（　　）。

字段名	准　则
工作时间	between #99-01-01# and #99-12-31#

A．查询 1999 年 1 月之前参加工作的职工

B．查询1999年12月之后参加工作的职工

C．查询1999年参加工作的职工

D．查询1999年1月和2月参加工作的职工

17．（　　）查询是将一个或多个表或查询的字段组合作为查询结果中的一个字段。

A．联合查询　　B．传递查询　　C．选择查询　　D．子查询

18．在创建交叉表查询时，行标题字段的值显示在交叉表的位置是（　　）。

A．第一列　　B．第一行　　C．上面若干行　　D．左面若干行

19．将表a的记录添加到表b中，要求保留表b中原有的记录，可以使用的查询是（　　）。

A．选择查询　　B．生成表查询　　C．追加查询　　D．更新查询

20．如果在查询的条件中使用了通配符方括号[ ]，它的含义是（　　）。

A．通配任意长度的字符　　B．通配不在括号内的任意字符

C．通配方括号内列出的任一单个字符　　D．错误的使用方法

（二）填空题

1．查询设计视图窗口分为上下两部分，上半部分为“字段列表”区，下半部分为（　　）。

2．Access中，SQL查询有联合查询、（　　）、数据定义查询和（　　）等4种。

3．操作查询包括：生成表查询、（　　）、删除查询和追加查询4种。

4．每个查询都有3种视图，分别为：设计视图、数据表视图和（　　）。

5．若希望使用一个或多个字段的值进行计算，需要在查询设计视图的设计网格中添加（　　）项。

6．假设当前的系统日期是2008/8/30，表达式str(year(date( )))+"年"的运算结果为（　　）。

7．书写查询准则时，日期值应该用（　　）括起来。

8．特殊运算符is null用于指定一个字段为（　　）。

9．创建分组查询时，总计项应该选择（　　）。

实验五
窗体设计

一、实验目的

1．掌握几种常见的创建窗体的方法。

2．掌握常见的窗体设置方法。

3．掌握常见控件的功能和属性设置。

4．掌握合理进行窗体布局的方法。

二、实验内容

【实验 5-1】自动创建窗体。

【实验要求】

了解窗体的作用，掌握自动创建窗体的方法。

【操作步骤】

（1）在“数据库”窗口的【对象】列表中选择【窗体】，然后再单击工具栏上的【新建】按钮，弹出“新建窗体”对话框，在数据源的下拉列表框中，我们选择一个已有的表，以考生基本信息表为例，如图 5-1 所示。

（2）由图 5-1 可以看到，Access 提供的可以自动创建的窗体包括“纵栏式”、“表格式”和“数据表”3 种。我们以“数据表”为例，看看自动创建的窗体效果，自动创建窗体的设置已经完成，单击【确定】按钮即可看到创建的窗体了，如图 5-2 所示。

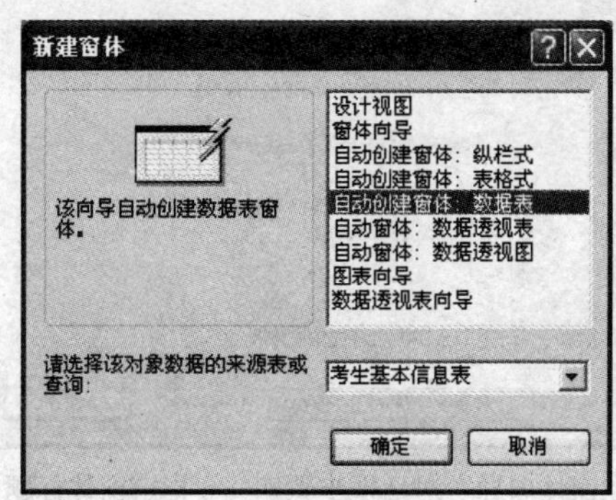

图 5-1 “新建窗体”对话框

图 5-2 自动创建的“数据表”窗体

【实验 5-2】利用向导创建窗体。

【实验要求】

了解向导的作用，掌握利用向导创建窗体的方法。

【操作步骤】

（1）在"数据库"窗口的【对象】列表中选择【窗体】，然后再单击工具栏上的【新建】按钮，弹出"新建窗体"对话框，在对话框中选择【窗体向导】方式（用户也可以直接在"数据库"窗口中单击【使用向导创建窗体】)，即可弹出"窗体向导"对话框，如图 5-3 所示。这时向导进入了第一个步骤——选择数据源。

（2）选定【表/查询】下拉列表中的表，再将查询需要用到的字段从【可用字段】添加到【选定的字段】中。单击【下一步】按钮，向导进入到第二个步骤——窗体布局，如图 5-4 所示。

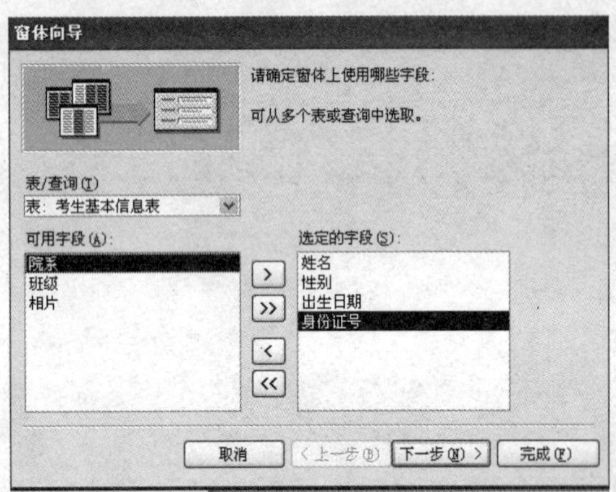

图 5-3 "窗体向导"对话框步骤一——选择数据源

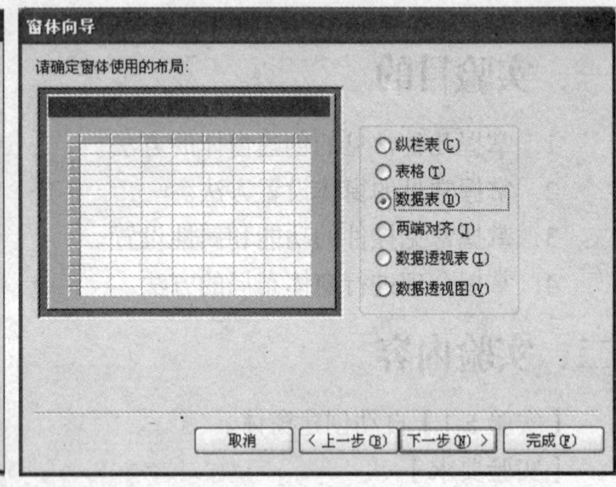

图 5-4 "窗体向导"对话框步骤二——选择窗体布局

（3）选择好一个自己喜欢的布局后，就可以单击【下一步】按钮进入向导的第三个步骤——窗体样式，如图 5-5 所示。

（4）为窗体选定好样式后，单击【下一步】按钮进入向导的第四个步骤——窗体标题，如图 5-6 所示。

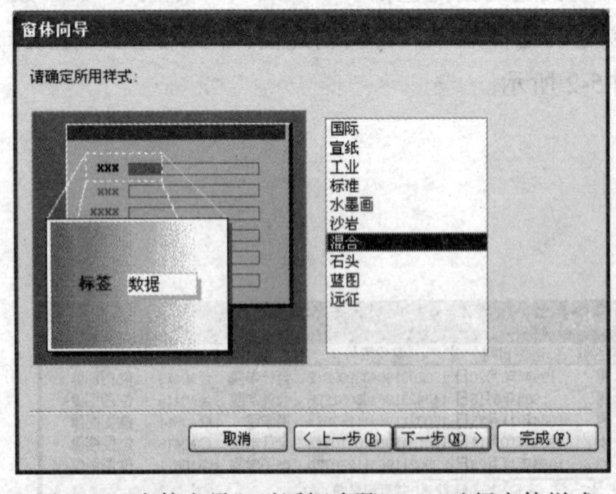

图 5-5 "窗体向导"对话框步骤三——选择窗体样式

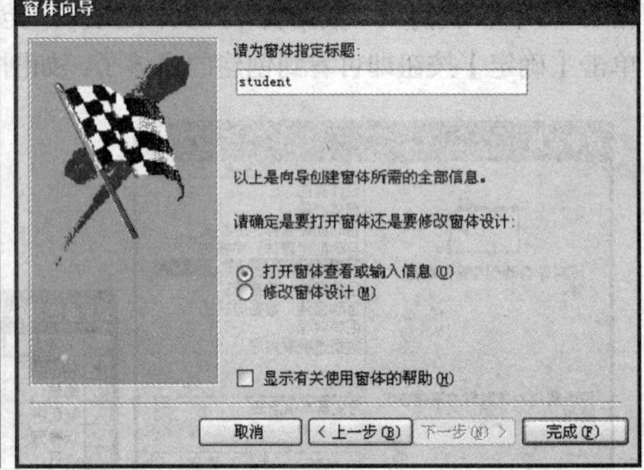

图 5-6 "窗体向导"对话框步骤四——指定窗体标题

（5）在文本框中输入窗体的标题后，单击【完成】按钮，向导就可以按照用户的设置自动创建一个个性化的窗体了，如图 5-7 所示。

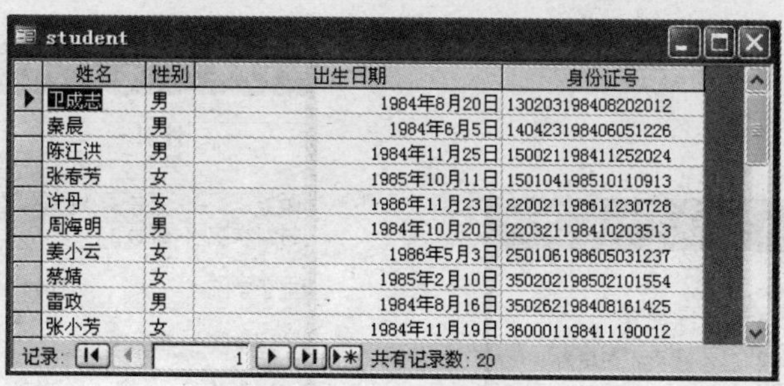

student

姓名	性别	出生日期	身份证号
卫成志	男	1984年8月20日	130203198408202012
秦晨	男	1984年6月5日	140423198406051226
陈江洪	男	1984年11月25日	150021198411252024
张春芳	女	1985年10月11日	150104198510110913
许丹	女	1986年11月23日	220021198611230728
周海明	男	1984年10月20日	220321198410203513
姜小云	女	1986年5月3日	250106198605031237
蔡婧	女	1985年2月10日	350202198502101554
雷政	男	1984年8月16日	350262198408161425
张小芳	女	1984年11月19日	360001198411190012

记录: 1 共有记录数: 20

图 5-7 利用向导创建的窗体

【实验 5-3】创建空白窗体。

【实验要求】

了解数据透视表的含义，掌握创建数据透视表窗体的方法。

【操作步骤】

以“教师表”作为数据源，统计各院系男女教师的人数

（1）在【数据库】窗口的【对象】列表中选择【窗体】，再单击工具栏上的【新建】按钮，弹出“新建窗体”对话框，创建窗体类型选择“自动窗体：数据透视表”，数据源选择“教师表”，如图 5-8 所示。

（2）点击【确定】按钮后，打开数据透视表窗体，如图 5-9 所示。将字段列表中的“院系”字段拖放到窗体中“将行字段拖至此处”上并松开，将字段列表中的“性别”字段拖放到窗体中“将列字段拖至此处”上并松开，将字段列表中的“工号”字段拖放到窗体中“将汇总或明细字段拖至此处”上并松开。

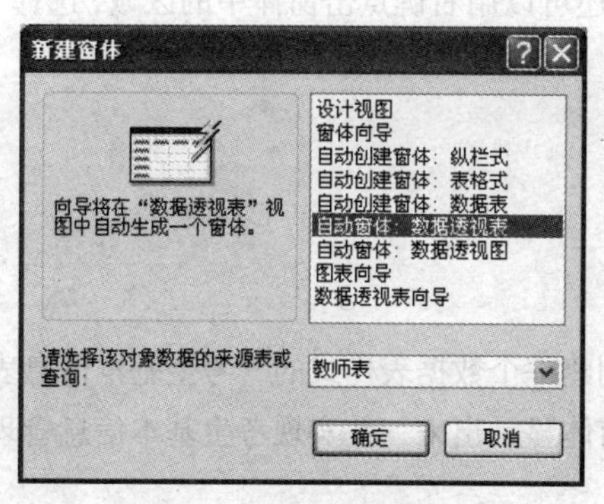

图 5-8 “新建窗体”对话框

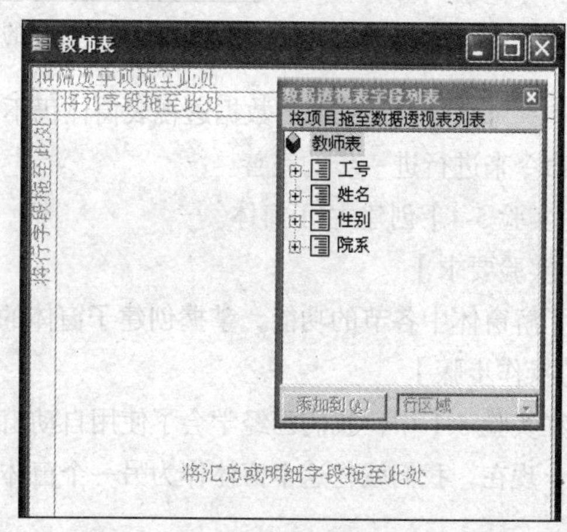

图 5-9 未设置的“数据透视表窗体”

（3）拖放完成后，各行标题、列标题及明细均显示在数据透视表窗体中了，如图 5-10 所示。

但此时窗体中显示的是各院系男女教师的工号信息，而并非我们所期望的计算个数，所以还需要对窗体中的数据做进一步的操作。

（4）右击窗体中“工号”，在弹出的快捷菜单中选择“自动计算”，并选择下一级菜单中的“计数”命令。此时，窗体中的数据成为如图 5-11 所示的效果。

不难看出，要想得到期望的效果，只需要去掉已经显示出来的所有工号信息就可以了。

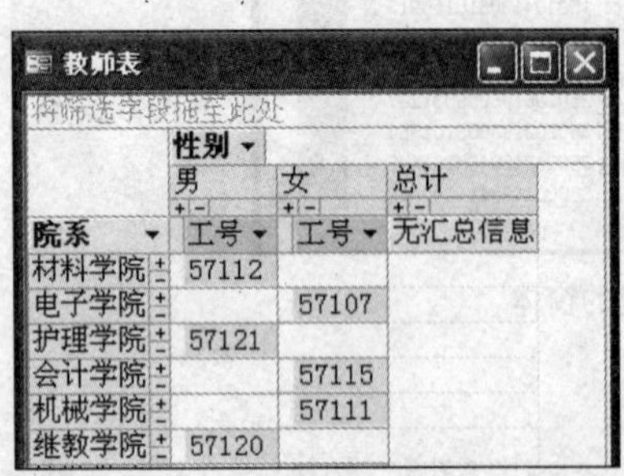

图 5-10　初步设置的“数据透视表窗体”

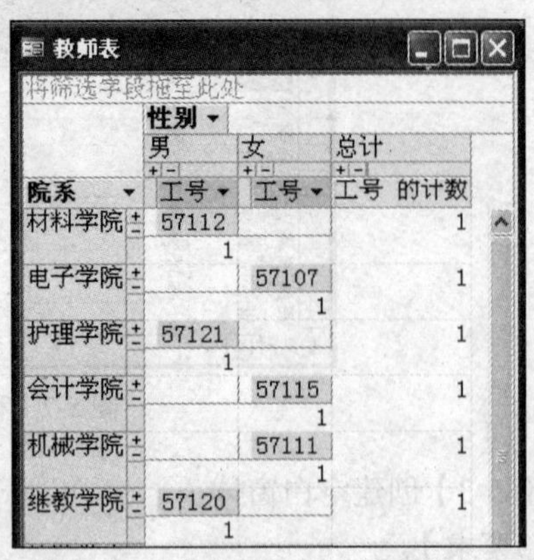

图 5-11　完成计数后的“数据透视表窗体”

（5）选择【数据透视表】菜单中的【隐藏详细信息】命令即可完成。完成后显示的效果如图 5-12 所示。

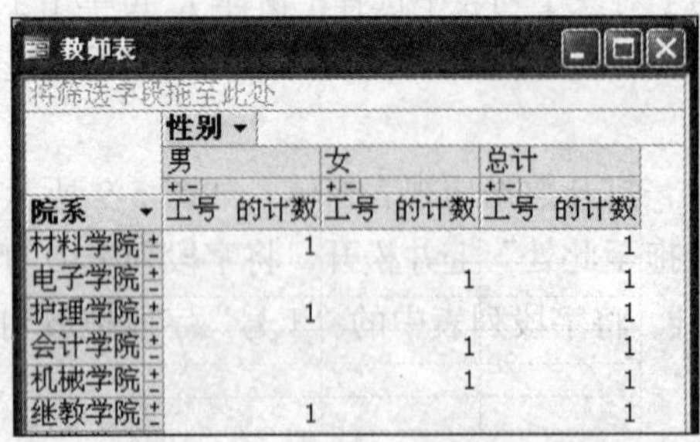

图 5-12　设计完成的“数据透视表窗体”

如果对已经设计完成的数据透视表窗体仍不满意，还可以用右键点击窗体中的区域，选择“属性”命令来进行进一步的完善。

【实验 5-4】创建主/子窗体。

【实验要求】

了解窗体中各节的功能，掌握创建子窗体的方法。

【操作步骤】

在实验 5-1 中，我们已经学会了使用自动窗体来创建一个数据表样式的“考生基本信息表”窗体，现在，我们就将这个窗体作为另一个窗体的子窗体显示出来，并实现考生基本信息管理的设计。

（1）在【数据库】窗口的【对象】列表中选择【窗体】，然后单击工具栏上的【新建】按钮，弹出【新建窗体】对话框，在【新建窗体】对话框中选择【设计视图】（如图 5-13 所示），单击【确定】按钮即可创建一个空白的窗体。

（2）创建的空白窗体实际上是由 5 节构成（如图 5-14 所示），我们可以通过【视图】菜单或右键的快捷菜单来显示或隐藏窗体/页面的页眉/页脚。窗体的每节都在打印的时候都能体现不同的作用，但是，我们设计窗体主要还是对“主体”部分进行详细的分析。

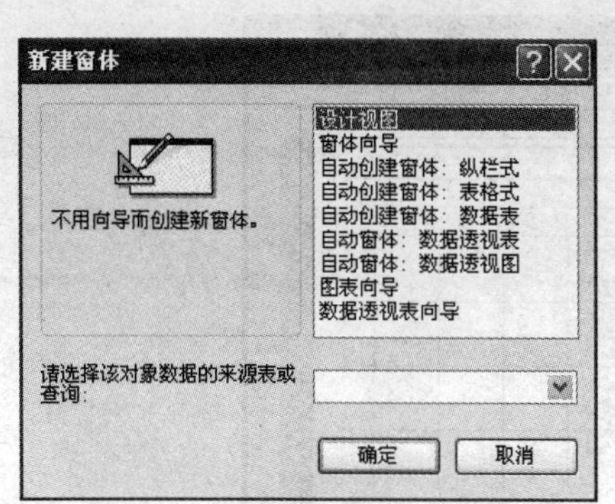

图 5-13　“新建窗体”对话框

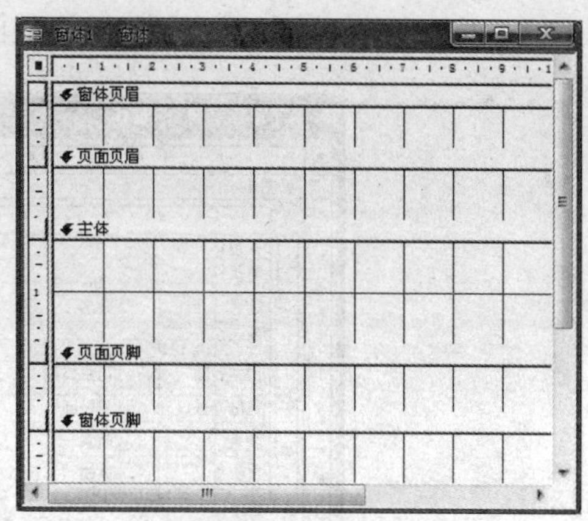

图 5-14　窗体的结构

（3）在窗体设计视图下，点击工具箱中的“子窗体/子报表”控件（点击前先确认控件向导处于使用状态），并在窗体中拖曳出一定的区域。此时，该控件马上会弹出一个【子窗体向导】对话框，如图 5-15 所示。

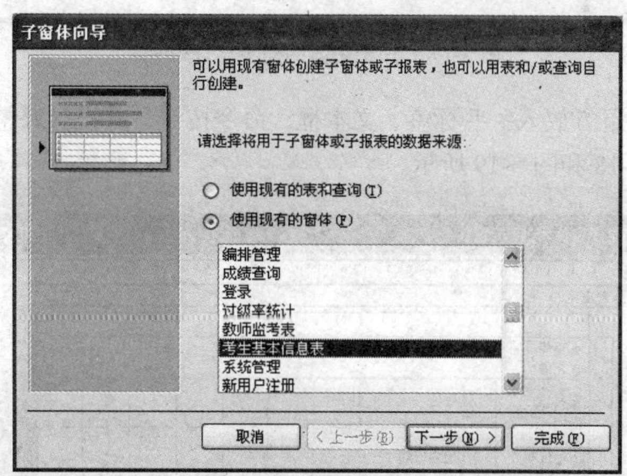

图 5-15　“子窗体向导”对话框步骤一：指定数据源

（4）点击“下一步”按钮后，进入向导第二步：确定子窗体/子报表名称，如图 5-16 所示。

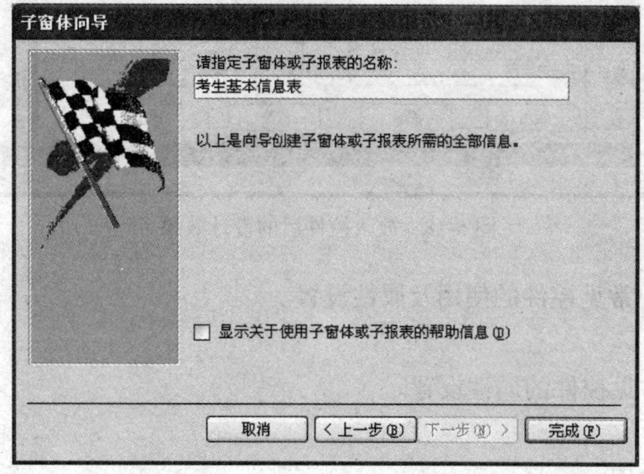

图 5-16　“子窗体向导”对话框步骤一：指定子窗体/子报表名称

（5）点击“完成”按钮后，子窗体就可以独立显示在主窗体中了，如图 5-17 效果。

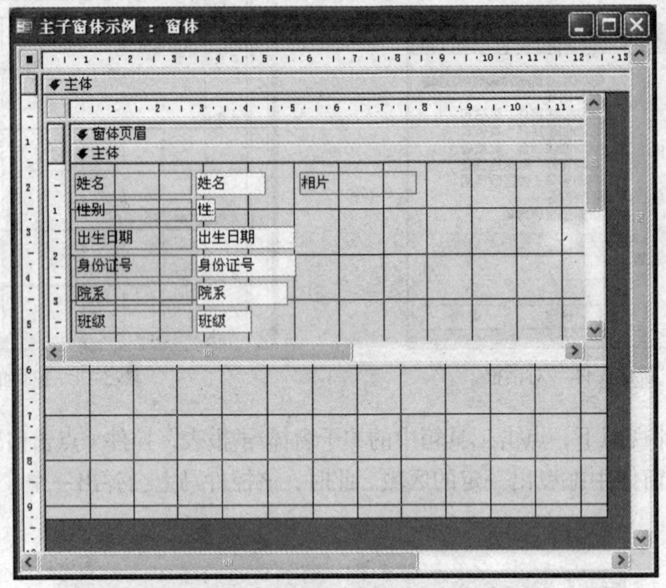

图 5-17 主/子窗体的初步设计效果

（6）在子窗体控件下方放入一些标签、文本框、命令按钮，并设计好整体布局即可，设计视图及运行效果图如图 5-18 和图 5-19 所示。

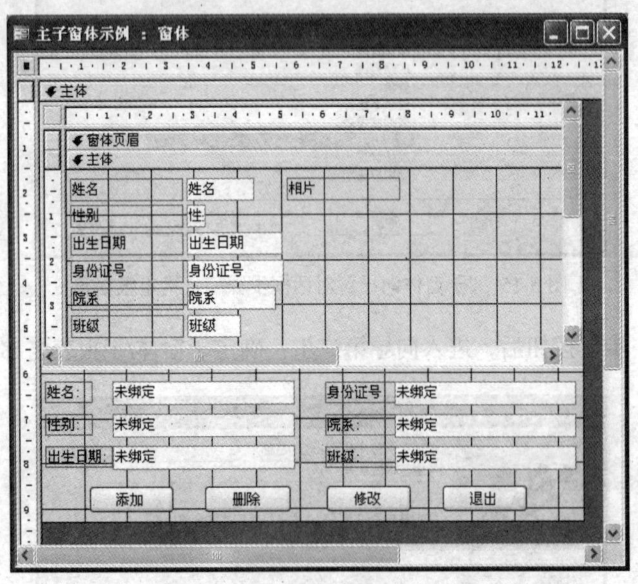

图 5-18 放入控件后的设计效果

【实验 5-5】窗体中常见控件的使用及属性设置。

【实验要求】

熟练掌握窗体及常见控件的属性设置。

【操作步骤】

（1）常用控件的作用

控件名称	功能描述
标签	以文字的形式显示在窗体上，为使用者提供相应信息
文本框	以交互的方式让使用者在其中输入文本信息
组合框/列表框	将固定的数据以列表方式显示给使用者，方便数据的快速录入
命令按钮	实现某种指定功能的控件，如“确定”、“取消”、“清空”
单/复选框	提供使用者进行一组选项中的单个或多个选择
选项卡	将更多的内容分类显示在同一个窗体的不同页面中，方便使用者进行切换

（2）常用的格式属性

窗体和控件创建完成后，用鼠标右键单击该控件，选择【属性】命令，就可以在弹出的“属性”窗口中进行设置了。例如，在窗体中放置一个“添加”按钮，如图5-20所示。

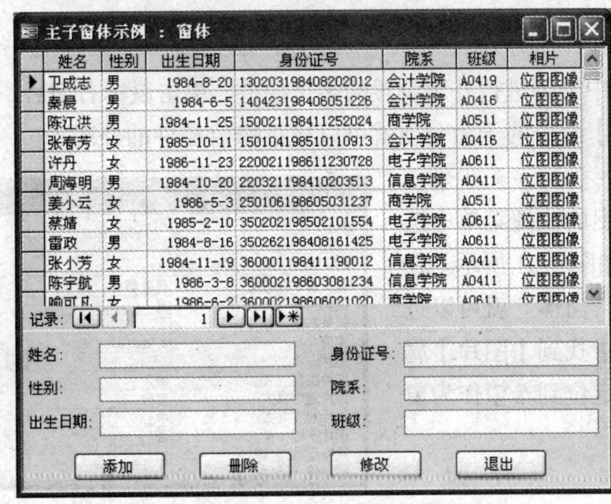

图5-19　设计完成的主/子窗体运行效果

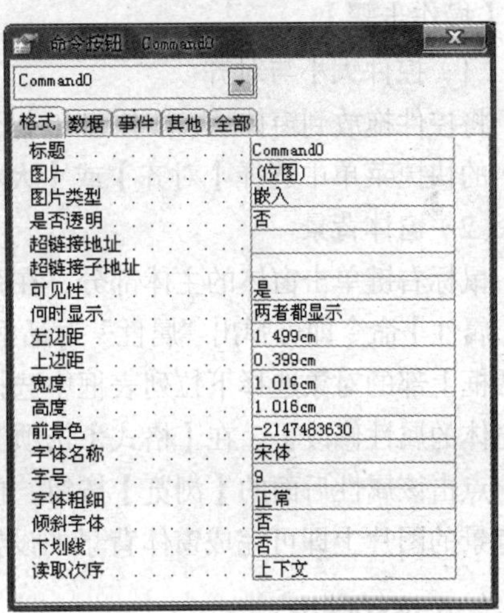

图5-20　“属性”窗口

窗体的主要属性包括以下内容。

属　性　名	功能描述
标题	设置窗体标题栏显示的文字
默认视图	设置窗体的显示样式
记录选择器	设置是否显示记录选择器
滚动条	设置是否显示滚动条
导航按钮	设置是否显示导航按钮
最大最小化按钮	设置是否显示最大最小化按钮
关闭按钮	设置是否显示关闭按钮
边框样式	设置窗体运行时显示的边框
自动居中	设置窗体运行时在屏幕的显示位置
图片	设置窗体的背景图片
记录源	设置窗体绑定的表或查询

控件的主要属性包括以下内容。

属　性　名	功能描述
名称	设置表达式、宏和过程使用的标识名
标题	设置控件的显示文字
可见性	设置窗体运行时，控件是否可见
背景色	设置背景色
背景样式	设置控件是否透明显示
前景色	设置控件中文字的颜色
文本对齐	设置文本对齐方式

【实验 5-6】窗体外观设置。

【实验要求】掌握快速进行窗体外观设置的方法。

【操作步骤】

（1）控件大小与对齐

将控件拖放到窗体后，按住 shift 键选中需要进行外观设置的多个控件，单击鼠标右键后，在弹出的快捷菜单中选择【对齐】或【大小】命令的子命令项就可以成批修改控件的外观了。

（2）窗体背景

鼠标右键单击窗体的主体部分，在弹出的快捷菜单中选择【属性】命令即可弹出“属性”对话框如图 5-21 所示。在对话框上部的对象选择下拉列表框中选择“窗体”就可以进行窗体的属性修改了。在【格式】选项卡中找到【图片】属性，点击该属性后面的【浏览】按钮，再定位到希望作为窗体背景的图片上即可完成窗体背景的设置。

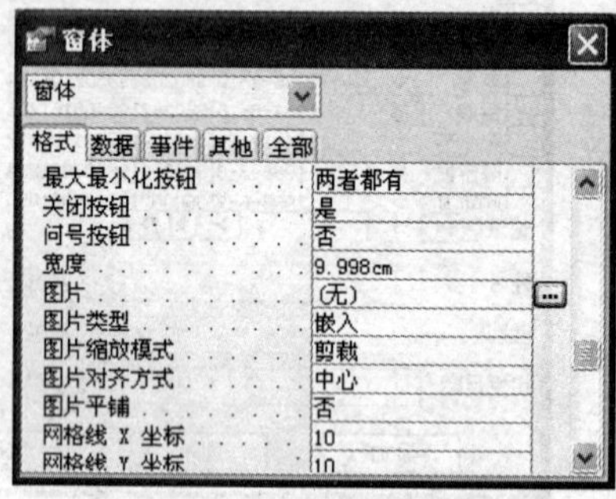

图 5-21　窗体属性设置

三、实验作业

请自行设计一个“新用户注册”窗体，包含用户注册需要的各项基本信息。布局可参照图 5-22 设计，具体功能不需要实现。

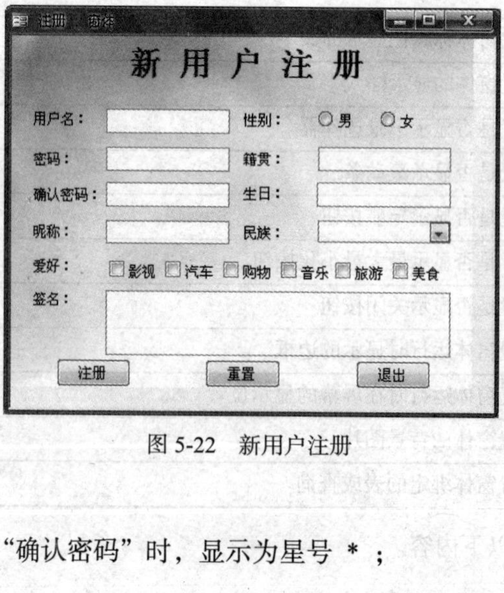

图 5-22　新用户注册

设计要求：

（1）输入“密码”和“确认密码”时，显示为星号 * ；

（2）“性别”中的“男”和“女”只能二选一；

（3）“爱好”中的各选项可以多选；

（4）“民族”的下拉列表中可显示各民族的名称供用户选择。

四、同步练习

（一）选择题

1．不属于 Access 窗体的视图是（　　）。

A．设计视图　B．窗体视图　C．版面视图　D．数据表视图

2．用于创建窗体或修改窗体的是（　　）。

A．设计视图　B．窗体视图　C．数据表视图　D．透视表视图

3．“特殊效果”属性值用于设定控件的显示特效，下列属于“特殊效果”属性值的是（　　）。

①“平面”、②“颜色”、③“凸起”、④“蚀刻”、⑤“透明”、

⑥“阴影”、⑦“凹陷”、⑧“凿痕”、⑨“倾斜”

A．①②③④⑤⑥　B．①③④⑤⑥⑦　C．①④⑥⑦⑧⑨　D．①③④⑥⑦⑧

4．窗口事件是指操作窗口时所引发的事件，下列不属于窗口事件的是（　　）。

A．加载　B．打开　C．关闭　D．确定

5．窗体是 Access 数据库中的一个对象，通过窗体用户可以完成的功能是（　　）。

①输入数据　②编辑数据　③存储数据　④以行、列形式显示数据

⑤显示和查询表中的数据　⑥ 导出数据

A．①②③　B．①②④　C．①②⑤　D．①②⑥

6．以下不是控件的类型是（　　）。

A．结合型　B．非结合型　C．计算型　D．非计算型

7．新建窗体默认的标题为“窗体 1”，为把窗体标题改为“输入数据”，应设置窗体的（　　）。

A．名称属性　B．菜单栏属性　C．标题属性　D．工具栏属性

8．在窗体中，用来输入或编辑字段数据的交互控件是（　　）。

A．文本框控件　B．标签控件　C．复选框控件　D．列表框控件

9．要改变窗体中文本框控件的数据源，应设置的属性是（　　）。

A．记录源　B．控件来源　C．筛选查询　D．默认值

10．如果加载一个窗体，先被触发的事件是（　　）。

A．load　B．open　C．click　D．dbclick

11．没有数据来源，且可以用来显示信息、线条、矩形或图像的控件类型是（　　）。

A．结合型　B．非结合型　C．计算型　D．非计算型

12．下列不属于控件格式属性的是（　　）。

A．标题　B．正文　C．字体大小　D．字体粗细

13．鼠标事件是指操作鼠标所引发的事件，下列不属于鼠标事件的是（　　）。

A．鼠标按下　B．鼠标移动　C．鼠标释放　D．鼠标锁定

14．若要在文本框中输入文本时达到密码“*”号的效果，应设置的属性是（　　）。

A．默认值　B．标题　C．密码　D．输入掩码

15．窗体中可以包含一列或几列数据，用户只能从列表中选择值，而不能输入新值的控件是（　　）。

A．列表框　　B．组合框
C．列表框和组合框　　D．以上两者都不可以

16．当窗体中的内容太多无法放在一面中全部显示时，可以用来分页的控件是（　　）。
A．选项卡　　B．命令按钮　　C．组合框　　D．选项组

17．Access 窗体中，不属于对象事件的是（　　）。
A．获得焦点　　B．更新前　　C．删除　　D．更改

18．自动创建窗体向导不包括（　　）。
A．纵栏式　　B．数据表　　C．表格式　　D．数据透视表

19．在 Access 中建立了“雇员”表，其中有可以存放照片的字段，在使用向导为该表创建窗体时，“照片”字段所使用的默认控件是（　　）。
A．图像框　　B．绑定对象框　　C．非绑定对象框　　D．列表框

20．Access 窗体中的文本框控件分为（　　）。
A．计算型和非计算型　　B．结合型和非结合型
C．控制性和非控制性　　D．记录型和非记录型

（二）填空题

1．窗体中的数据主要来源于（　　）和（　　）。
2．创建窗体可以使用（　　）和使用（　　）两种方式。
3．窗体中的窗体称为（　　），其中可以创建为（　　）式或数据表窗体。
4．窗体由多个部分组成，每个部分称为一个（　　），大部分的窗体只有（　　）。
5．对象的（　　）描述了对象的状态和特性。
6．在创建主/子窗体之前，必须设置（　　）之间的关系。

实验六 报表设计

一、实验目的

1. 熟悉并掌握纵栏式报表、表格式报表、图表报表和标签报表的创建。
2. 熟悉并掌握报表的各个节的操作。

二、实验内容

【实验 6-1】制作一个显示考生基本信息的报表。

【实验要求】

本实验要求利用报表向导制作一个显示考生基本信息的报表，包括有“姓名”、“性别”、“出生日期”、“身份证号”、“院系”、“班级”、“照片”字段。

【操作步骤】

（1）在“等级考试管理系统”数据库中选择【报表】对象，如图 6-1 所示。

（2）单击报表窗口的工具栏上【新建】按钮，在弹出的“新建报表”对话框中选择【报表向导】选项，并在【请选择该对象数据的来源表或查询：】下拉列表框中选择“考生基本信息表”选项，如图 6-2 所示。

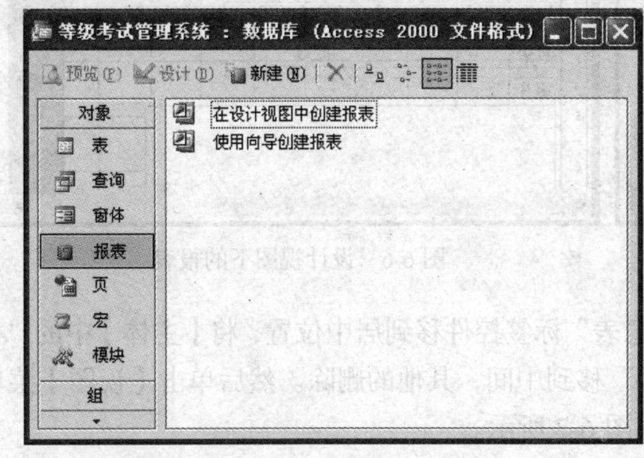

图 6-1 “数据库”窗口

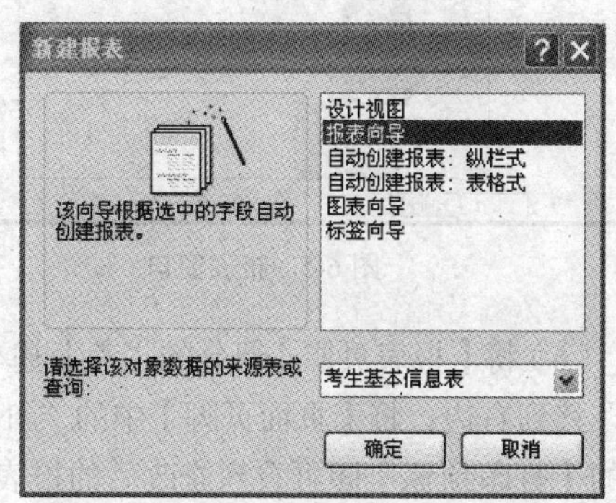

图 6-2 “新建报表”对话框

（3）单击【确定】按钮，弹出“报表向导”对话框，将“考生基本信息表”的所有字段从【可用字段】列表框添加到【选定的字段】列表框，如图 6-3 所示。

（4）单击【下一步】按钮跳过分组、排序，在布局中选择【纵栏表】，然后继续单击【下一步】

按钮，直至出现如图 6-4 所示的对话框，在【请为报表指定标题：】的文本框中输入“考生基本信息表”，单击【完成】按钮，打开自动创建好的报表窗口，如图 6-5 所示。

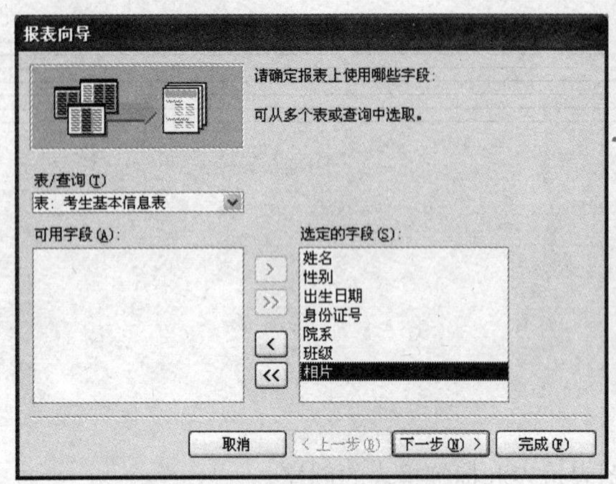

图 6-3 “报表向导”对话框

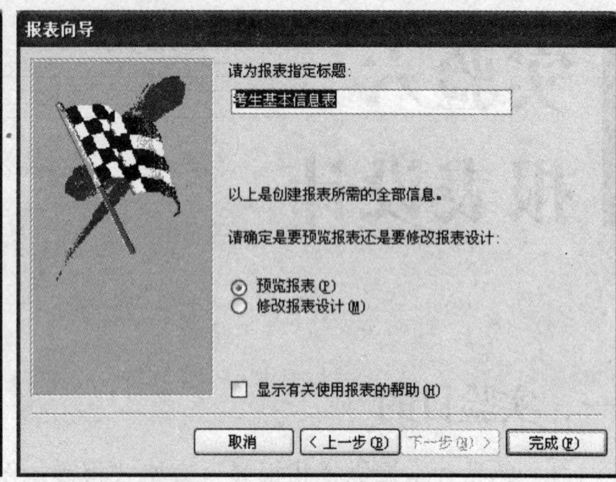

图 6-4 “报表向导”对话框

（5）对已经生成的报表进行修改。单击【视图】菜单下的【设计视图】命令或在报表窗口中单击鼠标右键，在弹出的快捷菜单中选择【报表设计】命令，将打开报表的设计视图，在此视图下可以对报表进行修改，如图 6-6 所示。

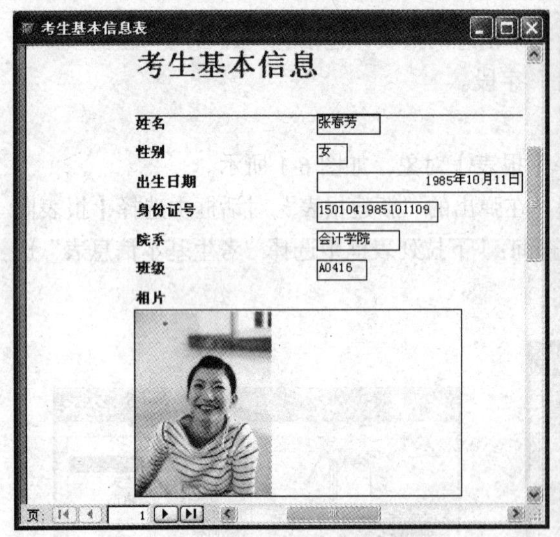

图 6-5 报表窗口

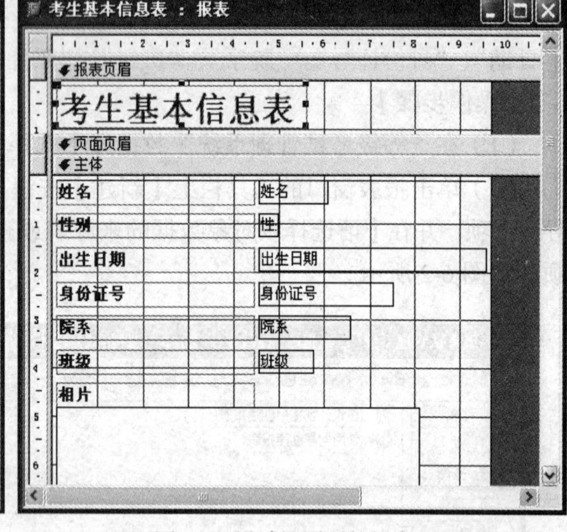

图 6-6 设计视图下的报表

（6）将【报表页眉】部分的“考生基本信息表”标签控件移到居中位置，将【主体】中的“相片”移到右边，将【页面页脚】中的“=Now()”移到中间，其他的删除。然后单击【视图】菜单下的【打印预览】即可看到修改后的报表，如图 6-7 所示。

【实验 6-2】创建考生的准考证报表。

【实验要求】

本实验要求利用查询做数据源，创建学生准考证报表，其中包括“姓名”、“身份证号”、“准考证号”、“笔试考场”、“笔试时间”、“上机考场”、“上机时间”。

【操作步骤】

（1）打开“等级考试管理系统”，选择【查询】对象，双击【在设计视图中创建查询】选项打开“查询”和“显示表”对话框，如图 6-8 所示。

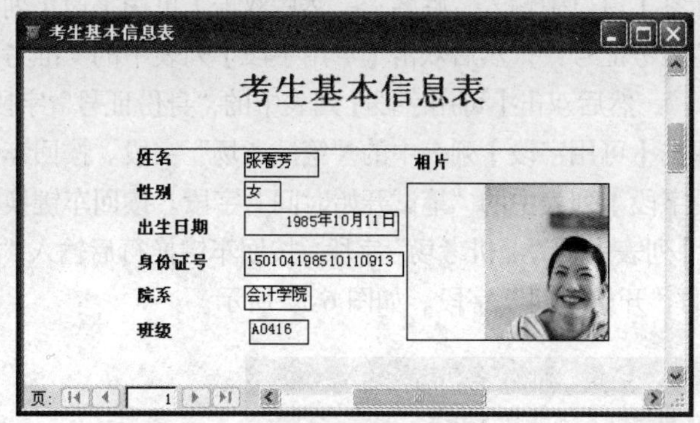

图 6-7　报表的最终显示结果

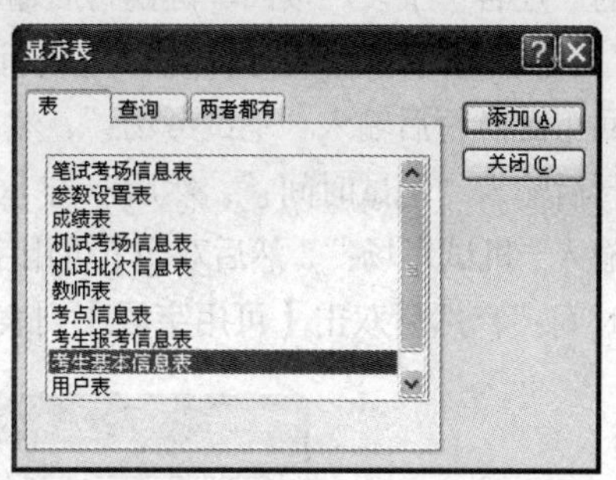

图 6-8　“显示表”对话框

（2）添加所需要用到的表，分别双击“考生基本信息表”、“笔试考场信息表”、“机试考场信息表”、“机试批次信息表”、“考生报考信息表”、“参数设置表”将表添加到查询窗口，然后在窗口中添加所需的字段，这里要选择“考生基本信息表”中的“姓名”和“身份证号”字段，“考生报考信息表”中的“准考证号”字段，“笔试考场信息表”中的“笔试考场”字段，“机试批次信息表”中的“开始时间”字段，“机试考试信息表”中的“上机考场”字段，“参数设置表”中的“笔试开始时间”字段，如图 6-9 所示。

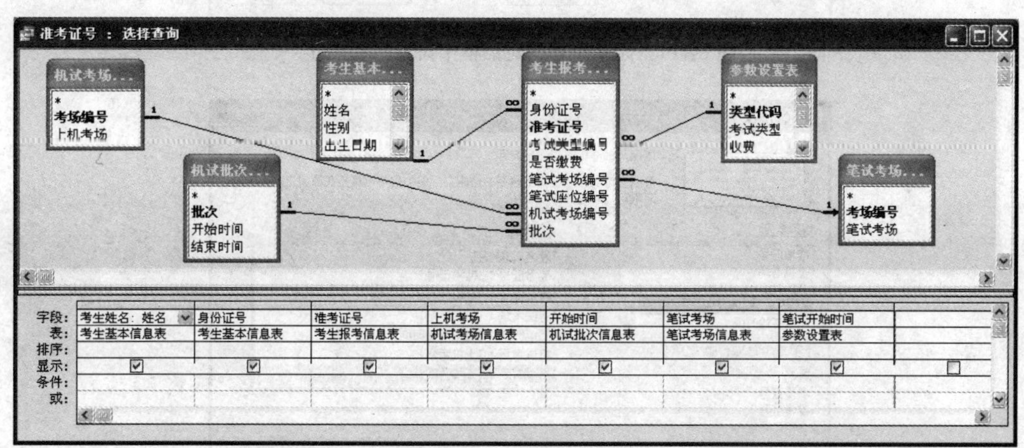

图 6-9　添加的各表及其关联关系

（3）单击“数据库”窗口工具栏上的【保存】按钮，在弹出的“另存为”对话框中为当前创建的查询命名为“准考证号”，并单击【确定】按钮，关闭查询。

（4）在“等级考试管理系统”数据库中选择【报表】对象，在该对象窗口的工具栏上单击【新建】按钮，在弹出的“新建报表”对话框中选择【标签向导】选项，并在【请选择该对象数据的来源表或查询：】下拉列表框中选择查询文件“准考证号”选项，如图 6-10 所示。

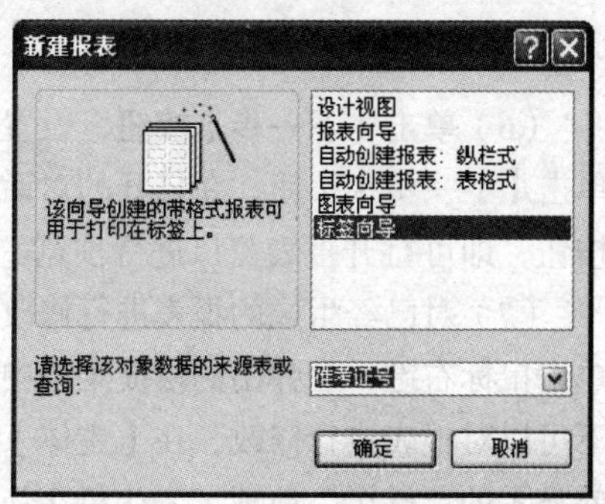

图 6-10　“新建报表”对话框

（5）单击【确定】按钮，弹出“标签向导”对话框，在标签向导中选择标签尺寸为 J8163（99.0mm × 38.1mm），标签类型为“送纸”，如图 6-11 所示。然后单击【下一步】按钮，设置文本外观，单击【下一步】按钮设置标签的显示内容即将要显示的内容，并排好相应的显示位置，在【原型标签】窗口中输入“姓名:”，然后双击【可用字段】列表中的“姓名”字段。按回车键换行后输入“准考证号:”，然后双击【可用字段】列表中的“准考证号”字段。按回车键换行后输入“身份证号:”，然后双击【可用字段】列表中的“身份证号”字段。按回车键换行后输入“笔试考场:”，然后双击【可用字段】列表中的“笔试考场”字段。按回车键换行后输入“笔试时间:”，然后双击【可用字段】列表中的“笔试开始时间”字段。按回车键换行后输入“机试考场:”，然后双击【可用字段】列表中的“上机考场”字段。按回车键换行后输入“机试时间:”，然后双击【可用字段】列表中的“开始时间”字段。如图 6-12 所示。

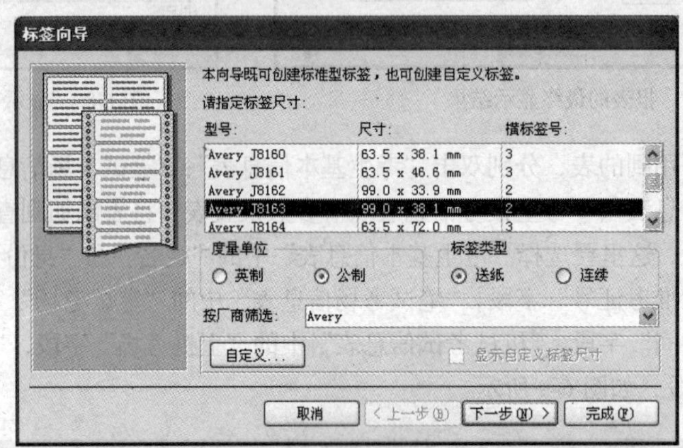

图 6-11 “标签向导”对话框中设置标签尺寸

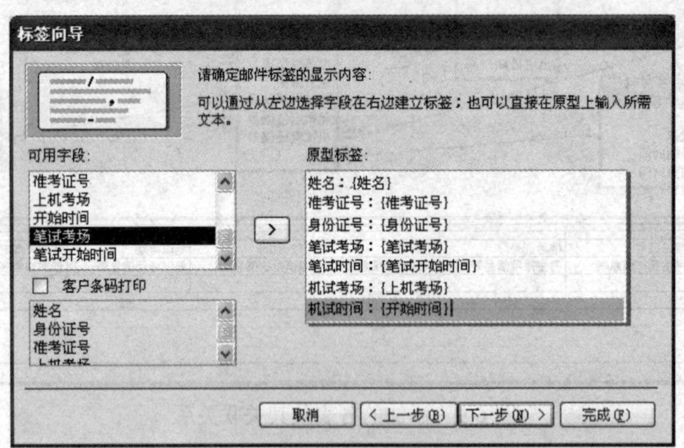

图 6-12 设置原型标签

（6）单击【下一步】按钮，设置排序字段，设置按“准考证号”字段排序，如图 6-13 所示，单击【下一步】按钮，在打开的对话框中设置该报表的名称为“报表_准考证号”，单击【完成】按钮，即可打开报表窗口进行预览。

（7）对已经生成的报表进行修改。单击【视图】菜单下的【设计视图】命令或在报表窗口中单击鼠标右键，在弹出的快捷菜单中选择【报表设计】命令，将打开报表的设计视图，在此视图下可以对报表进行修改，在【主体】部分添加“全国计算机等级考试准考证”和备注信息，将标签显示的“姓名”改成“考生姓名”，并排列好各字段的位置，如图 6-14 所示。

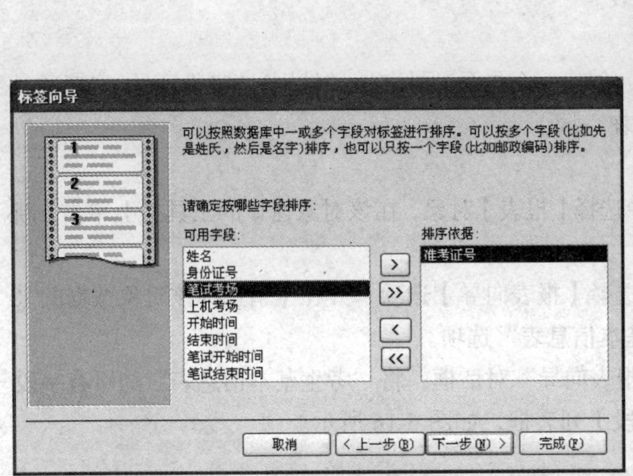

图 6-13　设置排序

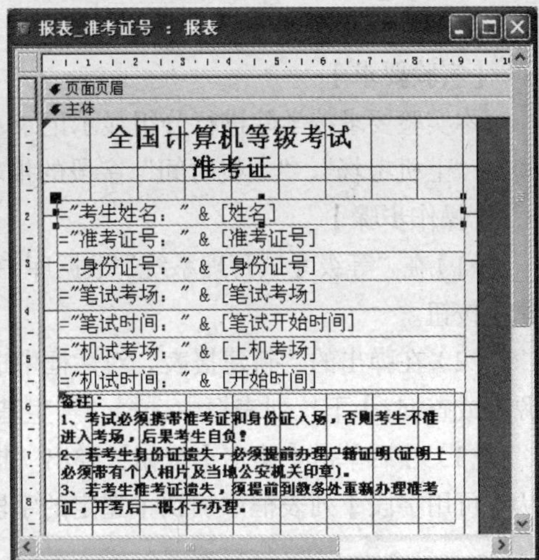

图 6-14　指定报表名称

（8）单击【视图】菜单下的【打印预览】命令可预览最终效果，如图 6-15 所示。

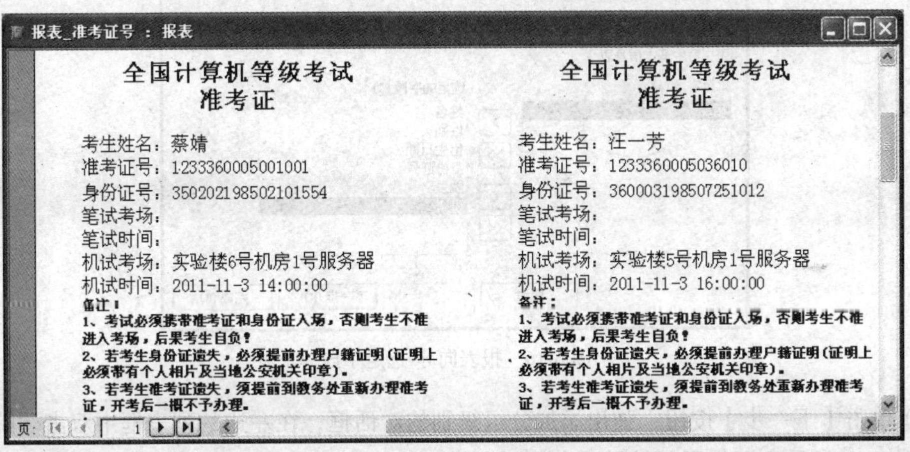

（a）

报表_准考证号 : 报表

全国计算机等级考试
准考证
考生姓名：朱丹丹
准考证号：2333360005037001
身份证号：400003198511148006
笔试考场：5-501
笔试时间：2011-11-3 9:00:00
机试考场：实验楼4号机房3号服务器
机试时间：2011-11-3 16:00:00
备注：
1、考试必须携带准考证和身份证入场，否则考生不准进入考场，后果考生自负！
2、若考生身份证遗失，必须提前办理户籍证明(证明上必须带有个人相片及当地公安机关印章)。
3、若考生准考证遗失，须提前到教务处重新办理准考证，开考后一概不予办理。

全国计算机等级考试
准考证
考生姓名：许丹
准考证号：2333360005059028
身份证号：220021198611230728
笔试考场：5-501
笔试时间：2011-11-3 9:00:00
机试考场：实验楼1号机房2号服务器
机试时间：2011-11-3 16:00:00
备注：
1、考试必须携带准考证和身份证入场，否则考生不准进入考场，后果考生自负！
2、若考生身份证遗失，必须提前办理户籍证明(证明上必须带有个人相片及当地公安机关印章)。
3、若考生准考证遗失，须提前到教务处重新办理准考证，开考后一概不予办理。

页: 3

（b）

图 6-15　预览效果

【实验 6-3】按学院显示考生信息的报表。

【实验要求】

本实验要求按学院进行分组显示记录，创建一个包含“姓名”、“性别、“身份证号、“笔试时间”、“上机考场”、“上机时间”字段的报表。

【操作步骤】

（1）在“等级考试管理系统”数据库中选择【报表】对象，在该对象窗口的工具栏上单击【新建】按钮。

（2）在弹出的“新建报表”对话框中选择【报表向导】选项，并在【请选择该对象数据的来源表或查询:】下拉列表框中选择“考生基本信息表”选项。

（3）然后单击【确定】按钮，弹出“报表向导”对话框，将“考生基本信息表”的所有字段从【可用字段】列表框添加到【选定的字段】列表框，如图 6-16 所示。

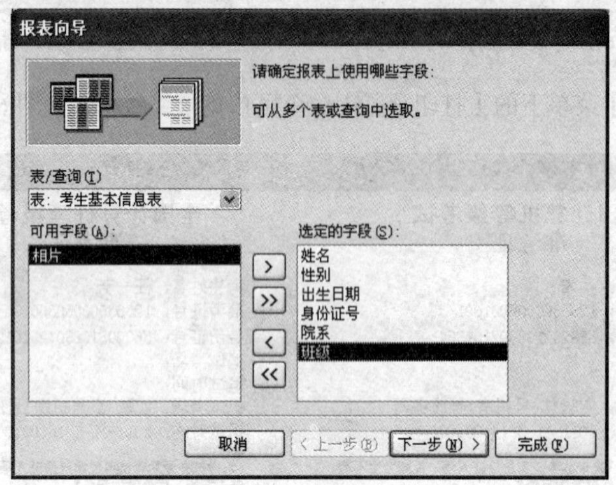

图 6-16　报表向导-选定字段

（4）单击【下一步】按钮，弹出添加分组级别的对话框，在左边的列表框中双击“院系”字段，如图 6-17 所示，即设置了按院系分组。

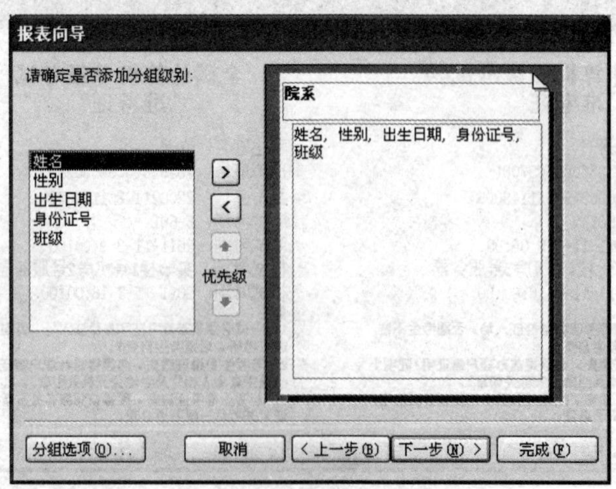

图 6-17　添加院系分组

（5）单击【下一步】按钮，在排序对话框中选择“班级”字段，如图 6-18 所示；单击【下一步】按钮，在打开的对话框中确定报表的布局方式为【递阶】，方向为【纵向】；单击【下一步】按钮，确定采用的样式，选择【大胆】；单击【下一步】按钮，在“请为报表指定标题”文本框中输入“考生基本信息表_分组”，单击【完成】按钮，关闭【报表向导】对话框，打开创建好的分组。

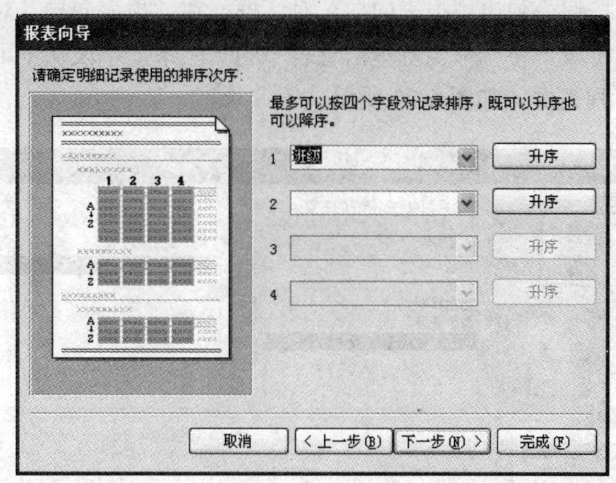

图 6-18　设置排序

（6）对已经生成的报表进行修改。单击【视图】菜单下的【设计视图】命令或在报表窗口中单击鼠标右键，在弹出的快捷菜单中选择【报表设计】命令，将打开报表的设计视图，在此视图下可以对报表进行修改，将【报表页眉】部分的标题移到居中的位置，设置报表中的文本格式，例如字体的设置等，最后通过单击【视图】菜单下的【打印预览】来查看最终的效果，如图 6-19 所示。这样，按院系显示考生基本信息的报表就创建完成了。

考生基本信息表_分组

院系	班级	姓名	性别	出生日期	身份证号
电子学院					
	A0511	汪一芳	女	1985年7月25日	360003198507251012
	A0611	蔡婧	女	1985年2月10日	350202198502101554
	A0611	许丹	女	1986年11月23日	220021198611230728
	A0611	雷政	男	1984年8月16日	350262198408161425
会计学院					
	A0416	张春芳	女	1985年10月11日	150104198510110913
	A0416	秦晨	男	1984年6月5日	140423198406051226
	A0416	郑奕涛	男	1985年11月2日	360023198511026026
	A0419	卫成志	男	1984年8月20日	130203198408202012
	A0419	胡学晶	女	1985年7月4日	430400198507042008

图 6-19　分组后的最终结果

【实验 6-4】创建一个显示各二级学院报考人数比例的报表。

【实验要求】

利用【图表向导】创建一个以“考生基本信息表”为数据源的报表，要求报表统计各院系报名的情况。

【实验步骤】

（1）在“等级考试管理系统”数据库中选择【报表】对象，在该对象窗口的工具栏上单击【新建】按钮。

（2）在弹出的“新建报表”对话框中选择【图表向导】选项，并在【请选择该对象数据的来源表或查询:】下拉列表框中选择“考生基本信息表”选项。

（3）单击【确定】按钮，弹出“报表向导”对话框，在“报表向导”对话框的【可用字段】对话框中双击【院系】字段，将“考生基本信息表”的“院系”字段从【可用字段】列表框添加到【用于图表的字段】列表框，如图 6-20 所示。

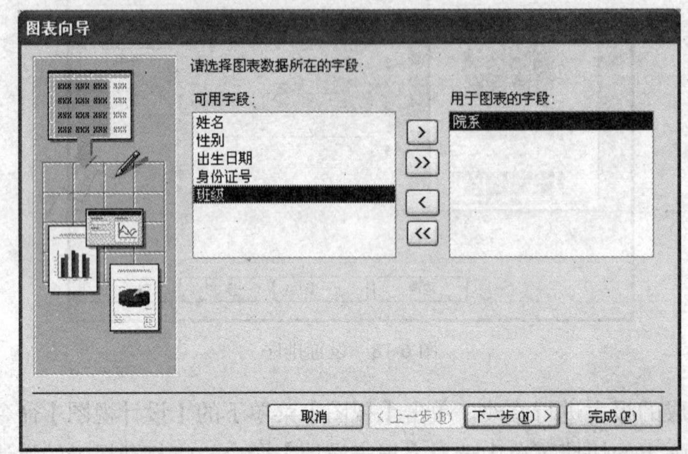

图 6-20　选择图表字段

（4）单击【下一步】按钮，在图表向导的【请选择图表的类型:】窗口中选择“饼图”，如图 6-21 所示。

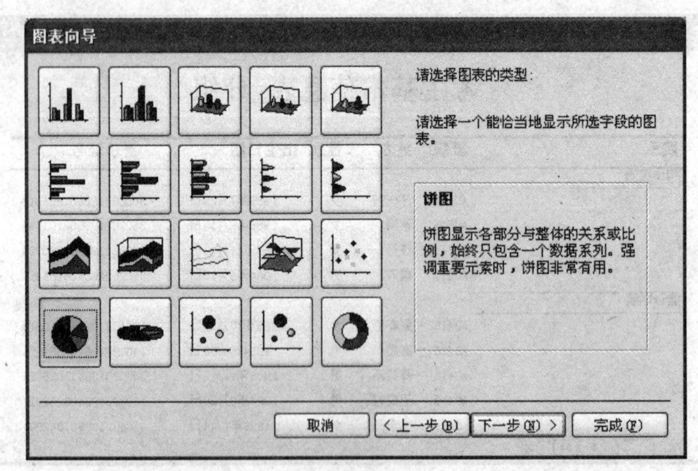

图 6-21　选择图表的类型

（5）单击【下一步】按钮，在【请指定数据在图表中的布局方式:】窗口中将“院系”拖曳到数据位置，如图 6-22 所示。

（6）单击【下一步】按钮，在【请指定图表的标题:】文本框中输入“按院系统计考生”，如图 6-23 所示。单击【完成】按钮，弹出如图 6-24 所示的报表。

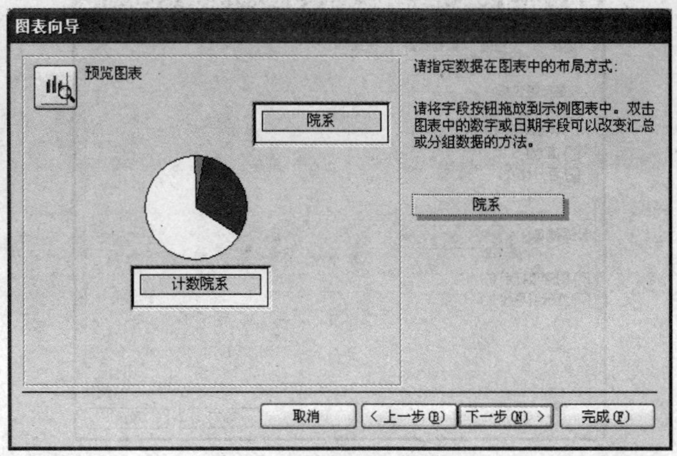

图 6-22　设置图表的布局方式

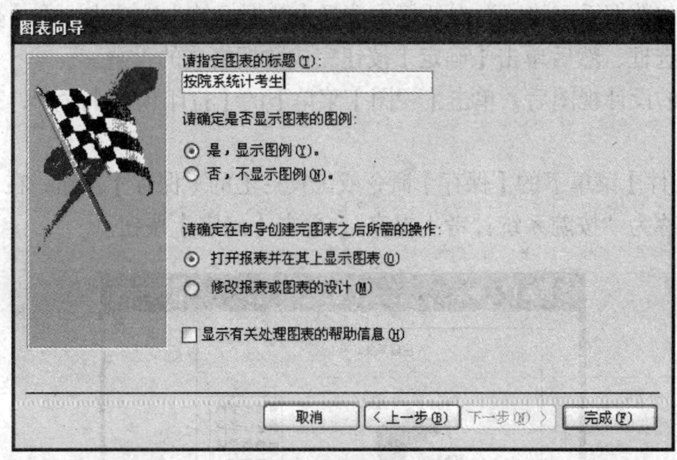

图 6-23　设置报表标题

（7）对已经生成的报表进行修改。单击【视图】菜单下的【设计视图】命令或在报表窗口中单击鼠标右键，在弹出的快捷菜单中选择【报表设计】命令，将打开报表的设计视图，在此视图下可以对报表进行修改，双击饼图，出现了控制点后单击鼠标右键，在弹出的快捷菜单中选择【设置数据系列格式】命令，如图 6-25 所示。然后会弹出如图 6-26 所示的“数据系列格式”对话框。

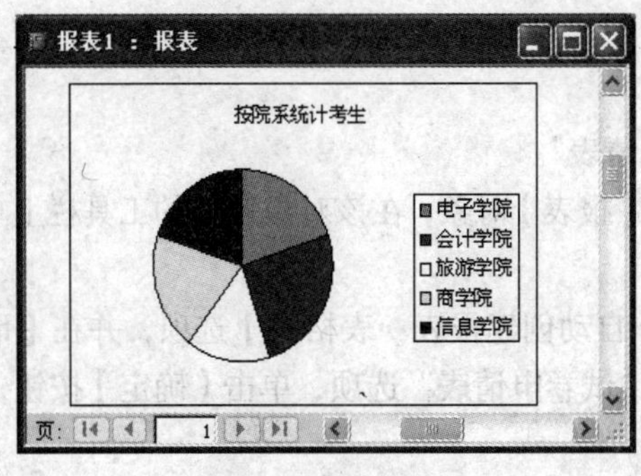

图 6-24　图表报表

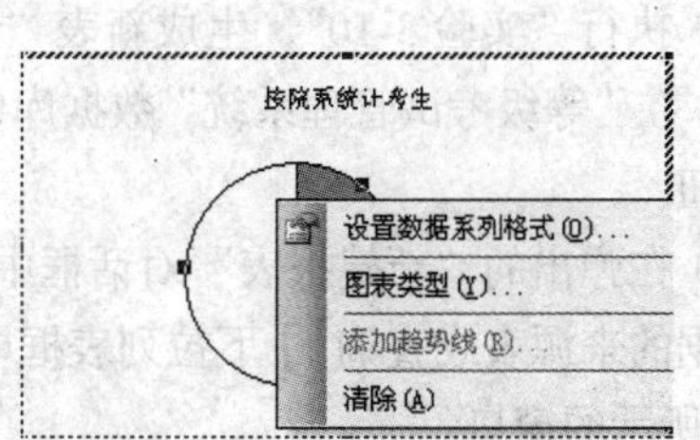

图 6-25　设置数据系列格式

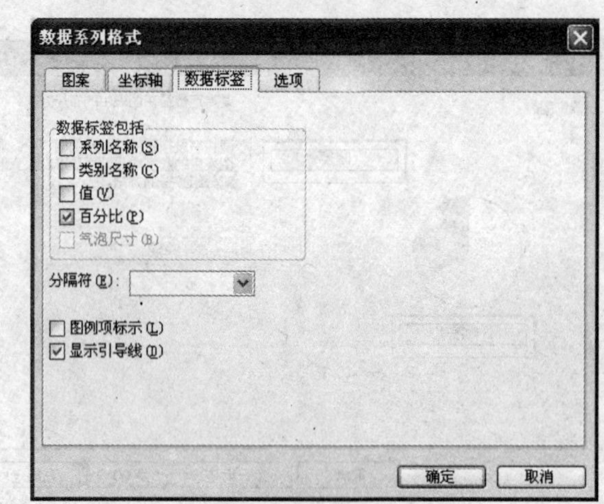

图 6-26　数据系列格式对话框

（8）在打开的“数据系列格式”对话框中选择【数据标签】选项卡，在【数据标签包括】中选择“百分比”复选框，然后单击【确定】按钮完成数据格式的设置。

（9）回到报表的设计视图后，单击【视图】菜单下的【打印预览】命令，查看报表的结果，如图 6-27 所示。

（10）单击【文件】菜单下的【保存】命令或工具栏上的【保存】按钮，在【另存为】对话框中设置该报表的名称为“按院系统计考生报表”，单击【确定】按钮。

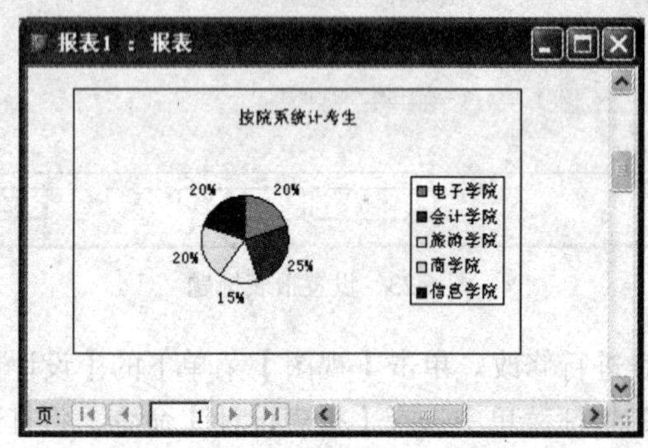

图 6-27　图表报表修改后的显示结果

【实验 6-5】试卷申请报表。

【实验要求】

将各种语言的报考人数统计出来。

【实验步骤】

（1）执行“实验 3-10”，生成新表“试卷申请表”。

（2）在“等级考试管理系统”数据库中选择【报表】对象，在该对象窗口的工具栏上单击【新建】按钮。

（3）在弹出的“新建报表”对话框中选择【自动创建报表：表格式】选项，并在【请选择该对象数据的来源表或查询：】下拉列表框中选择“试卷申请表”选项，单击【确定】按钮，弹出如图 6-28 所示的窗口。

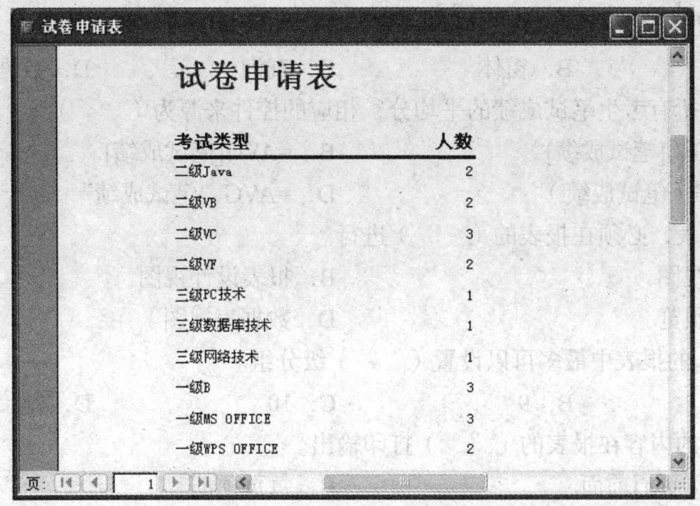

图 6-28 预览结果

（4）单击【文件】菜单下的【保存】命令或工具栏上的【保存】按钮进行保存。

三、实验作业

1．要求采用“自动创建报表：纵栏式”创建一个显示考生基本信息的报表，与报表向导创建的报表进行比较。

2．要求采用“自动创建报表：表格式”创建一个显示考生报表信息的报表。

3．打印所有考生的准考证，包括“姓名”、“身份证号”、“准考证号”、“笔试考场”、“笔试座位编号”、“笔试时间”、“上机考场”、“上机时间”、“照片”。

4．制作一个显示各种语言报考人数的报表，包括各种语言的名字及对应的人数。

5．按班级制作一个显示考生基本信息的报表。

6．按报考类型制作一个显示考生基本信息的报表。

7．按年级制作一个显示考生基本信息的报表。

8．以“考生基本信息表”为数据源，制作一个按各年级统计考生的报表。

9．制作一个按性别统计考生的报表。

10．制作一个统计过级率的报表（一级机试成绩大于等于 60，其他级别笔试成绩和机试成绩同时大于等于 60 才算通过考试）。

11．制作一个带有子报表的报表，考生的“姓名”、“性别”、“身份证号”、“班级”位于主表中，考生的“笔试成绩”、“机试成绩”位于子表中。

四、同步练习

（一）选择题

1．下列选项中，关于报表叙述正确的是（　　）。

A．报表可以修改数据　　B．报表可以输入数据

C．报表追加修改数据　　D．报表可以输出数据

2．在报表中添加日期时需要在报表上添加文本框控件，并将其控件来源设置为（　　）。

A．date()　　B．=date()　　C．time()　　D．=time()

3．（　　）不能建立数据透视表。

A．报表　　B．窗体　　C．查询　　D．数据表

4．若要计算所有考生笔试成绩的平均分，相应的控件来源为（　　）。

A．=AVG（[笔试成绩]）　　B．=AVG[笔试成绩]

C．=AVG（笔试成绩）　　D．=AVG“笔试成绩”

5．要修改报表，必须在报表的（　　）进行。

A．页面视图　　B．报表设计视图

C．打印预览　　D．数据表视图

6．在 Access 的报表中最多可以设置（　　）级分组。

A．8　　B．9　　C．10　　D．11

7．报表页眉的内容在报表的（　　）打印输出。

A．第一页页眉前面　　B．每页顶部

C．报表结尾处　　D．每页底部

8．下列哪个选项适用于显示列标题（　　）。

A．报表页眉　　B．页面页眉　　C．主体节　　D．页面页脚

9．利用自动创建报表时，Access 提供了（　　）版面。

A．纵栏式和表格式　　B．纵栏式和标签式

C．标签式和表格式　　D．标签式和图表式

10．要实现报表的分组统计，其操作区域是（　　）。

A．报表页眉或报表页脚　　B．页面页眉或页面页脚

C．主体节　　D．组页眉或组页脚

（二）填空题

1．计算控件的“控件源”属性必须是以（　　）开头的计算表达式。

2．常见报表类型有（　　）、（　　）、（　　）和标签报表 4 种形式。

3．每个报表有设计视图、（　　）、（　　）和（　　）4 种视图。

4．报表的数据源有表、（　　）、（　　）。

（三）简答题

1．简述报表的作用及其组成部分？

2．简述报表中节的作用？打印报表时各节的内容是如何显示的？

3．如何在报表中添加时间和日期？

4．在报表中要显示格式为“第 N 页，共 N 页”的页码，请写出对应的页码格式。

实验七 数据访问页

一、实验目的

1. 掌握“使用向导创建数据访问页”。
2. 掌握创建带有分组级别和排序次序的数据访问页。
3. 掌握数据访问页标题、主题设置。
4. 掌握数据访问页常用控件。

二、实验内容

【实验 7-1】创建一个显示考生基本信息的数据访问页。

【实验要求】

以“考生基本信息表”为数据源，使用“数据页向导”功能创建一个按“院系”分组，“班级”排序的数据访问页。

【操作步骤】

（1）在“等级考试管理系统”数据库中选择【页】对象，在该对象窗口的工具栏上单击【新建】按钮，在弹出的“新建数据访问页”对话框中选择【数据页向导】选项，在【请选择该对象数据的来源表或查询】列表中选择“考生基本信息表”，如图 7-1 所示。

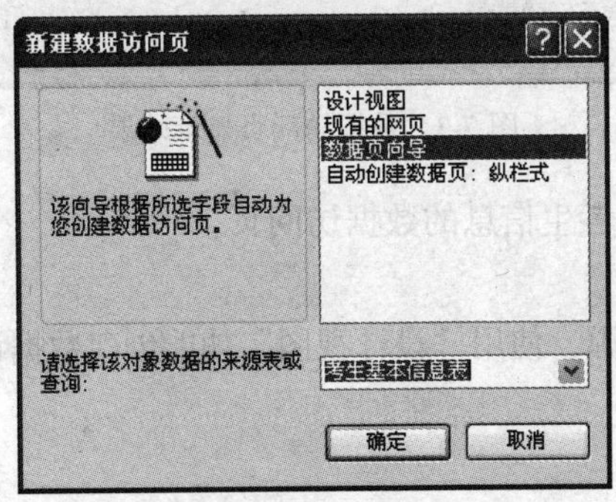

图 7-1 “新建数据访问页”对话框

（2）单击【确定】按钮，在“数据页向导”对话框中将“考生基本信息表”的所有字段从【可用字段】列表框添加到【选定的字段】列表框中，单击【下一步】按钮，选择“院系”字段作为分组字段，单击【下一步】按钮，选择“班级”字段作为“排序”字段，最后为数据页指定标题为“数据页_考生基本信息表”。

（3）单击【完成】按钮后打开数据页的设计视图，如图 7-2 所示。

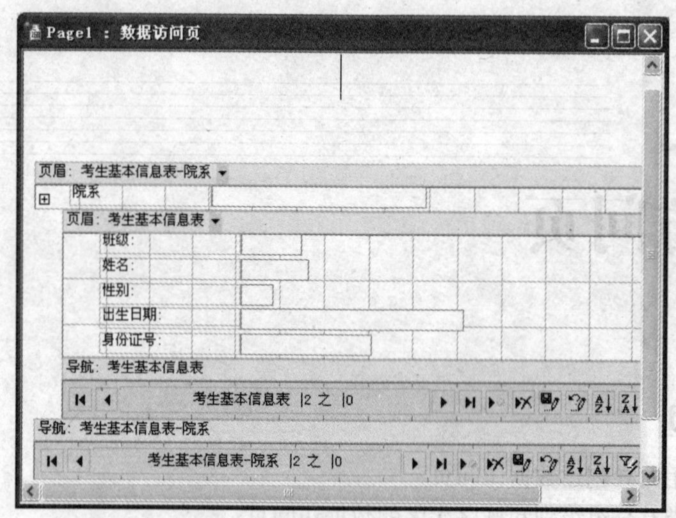

图 7-2　数据访问页设计视图

（4）单击标题区，输入标题“考生基本信息表”。

（5）单击【视图】菜单下的【页面视图】命令或工具栏上的【页面视图】按钮换到数据页的页面视图，在页面视图下可查看数据页的最终效果，如图 7-3 所示。

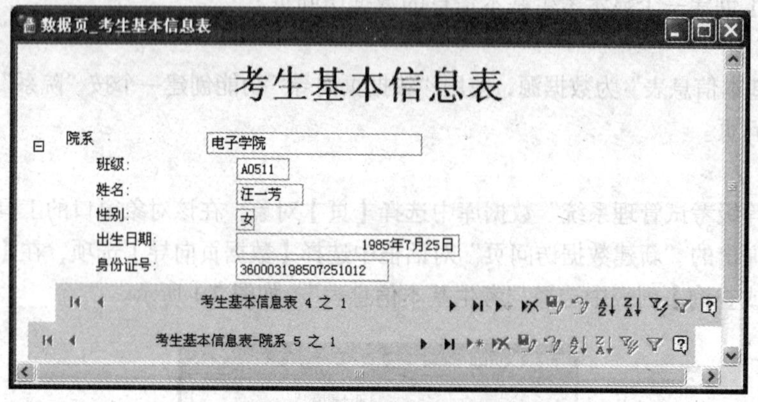

图 7-3　数据访问页显示效果

【实验 7-2】创建一个显示考生信息的数据访问页。

【实验要求】

以“参数设置表”为数据源，使用“设计视图”功能创建数据访问页，并添加滚动字幕“欢迎浏览收费信息”。

【操作步骤】

（1）在“等级考试管理系统”数据库中选择【页】对象，在该对象窗口的工具栏上单击【新建】按钮，在弹出的“新建数据访问页”对话框中双击【设计视图】选项，弹出数据访问页的设计视图。

（2）在“字段列表”任务窗格选择“参数设置表”，将所需的字段拖曳到页面合适的位置并调整好大小，如图 7-4 所示。

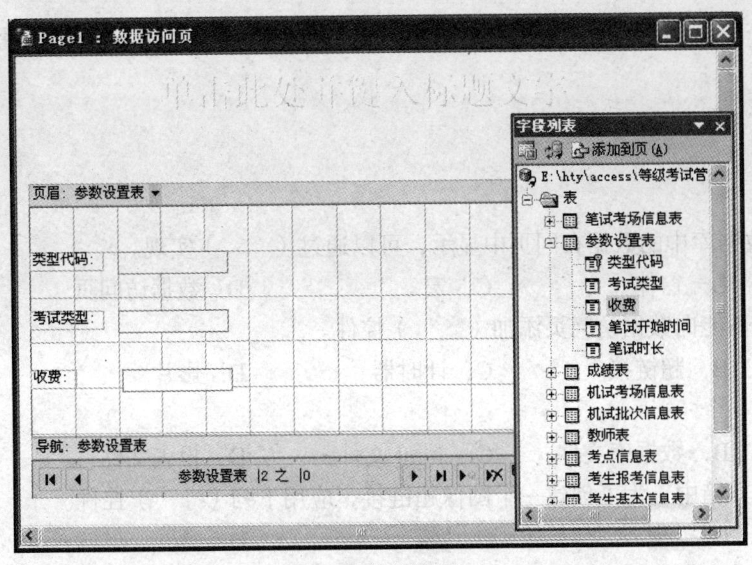

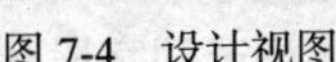

图 7-4　设计视图

图 7-5　数据访问页工具栏

（3）单击数据访问页工具箱中的【滚动文字】按钮，如图 7-5 所示。点击数据访问页设计视图中的“单击此处并键入标题文字”处即可添加滚动文字。

（4）双击该控件，在弹出的对话框中选择【全部】选项卡，将其中的【InnerText】属性设置为“欢迎浏览收费信息”，并设置合适的字体格式，如图 7-6 所示。

（5）运行数据访问页，浏览显示结果，如图 7-7 所示。

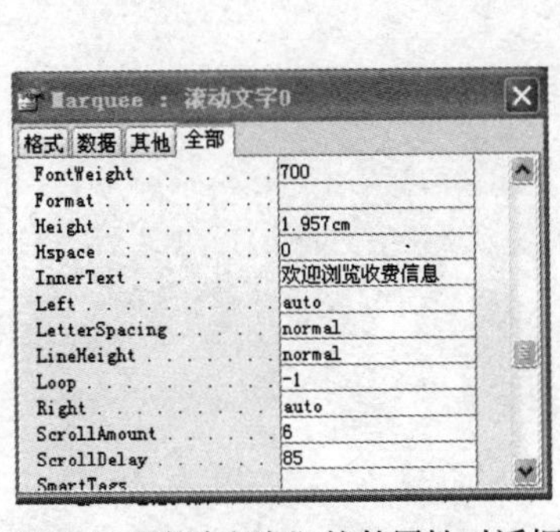

图 7-6　“滚动文字”控件属性对话框

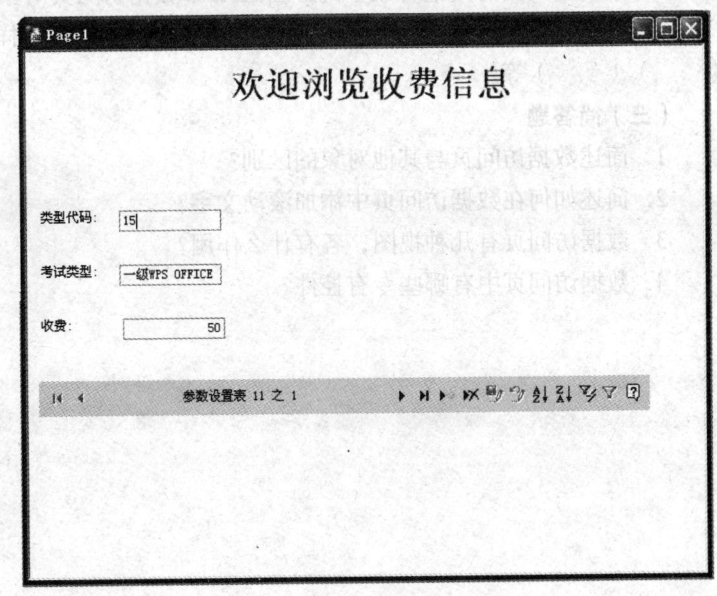

图 7-7　数据访问页显示结果

三、实验作业

1. 以“考生基本信息表”为数据源，设计一个“纵栏式”数据访问页，要求设置主题为“彩虹”，并添加“滚动文字”控件。

2．以查询“试卷申请表”为数据源，设计一个数据访问页，标题为“试卷申请表”，背景颜色为“红色”。

四、同步练习

（一）选择题

1．如果要将 Access 数据库中的数据在网页中显示，可以通过（　　）实现。

A．模块　　B．窗体　　C．宏　　D．数据访问页

2．设计数据访问页时不能向数据访问页添加（　　）控件。

A．展开　　B．超链接　　C．计时器　　D．影片

3．数据访问页文件是一个（　　）。

A．快捷方式　　B．数据库文件　　C．.html 文件　　D．报表文件

4．在数据访问页的工具箱中，为了创建一个图像超链接，应用下列（　　）控件。

A． 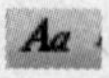　　B．　　C．　　D．

5．在数据访问页中，应为所有将要排序、分组或筛选的字段建立（　　）。

A．主键　　B．索引　　C．准则　　D．条件表达式

（二）填空题

1．在（　　）中可以编辑已有的数据访问页。

2．在设计好数据访问页对象以后，可以通过（　　）和（　　）两种方式调用它。

3．在 Access 中，可以通过自动创建数据访问页、（　　）和（　　）3 种方式创建数据访问页。

4．数据访问页与其他对象不同，在 Access 数据访问页对象中保留的是（　　）。

5．数据访问页的主题是指一些预先设置好的格式的页面样品，主要有项目符号、（　　）、（　　）、（　　）等。

（三）简答题

1．简述数据访问页与其他对象的区别？

2．简述如何在数据访问页中添加滚动文字？

3．数据访问页有几种视图，各有什么作用？

4．数据访问页中有哪些专有控件？

实验八 宏 操 作

一、实验目的

1. 掌握简单宏的建立方法。
2. 掌握条件宏的建立方法。
3. 掌握宏组的建立方法。
4. 掌握自动运行宏的建立方法。
5. 掌握宏在系统菜单中的应用。

二、实验内容

【实验 8-1】建立条件宏。

【实验要求】

利用条件宏创建系统登录界面，用户名为“admin”，密码为“111”。如图 8-1 所示，要求当输入的用户名和密码都正确时，单击【登录】按钮，可以打开“主窗体”；当用户名和密码输入不正确时，单击【登录】按钮，会弹出消息框并关闭本窗体。

【操作步骤】

（1）建立“登录”窗体，并将“密码”后文本框（Text2）的输入掩码设置为“密码”。如图 8-2 所示。

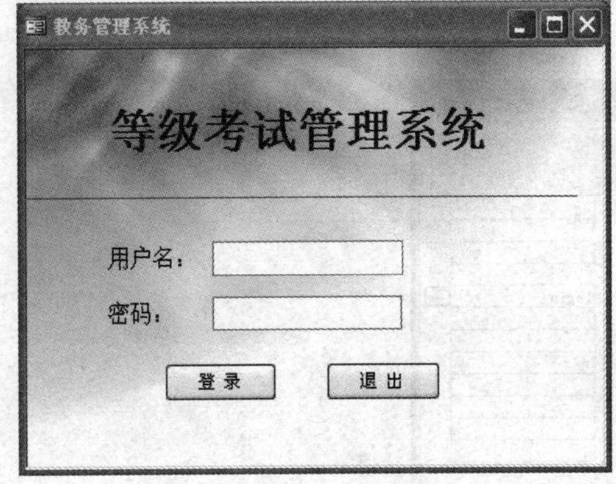

图 8-1 “登录”窗体

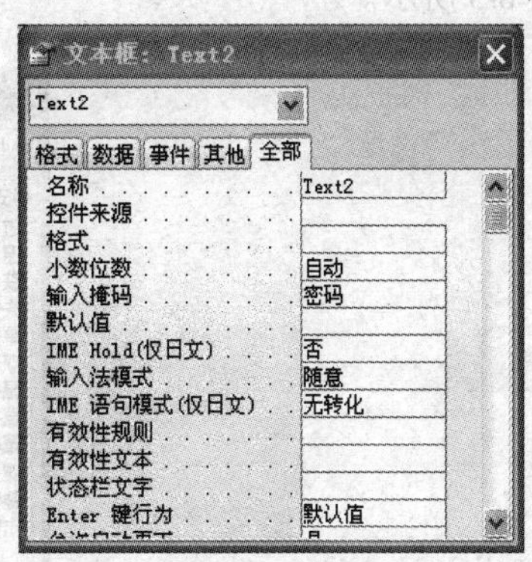

图 8-2 文本框的“输入掩码“属性

（2）在“数据库”窗口【对象】列表中选择【宏】，单击【新建】按钮，打开宏设计视图后，单击工具栏中的【条件】按钮，使宏设计视图显示“条件”列。设置当用户名和密码都正确时的“条件”、“操作”和“操作参数”，如图 8-3 所示。

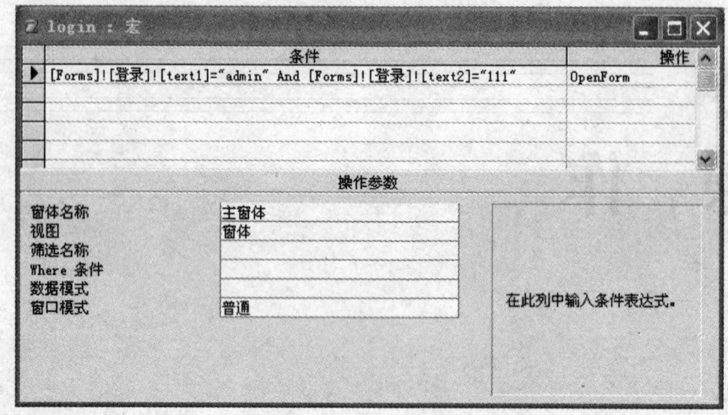

图 8-3　宏的设计视图

（3）设置当用户名和密码不正确时的“条件”、“操作”和“操作参数”，如图 8-4 所示。

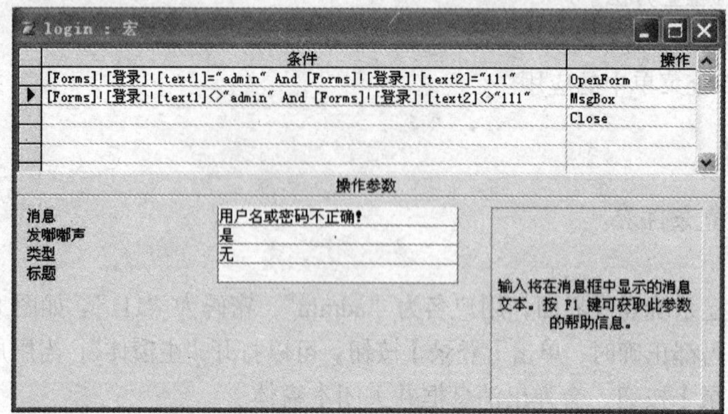

图 8-4　宏的设计视图

（4）将宏名称保存为“Login”。

（5）在“登录”窗体的设计视图中，将【登录】命令按钮的【单击】属性连接到“Login”，如图 8-5 所示。

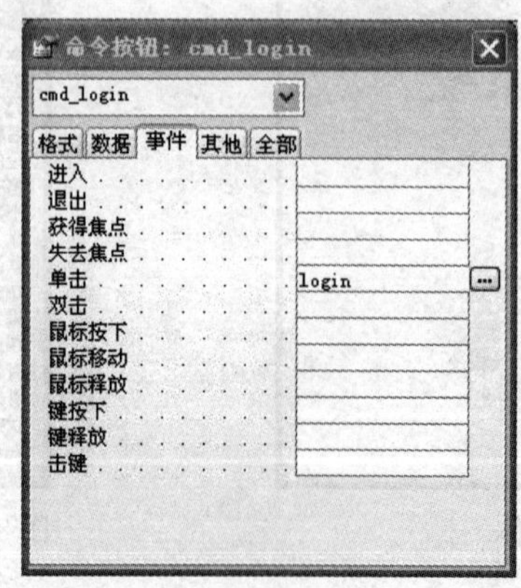

图 8-5　命令按钮“单击”事件属性

（6）打开“登录”窗体进行条件宏的测试。

【实验 8-2】创建宏组。

【实验要求】

图 8-6 所示的“主界面”窗体，可以说是一个切换面板，单击面板上的命令按钮会打开一个窗体、打开一个报表或关闭窗体。这些命令按钮按功能可以分为 5 组，因此要求创建 5 个宏组。

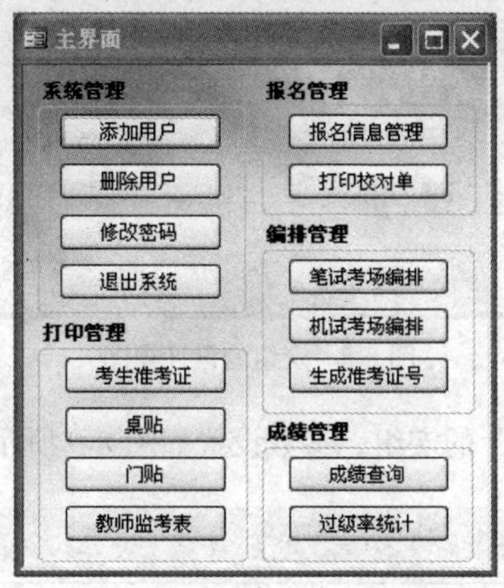

图 8-6 “主界面”窗体

【操作步骤】

（1）在“数据库”窗口【对象】列表下选择【宏】，单击【新建】按钮，打开宏设计视图，单击工具栏上的【宏名】按钮，然后进行如表 8-1 所示的参数设置，设置界面如图 8-7 所示，建立名为“systemmenu”的宏组。

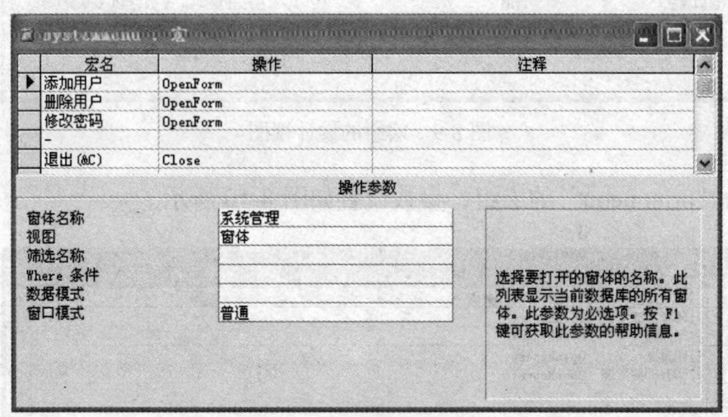

图 8-7 宏组的设计视图

表 8-1 宏组中各宏的操作说明

宏　名	操　作	参　数
添加用户	OpenForm	窗体名称“系统管理”
删除用户	OpenForm	窗体名称“系统管理”
修改密码	OpenForm	窗体名称“系统管理”
退出	Close	

（2）建立名为“registmenu”的宏组，参数设置如图 8-8 所示。

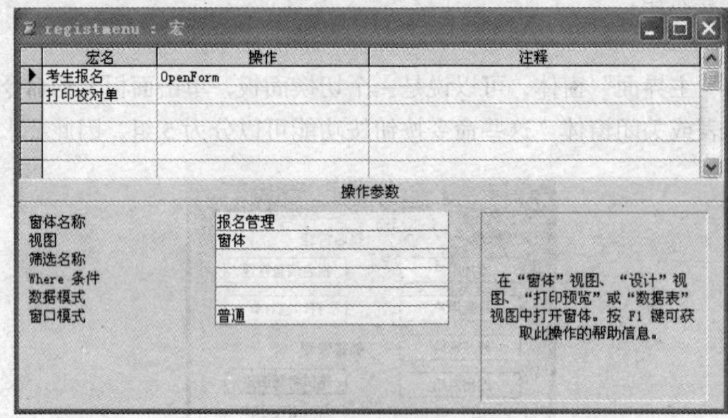

图 8-8　宏组的设计视图

（3）建立名为“layoutmenu”的宏组，参数设置如图 8-9 所示。

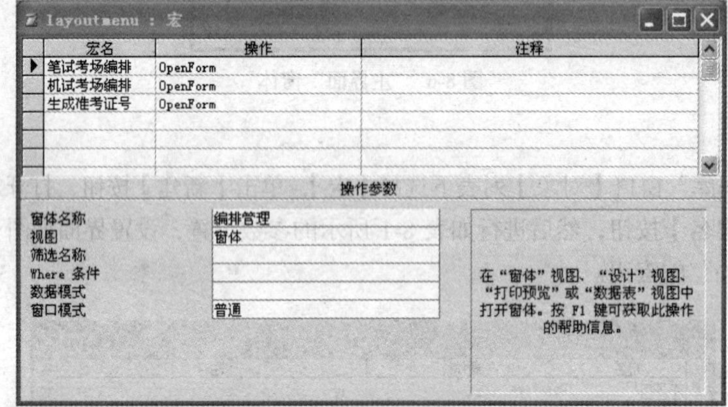

图 8-9　宏组的设计视图

（4）建立名为“printmenu”的宏组，参数设置如图 8-10 所示。

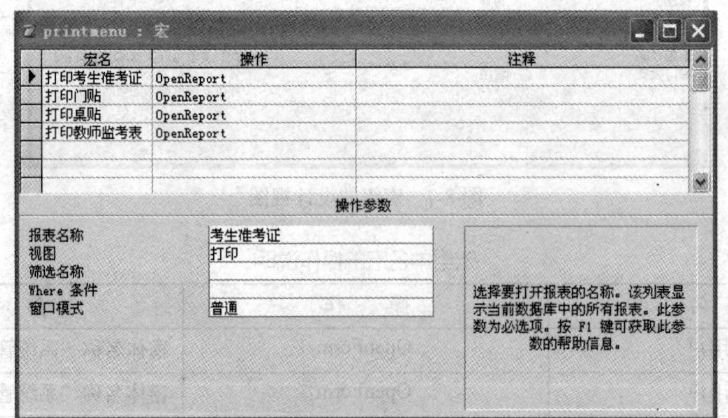

图 8-10　宏组的设计视图

（5）建立名为“resultmenu”的宏组，参数设置如图 8-11 所示。

（6）在“主界面”窗体的设计视图中，分别将 15 个命令按钮的【单击】属性连接到相应宏组中的单个宏。如图 8-12 所示，【成绩查询】命令按钮的【单击】属性连接到“resultmenu.成绩查询”，其他命令按钮的操作方法类同，不再赘述。

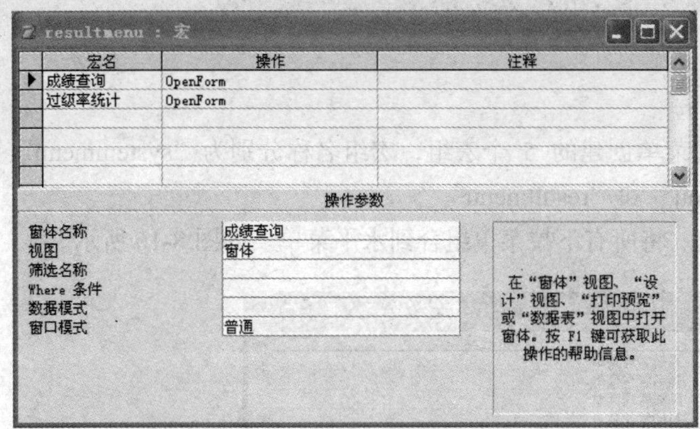

图 8-11　宏组的设计视图

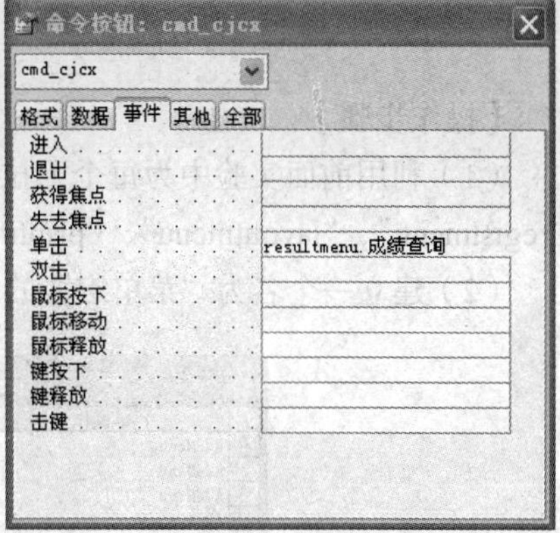

图 8-12　命令按钮的【单击】事件属性

【实验 8-3】创建自动运行宏。

【实验要求】

将前面实验建立的“登录”窗体设为打开数据库时自动运行。

【操作步骤】

（1）在“数据库”窗口【对象】列表下选择【宏】，单击【新建】按钮，打开宏设计视图，参数设置如图 8-13 所示。

（2）以 autoexec 为宏名进行保存，如图 8-14 所示。

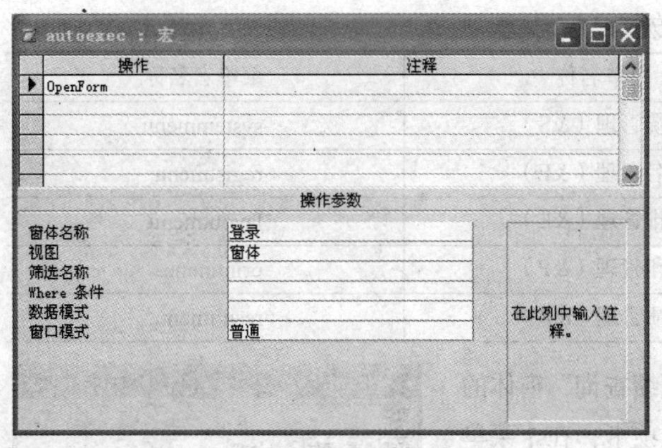

图 8-13　自动运行宏的设计视图

图 8-14　“另存为”对话框

（3）关闭 Access 应用程序，然后重新打开“等级考试管理系统.mdb”数据库文件，可观察到“登录”窗体自动加载运行的效果。

【实验 8-4】建立系统菜单。

【实验要求】

建立如图 8-15 所示的系统菜单。

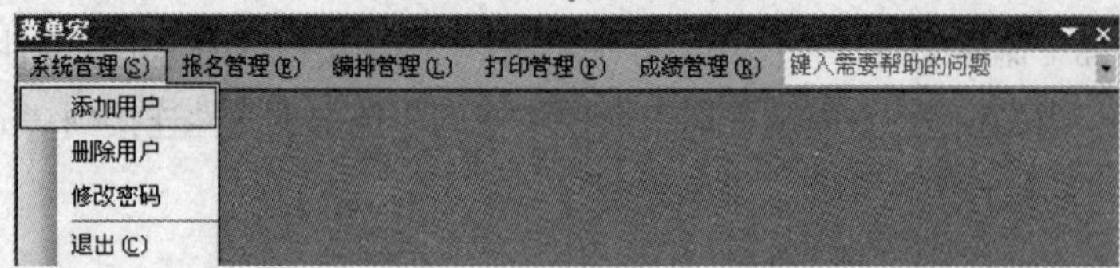

图 8-15　系统菜单

【操作步骤】

（1）利用前面实验中为每个下拉式菜单创建的 5 个宏组，宏组名称分别为“systemmenu”、“registmenu”、“layoutmenu”、“printmenu”和“resultmenu”。

（2）建立一个名为“菜单宏”的宏。将所有下拉菜单组合到水平菜单。如图 8-16 所示。

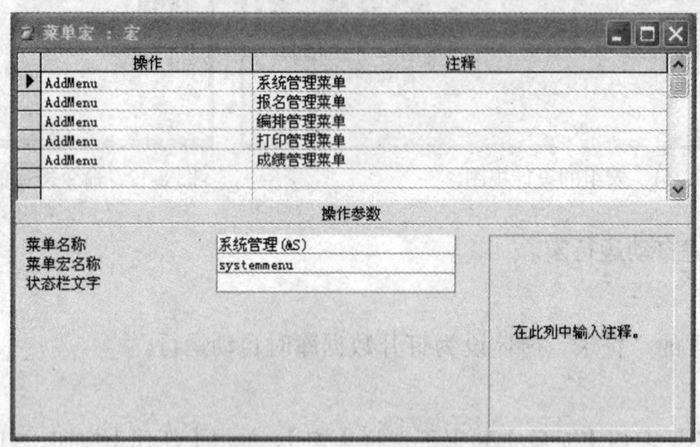

图 8-16　菜单宏的设计视图

“菜单宏”中各序列宏的设置如表 8-2 所示。

表 8-2　菜单宏中各宏的设置

操　作	菜单名称	菜单宏名称
AddMenu	系统管理（&S）	systemmenu
AddMenu	报名管理（&E）	registmenu
AddMenu	编排管理（&L）	layoutmenu
AddMenu	打印管理（&P）	printmenu
AddMenu	成绩管理（&R）	resultmenu

（3）为窗体和报表激活菜单。如在“成绩查询”窗体的设计视图中打开窗体属性，选择【其他】选项卡，在【菜单栏】中输入宏名“菜单宏”，如图 8-17 所示。同样，为其他窗体和报表激活菜单。

（4）以上操作完成后，即可实现打开其中任一个窗体或报表时，出现如图 8-15 所示的系统菜单。

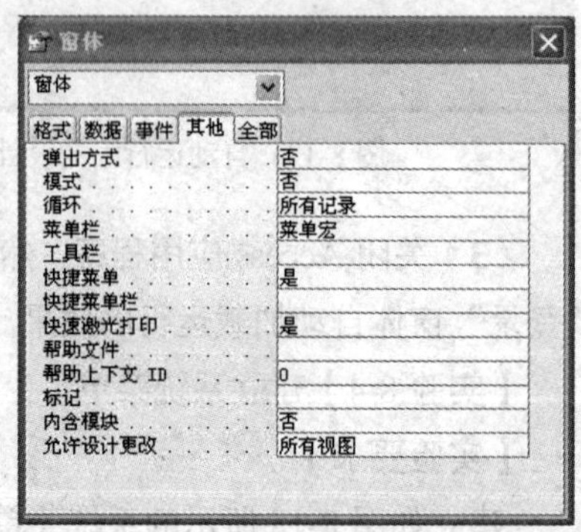

图 8-17　窗体的【菜单栏】属性

三、实验作业

1. 创建单个宏。所实现的功能是单击窗体中的按钮，发出“嘟嘟”声后会打开前面实验所建的“登录”窗体，并以最大化方式显示。

2．创建一个宏组用来移动记录，第一条记录、前一条记录、下一条记录和最后一条记录。

3．在已经建立的“学生等级考试管理”数据库中完成以下操作。

（1）设计一个“浏览考生信息”窗体，在【身份证号】文本框中输入身份证号后，单击【查找】命令按钮即可显示该考生的基本信息；如果【身份证号】文本框中没有输入身份证号，则单击【查找】命令按钮时弹出一个消息框，提示输入书号。用【宏】完成【查找】命令按钮的操作。

（2）设计一个“考生信息查询”窗体。从组合框中选择一个身份证号后，单击【查询】按钮，可以打开“浏览考生信息”窗体，显示与该身份证号对应的考生信息。单击【取消】按钮可以关闭“考生信息查询”窗体。用宏组完成【查询】和【取消】按钮的操作。

四、同步练习

一、选择题

1．有关宏操作，叙述错误的是（　　）。

A．宏的条件表达式中不能引用窗体或报表的控件值

B．所有宏操作都可以转化为相应的模块代码

C．使用宏可以启动其他应用程序

D．可以利用宏组来管理相关的一系列宏

2．关于设置宏操作参数，说法错误的是（　　）。

A．在宏中添加了某个操作后，可以在宏窗口的下部设置这个操作的参数

B．很多操作参数对应的单元格都有下拉列表，可以从列表中选择，也可以在文本框中输入参数

C．如果操作中有调用数据库对象名的参数，则可以将对象从数据库窗口中拖曳到参数框，从而设置参数及其对应的对象类型参数

D．用户可以在所有参数的表达式前使用符号来设置操作参数

3．若一个宏中包含多个操作，则在运行宏时将按（　　）的顺序来运行这些操作。

A．从下到上　　B．从上到下　　C．随机　　D．上述都不对

4．在宏中引用窗体 Form1 中文本框 TEXT1 的值，其完整的语法格式是（　　）

A．[forms]![Form1]![TEXT1]　　B．[TEXT1]

C．[froms]![Form1]![TEXT1]　　D．[Form1]![TEXT1]

5．在模块中执行宏“macro1”的格式为是（　　）。

A．Function.RunMacro MacroName　　B．DoCmd.RunMacro macro1

C．Sub.RunMacro macro1　　D．RunMacro macro1

6．在设计条件宏时，对于和上一行重复的条件，可以用（　　）符号代替。

A．…　　B．:　　C．,,,　　D．=

7．下列关于有条件的宏的说法中，错误的是（　　）。

A．条件为真时，将执行此行中的宏操作

B．宏在遇到条件内有省略号时，中止操作

C．如果条件为假，将跳过该行操作

D．宏的条件内的省略号相当于该行操作的条件与其前一个宏操作的条件相同

8．使用（　　）可以决定在某些情况下运行宏时，某个操作是否进行。

A．语句　B．条件表达式　C．命令　D．以上都不是

9．一个非条件宏，运行时系统（　　）。

A．执行部分宏操作　B．执行设置了参数的宏操作

C．执行全部宏操作　D．等待用户选择执行每个宏操作

10．在宏中添加条件时，选择【视图】菜单中的（　　）命令，会在【宏】设计视图增加一个“条件”列。

A．添加　B．条件表达式　C．条件　D．以上都不是

11．条件宏的条件项的返回值是（　　）。

A．真　B．假　C．真或假　D．不能确定

12．宏组由（　　）组成。

A．若干个宏操作　B．一个宏　C．若干个宏　D．上述都不对

13．创建宏组时，进入【宏】设计视图，选择（　　）菜单中的“宏名”命令，会在【宏】设计视图增加一个“宏名”列。

A．工具　B．视图　C．插入　D．窗口

14．宏组中的宏按（　　）调用。

A．宏名.宏　B．宏组名.宏名　C．宏名.宏组名　D．宏.宏组名

15．在宏窗口中，（　　）列可以隐藏不显示。

A．只有条件　B．操作　C．备注　D．宏名和条件

16．VBA 的自动运行宏，应当命名为（　　）。

A．AutoExec　B．Autoexe　C．Auto　D．AutoExec.bat

17．下列关于运行宏的说法中，错误的是（　　）。

A．运行宏时，对每个宏只能连续运行

B．打开数据库时，可以自动运行名为“autoexec”的宏

C．可以通过窗体、报表上的控件来运行宏

D．可以在一个宏中运行另一个宏

18．如果在数据库中包含打开数据库就会自动运行的宏，若想取消自动运行，可以在打开数据库时按住（　　）键。

A．Shift　B．Alt　C．Ctrl　D．以上都不是

19．用于显示消息框的宏命令是（　　）。

A．Beep　B．MsgBox　C．Quit　D．Restore

20．用于打开报表的宏命令是（　　）。

A．Open　B．Requery　C．OpenReport　D．OpenQuery

21．OpenForm 命令表示（　　）。

A．打开数据库　B．打开报表

C．打开窗体　D．执行指定的外部应用程序

22．如果不指定对象，close 将会（　　）。

A．关闭正在使用的表　B．关闭当前数据库

C．关闭当前窗体　D．关闭活动窗口

23．关于查找数据的宏操作，说法不正确的是（　　）。

A．ApplyFilter 宏操作的目的是对表格的基础表或查询使用一个命名的过滤、查询或一

个 SQL WHERE 从句，以便能够限制一个表格或者查询显示的信息

B．FineNext 找出符合查询标准的一个记录

C．GoToRecord 宏操作的目的是移动到不同的记录上，并使它成为表、查询或者表格中的当前值

D．GoToRecord 可以移动到一个特定编号的记录上，或者移动到尾部的新记录上

24．下列不能够通过宏来实现的功能是（　　）。

A．建立自定义菜单栏

B．实现数据自动传输

C．自定义过程的创建和使用

D．显示各种信息，并能够使计算机扬声器发出报警声，以引起用户注意

25．直接运行宏时，可以使用（　　）对象的 RunMacro 方法，从 VBA 代码过程中运行。

A．Text　　B．DoCmd　　C．Command　　D．Caption

（二）填空题

1．（　　）是一系列操作的集合，通过执行它，Access 能够有次序地自动执行一连串的操作。

2．对于事务性的或重复性的操作，可以通过（　　）来实现。

3．宏可以分为 3 类：（　　）、（　　）和包括条件操作的宏。

4．如果希望按指定条件执行宏中的一个或多个操作，这类宏称为（　　）。

5．在宏中，如果设计了（　　），有些操作就会根据条件情况来决定是否执行。

6．定义（　　）有利于数据库中宏对象的管理。

7．宏窗口上半部分由 4 列组成，他们分别是宏名、条件、（　　）和（　　）列。

8．打开某个数据表的宏命令是（　　）。

9．通过宏查找下一条记录的宏操作是（　　）。

10．在一个宏中运行另一个宏时，使用的宏操作命令是（　　）。

11．打开查询的宏命令是（　　）。

12．在宏的表达式中，还可能引用到窗体或报表上的控件值。引用窗体控件的值，可以使用表达式（　　）；引用报表控件的值，可以使用表达式（　　）。

13．若执行操作的条件是如果“姓名”为空，则条件表达式为（　　）。

14．若执行操作的条件是“发货日期”在 2004 年 2 月 2 日到 2004 年 5 月 2 日之间，则条件表达式为（　　）；为窗体或报表上的控件设置属性值的宏命令是（　　）。

15．设置计算机发出嘟嘟声的宏操作是（　　）。

16．Close 命令用于（　　）。

17．Quit 命令用于（　　）。

18．RunSQL 命令用于（　　）。

19．被命名为（　　）保存的宏，在打开该数据库时会自动运行。

20．使用（　　）执行，可以观察宏的流程和每一个操作的结果。

（三）简答题

1．简述什么是宏，并简述宏的基本功能。

2．简述什么是宏组，并简述宏组与宏的不同。

3．有哪几种常用的运行宏方法？

4．列举几种宏操作及功能。

实验九
模块与 VBA 程序设计

一、实验目的

1. 掌握标准模块的建立方法。
2. 掌握类模块的建立方法。
3. 掌握 ADO 数据库编程的方法。

二、实验内容

【实验 9-1】建立标准模块。

【实验要求】

分别建立名为“实验 9-1 圆的面积”和“实验 9-2 最大公约数”的模块。

【操作步骤】

（1）在“数据库”窗口【对象】列表中选择【模块】对象，单击【新建】按钮，打开“VBA 模块”窗口，输入如图 9-1 所示的程序，其中编写了一个名为“area”的子过程，用于计算圆的面积。输入完后单击工具栏上的【保存】按钮，保存为“实验 9-1 圆的面积”模块。

图 9-1　VBA 代码窗口

（2）选择【运行】菜单下的【运行子过程/用户窗体】命令，在弹出的消息框中输入半径，如图 9-2 所示。

（3）输入半径后，弹出消息框中显示圆的面积，如图 9-3 所示。

图 9-2　在消息框中输入

图 9-3　消息框提示计算结果

（4）在“数据库”窗口【对象】列表中选择【模块】对象，单击【新建】按钮，打开“VBA 模块”窗口，输入如图 9-4 所示的程序，其中编写了一个名为“gcd”的自定义函数，用于计算两个数的最大公约数。输入完后单击工具栏上的【保存】按钮，保存为“实验 9-2 最大公约数”模块。

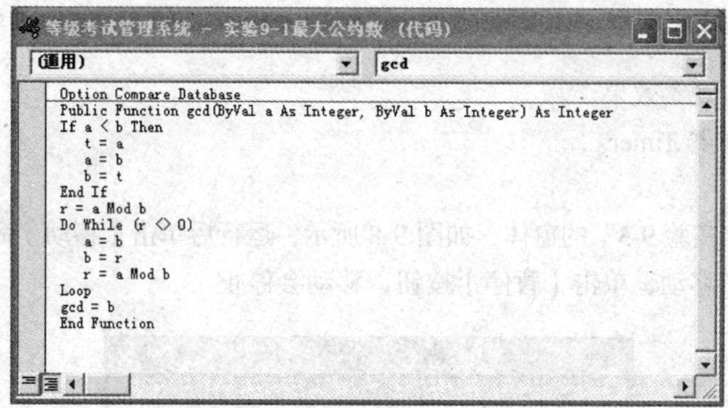

图 9-4　VBA 代码窗口

【实验 9-2】最大公约数。

【实验要求】创建一个名为“实验 9-2”的窗体，如图 9-5 所示。运行后，在两个文本框分别输入两个数，然后单击命令按钮【最大公约数】，则在其后的文本框中显示最大公约数。本实验要求调用“实验 9-1”中所建的自定义函数 gcd。

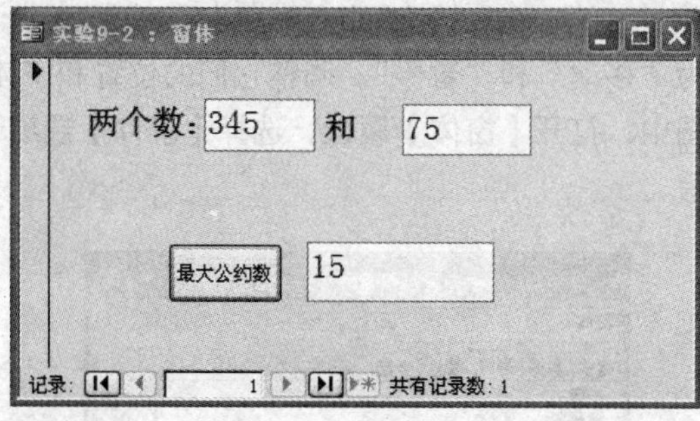

图 9-5　“实验 9-2”窗体

【操作步骤】

（1）新建一个窗体，窗体上画有两个标签 label1 和 label2，标题分别为“两个数：”和“和”；三个文本框 Text1、Text2 和 Text3；一个命令按钮 Command1，标题为“最大公约数”。调整它们的位置和字体大小。

（2）在窗体的设计视图中，打开【最大公约数】命令按钮属性，选择【事件】选项卡，单击【单击】事件右侧的[...]按钮，如图 9-6 所示。在打开的命令按钮“代码窗口”中，输入如图 9-7 所示的程序代码，然后保存窗体名为“实验 9-2”。

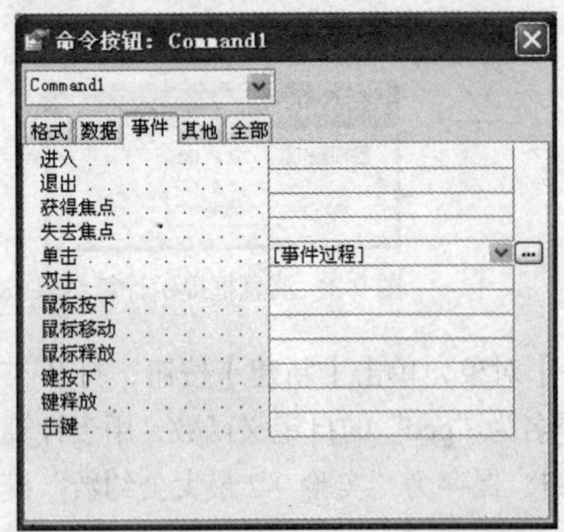

图 9-6 命令按钮“单击”事件属性

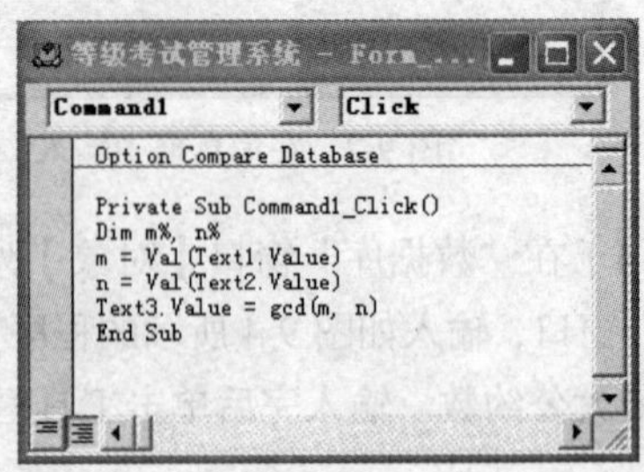

图 9-7 命令按钮单击事件代码

（3）运行窗体，观察效果。

【实验 9-3】计时器 Timer。

【实验要求】

创建一个名为“实验 9-3”的窗体，如图 9-8 所示，运行后单击【移动】命令按钮，文字“欢迎光临”会水平向右移动，单击【暂停】按钮，移动会停止。

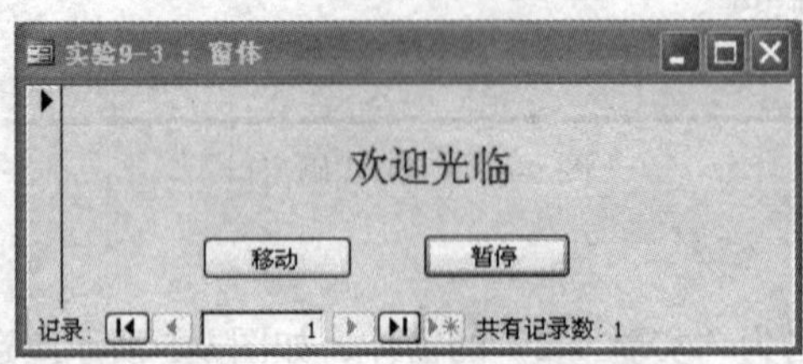

图 9-8 “实验 9-3”窗体

【操作步骤】

（1）新建一个窗体，窗体上画有一个标签 label1，标题为“欢迎光临”；两个命令按钮 Command1 和 Command2，标题分别为“移动”和“暂停”。调整它们的位置和字体大小。

（2）在窗体的设计视图中，打开【窗体】属性，选择【事件】选项卡，设置【计时器间隔】为 100 毫秒，如图 9-9 所示。

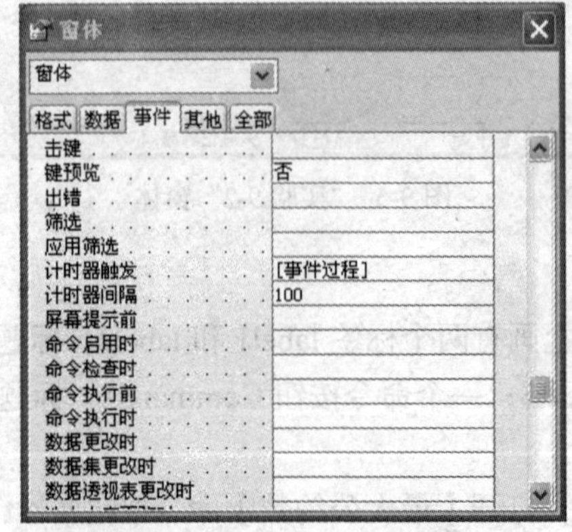

图 9-9 窗体【计时器间隔】属性

（3）在打开的“代码窗口”中，输入如图 9-10 所示的程序代码。然后保存窗体名为“实验 9-3”。

图 9-10　VBA 代码窗口

（4）运行窗体，观察效果。

【实验 9-4】登录窗体。

【实验要求】

创建一个名为“登录”的窗体，如图 9-11 所示，运行后输入用户名和密码，单击“登录”命令按钮，如果用户名和密码都正确，关闭当前窗体，打开另一个窗体；如果用户名或密码不正确，则弹出消息框提示；如果在“保存密码”复选框上进行选择，可修改“用户表”中的字段“记住密码”的值，如果在“保存密码”复选框上打勾，则下次运行“登录”窗体时不需输入密码。

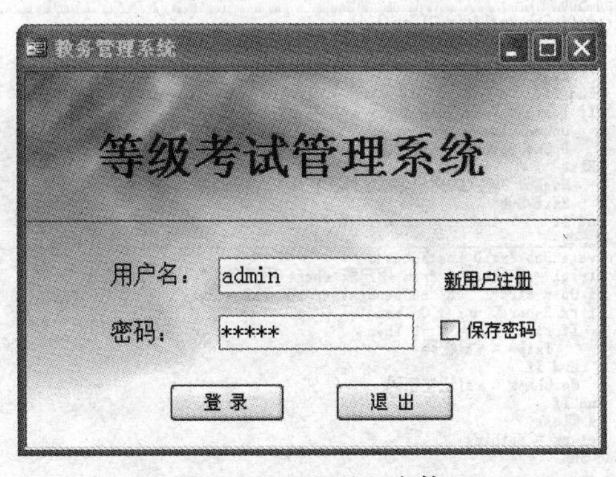

图 9-11　“登录”窗体

【操作步骤】

（1）新建一个窗体，窗体上画有三个标签 label1、label2 和 label3，标题分别为“等级考试管理系统”、“用户名:”和“密码:”；两个文本框 TxtID 和 TxtPW，用于分别输入用户名和密码；一个复选框 Chkpw，用于选择是否保存密码；两个命令按钮 Cmdlogin 和 Cmdexit，标题分别为“登录”和“退出”。调整它们的位置和字体大小。

（2）在窗体的设计视图中，打开用户输入密码的文本框 TxtPW 属性，如图 9-12 所示，选择【数据】选项卡，设置【输入掩码】为“密码”，使用户输入的密码显示为“*”。

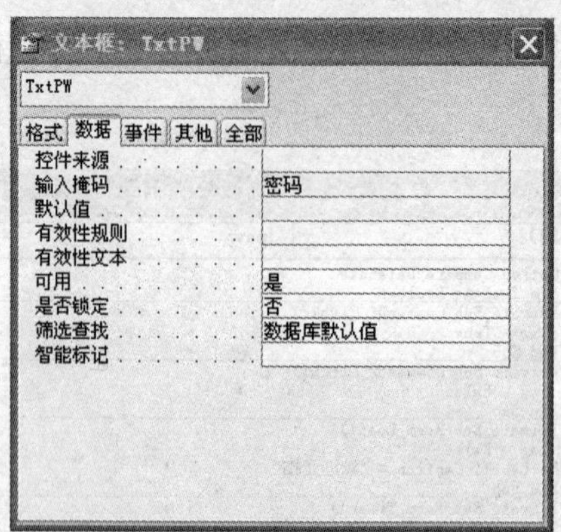

图 9-12　文本框【输入掩码】属性

（3）在打开的“代码窗口”中，输入如图 9-13 所示的程序代码。然后保存窗体名为“登录”。

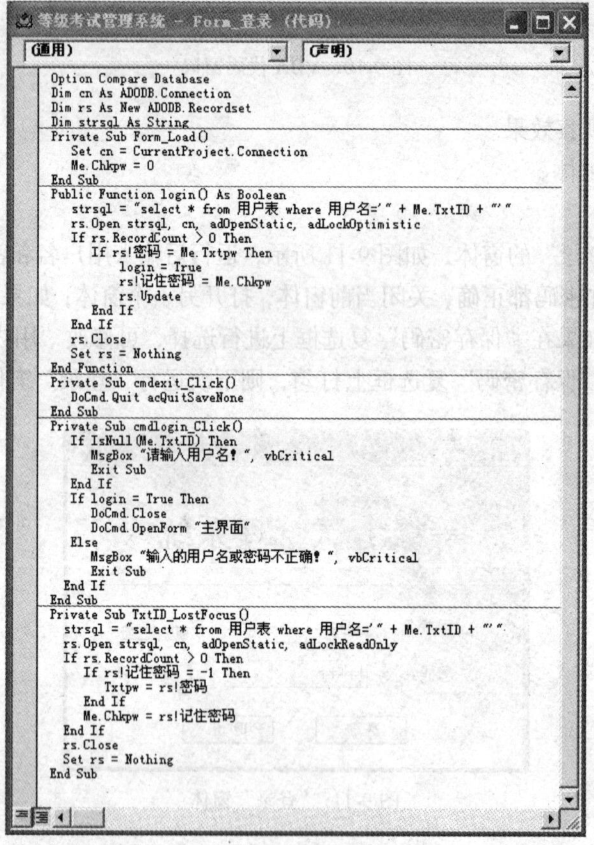


```
Option Compare Database
Dim cn As ADODB.Connection
Dim rs As New ADODB.Recordset
Dim strsql As String
Private Sub Form_Load()
    Set cn = CurrentProject.Connection
    Me.Chkpw = 0
End Sub
Public Function login() As Boolean
    strsql = "select * from 用户表 where 用户名='" + Me.TxtID + "'"
    rs.Open strsql, cn, adOpenStatic, adLockOptimistic
    If rs.RecordCount > 0 Then
        If rs!密码 = Me.Txtpw Then
            login = True
            rs!记住密码 = Me.Chkpw
            rs.Update
        End If
    End If
    rs.Close
    Set rs = Nothing
End Function
Private Sub cmdexit_Click()
    DoCmd.Quit acQuitSaveNone
End Sub
Private Sub cmdlogin_Click()
    If IsNull(Me.TxtID) Then
        MsgBox "请输入用户名!", vbCritical
        Exit Sub
    End If
    If login = True Then
        DoCmd.Close
        DoCmd.OpenForm "主界面"
    Else
        MsgBox "输入的用户名或密码不正确!", vbCritical
        Exit Sub
    End If
End Sub
Private Sub TxtID_LostFocus()
   strsql = "select * from 用户表 where 用户名='" + Me.TxtID + "'"
   rs.Open strsql, cn, adOpenStatic, adLockReadOnly
   If rs.RecordCount > 0 Then
      If rs!记住密码 = -1 Then
         Txtpw = rs!密码
      End If
      Me.Chkpw = rs!记住密码
   End If
   rs.Close
   Set rs = Nothing
End Sub
```

图 9-13　VBA 代码窗口

（4）运行窗体，观察效果。

【实验 9-5】成绩查询。

【实验要求】

创建一个名为“成绩查询”的窗体，如图 9-14 所示，运行后输入准考证号或身份证号的任意一种后，单击【搜索】命令按钮，在窗体下方显示该考生的基本信息和考试信息。这里需用到“考生报名信息表”、“考生基本信息表”、“成绩表”和“参数设置表”。

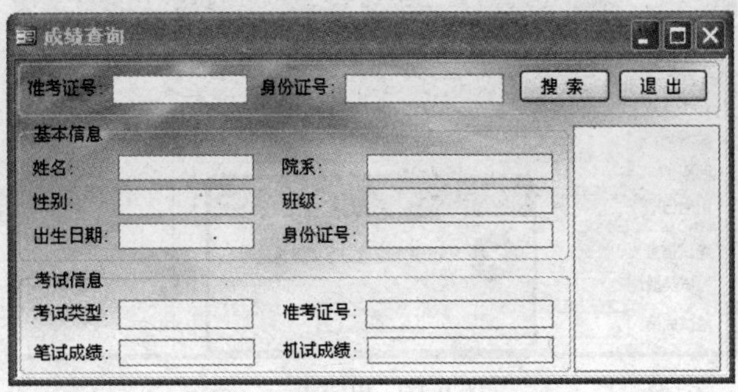

图 9-14　“成绩查询”窗体

【操作步骤】

（1）新建一个窗体，窗体上画有若干个标签、文本框和命令按钮，并调整它们的位置和字体大小。

（2）在打开的“代码窗口”中，输入如图 9-15 所示的程序代码。然后保存窗体名为“成绩查询”。

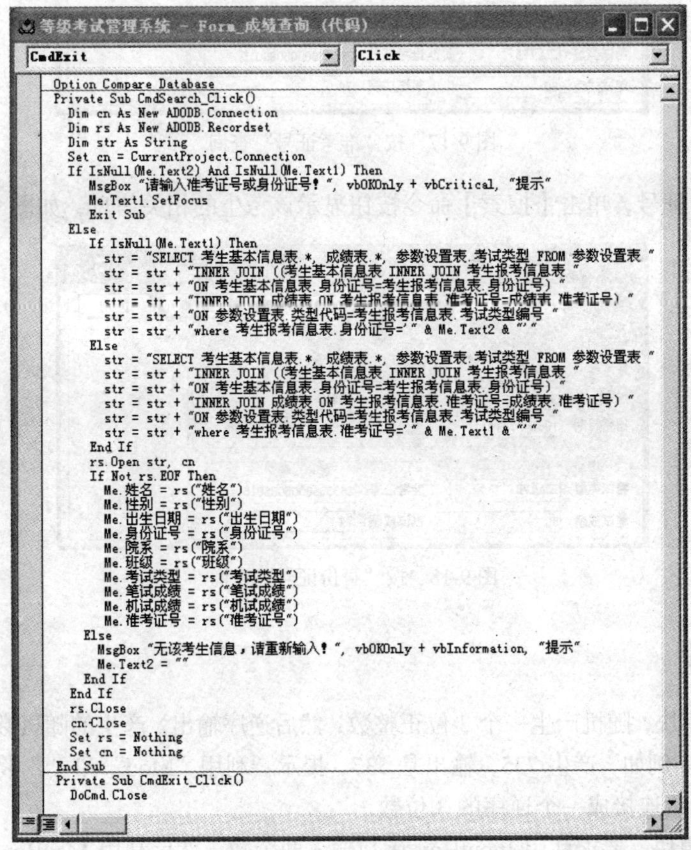


```
Option Compare Database
Private Sub CmdSearch_Click()
  Dim cn As New ADODB.Connection
  Dim rs As New ADODB.Recordset
  Dim str As String
  Set cn = CurrentProject.Connection
  If IsNull(Me.Text2) And IsNull(Me.Text1) Then
     MsgBox "请输入准考证号或身份证号！", vbOKOnly + vbCritical, "提示"
     Me.Text1.SetFocus
     Exit Sub
  Else
     If IsNull(Me.Text1) Then
       str = "SELECT 考生基本信息表.*, 成绩表.*, 参数设置表.考试类型 FROM 参数设置表 "
       str = str + "INNER JOIN ((考生基本信息表 INNER JOIN 考生报考信息表 "
       str = str + "ON 考生基本信息表.身份证号=考生报考信息表.身份证号) "
       str = str + "INNER JOIN 成绩表 ON 考生报考信息表.准考证号=成绩表.准考证号) "
       str = str + "ON 参数设置表.类型代码=考生报考信息表.考试类型编号 "
       str = str + "where 考生报考信息表.身份证号='" & Me.Text2 & "'"
     Else
       str = "SELECT 考生基本信息表.*, 成绩表.*, 参数设置表.考试类型 FROM 参数设置表 "
       str = str + "INNER JOIN ((考生基本信息表 INNER JOIN 考生报考信息表 "
       str = str + "ON 考生基本信息表.身份证号=考生报考信息表.身份证号) "
       str = str + "INNER JOIN 成绩表 ON 考生报考信息表.准考证号=成绩表.准考证号) "
       str = str + "ON 参数设置表.类型代码=考生报考信息表.考试类型编号 "
       str = str + "where 考生报考信息表.准考证号='" & Me.Text1 & "'"
     End If
     rs.Open str, cn
     If Not rs.EOF Then
       Me.姓名 = rs("姓名")
       Me.性别 = rs("性别")
       Me.出生日期 = rs("出生日期")
       Me.身份证号 = rs("身份证号")
       Me.院系 = rs("院系")
       Me.班级 = rs("班级")
       Me.考试类型 = rs("考试类型")
       Me.笔试成绩 = rs("笔试成绩")
       Me.机试成绩 = rs("机试成绩")
       Me.准考证号 = rs("准考证号")
    Else
      MsgBox "无该考生信息，请重新输入！", vbOKOnly + vbInformation, "提示"
      Me.Text2 = ""
    End If
  End If
  rs.Close
  cn.Close
  Set rs = Nothing
  Set cn = Nothing
End Sub
Private Sub CmdExit_Click()
  DoCmd.Close
```

图 9-15　VBA 代码窗口

（3）运行窗体后，如果不输入准考证号或身份证号，单击【搜索】命令按钮，会弹出消息框提示，如图 9-16 所示。

图 9-16　出错提示

（4）输入准考证号，单击【搜索】命令按钮显示该考生的相关信息，如图 9-17 所示。

图 9-17　按"准考证号"查询

（5）输入身份证号，单击【搜索】命令按钮显示该考生的相关信息，如图 9-18 所示。

图 9-18　按"身份证号"查询

三、实验作业

1．编写一个模块，随机产生一个 3 位正整数，然后逆序输出。产生的随机数与逆序数同时用 MsgBox 显示出来。例如，产生 735，输出是 537。提示：利用"Mod"和"\"将一个 3 位数分离出 3 个 1 位数，然后连接成一个逆序的 3 位数。

2．编写一个模块，要求利用 InputBox 函数输入两个数，然后利用 MsgBox 将这两个数按从大到小的顺序在消息框上显示输出。

3．编写一个模块，要求利用 InputBox 函数输入一元二次方程 $ax^2+bx+c=0$ 的系数 a、b、c，然后计算并输出一元二次方程的两个根 x_1、x_2。求根时要对 a、b、c 3 个系数分别考虑多种情况的处理，即无实根、重根或两个实根。

4．编写一个模块，输出所有水仙花数。所谓水仙花数，是指一个 3 位数，其各位数字立方和等于该数字本身，153 是一个水仙花数，$153=1^3+5^3+3^3$。

5．编写一个模块，随机产生 10 个 50 到 100（包括 50 和 100）之间的正整数，求最大值、最小值、平均值并显示。

6．创建一个如图 9-19 所示的“新用户注册”窗体，并编写代码实现。单击【注册】命令按钮，则检测用户名是否已存在，如果存在，则弹出消息框进行提示；如果不存在，则将新注册的用户名和密码添加到“用户表”。单击【重置】命令按钮，则将文本框清空。单击【退出】命令按钮，则关闭窗体。

7．创建一个名为“系统管理”的窗体，该窗体包含了 3 个选项卡，如图 9-20、图 9-21 和图 9-22 所示。并编写代码实现对“用户表”进行添加用户、删除用户和修改密码的操作。

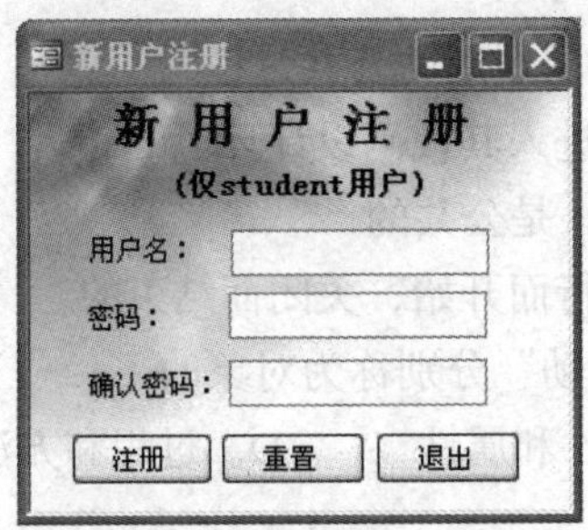

图 9-19 “新用户注册”窗体

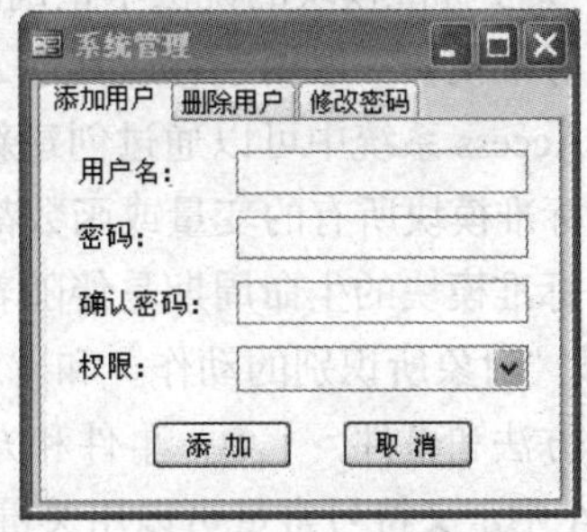

图 9-20　添加用户

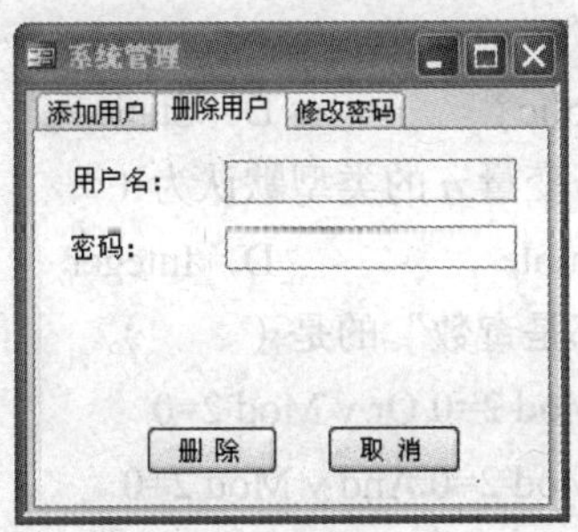

图 9-21　删除用户

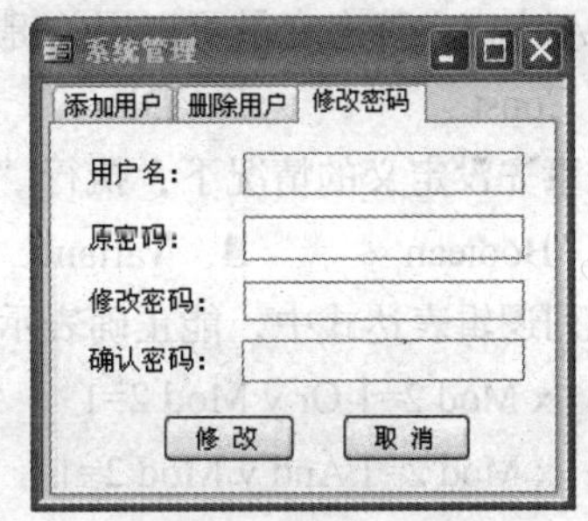

图 9-22　修改密码

四、同步练习

（一）选择题

1．在 Access 中，可以通过选择运行宏或（　　）来响应窗体、报表或控件上发生的事件。

A．运行过程　　B．事件　　C．过程　　D．事件过程

2．下列关于宏和 VBA 的叙述中，错误的是（　　）。

A．宏的操作都可以在模块对象中通过编写 VBA 语句来达到相同的功能

B．宏可以实现事务性的或重复性的操作

C．VBA 要完成一些复杂的操作或自定义操作

D．选择使用宏还是 VBA，要取决于用户的个人爱好

3．在下列关于宏和模块的叙述中，正确的是（　　）。

A．模块是能够被程序调用的函数

B．通过定义宏可以选择或更新数据

C．宏或模块都不能是窗体或报表上的事件代码

D．宏可以是独立的数据库对象，可以提供独立的操作动作

4．宏的操作都可以在模块对象中通过编写（　　）语句来达到相同的功能。

A．SQL　　B．VBA　　C．VB　　D．以上都不是

5．以下关于数据模型的说法不正确的是（　　）。

A．窗体模块和报表模块属于类模块，它们从属于各自的窗体或报表

B．窗口模块和报表模块具有局部特性，其作用范围局限在所属窗体或报表内部

C．窗体模块和报表模块中的过程可以调用标准模块中已经定义好的过程

D．窗口模块和报表模块生命周期是伴随着应用程序的打开而开始、关闭而结束的

6．以下关于标准模块的说法不正确的是（　　）。

A．标准模块一般用于存放其他 Access 数据库对象使用的公共过程

B．Access 系统中可以通过创建新的模块对象而进入其代码设计环境

C．标准模块所有的变量或函数都具有全局特性，是公共的

D．标准模块的生命周期是伴随着应用程序的运行而开始，关闭而结束的

7．能被“对象所识别的动作”和“对象可执行的活动”分别称为对象的（　　）。

A．方法和事件　　B．事件和方法　　C．事件和属性　　D．过程和方法

8．VBA 中定义符号常量可以用关键字（　　）。

A．Const　　B．Dim　　C．Public　　D．Static

9．VBA 中定义静态变量可以用关键字（　　）。

A．Const　　B．Dim　　C．Public　　D．Static

10．在事先没定义的情况下，执行“n=340”语句，变量 *n* 的类型默认为（　　）。

A．Boolean　　B．Variant　　C．Double　　D．Integer

11．下列逻辑表达式中，能正确表示条件“*x* 和 *y* 都是奇数”的是（　　）。

A．x Mod 2=1 Or y Mod 2=1　　B．x Mod 2=0 Or y Mod 2=0

C．x Mod 2=1 And y Mod 2=1　　D．x Mod 2=0 And y Mod 2=0

12．有如下程序段：

Str=“计算机科学技术”

Str=Mid（str，5）

Str 的返回值是（　　）。

A．计算机科学　　B．机科学技术　　C．计算　　D．学技术

13．使用函数 int(100*rnd)产生的随机数在（　　）区间。

A．[0，99]　　B．[0，100]　　C．[1，99]　　D．[1，100]

14．以下（　　）选项定义了 10 个整型数构成的数组，数组元素为 A（1）至 A（10）

A．Dim A（10）As Integer　　B．Dim　A（1 To 10）As Integer

C．Dim A（10）Integer　　D．Dim A（1 To 10）Integer

15．有如下程序段：

```
For n=5 TO 10 Step  1
    n=2*n
Next  n
```

该循环执行的次数为（　　）。

A. 1　　B. 2　　C. 3　　D. 4

16. 有如下程序段：

```
x=0
For i=1 to 10 step 2
    X=X+i
    i=i*2
Next i
```

当循环结束后，变量 i 的值为（　　）。

A. 22　　B. 10　　C. 11　　D. 16

17. 若焦点位于文本框中，则能够触发 OnKeyPress 事件的操作是（　　）。

A. 单击鼠标　　B. 双击文本框

C. 鼠标滑过文本框　　D. 按下键盘上的某个键

18. 能够触发窗体的 MouseDown 事件的操作是（　　）。

A. 单击鼠标　　B. 拖动窗体

C. 鼠标滑过窗体　　D. 按下键盘上的某个键

19. 能够触发窗体的 DbClick 事件的操作是（　　）。

A. 单击鼠标　　B. 双击窗体

C. 鼠标滑过窗体　　D. 按下键盘上的某个健

20. 如果加载一个窗体，先被触发的事件是（　　）。

A. Load 事件　　B. Open 事件　　C. Click 事件　　D. DdClick 事件

21. VBA "定时" 操作中，需要设置窗体的 "计时器间隔（TimerInterval）" 属性值。其计量单位是（　　）。

A. 微秒　　B. 毫秒　　C. 秒　　D. 分钟

22. 窗体事件是指操作窗体时引发的事件。下列事件中不属于窗体事件的是（　　）。

A. 打开　　B. 关闭　　C. 加载　　D. 取消

23. Input 函数的返回值类型是（　　）。

A. 数值　　B. 变体

C. 字符串　　D. 由输入的数据决定

24. 使用 Function 语句定义一个函数过程，其返回值类型（　　）。

A. 只能使用符号常量　　B. 可以调用时由运行过程确定

C. 由函数定义时由 As 子句声明　　D. 只能是整形

25. 下列不是分支结构的是（　　）。

A. Do…Wend　　B. if…end if

C. if…else…end if　　D. select…case…end select

26. 下列语句执行后，消息框提示的是（　　）。

```
X=25
If x>10 then
   y=1
elseif x>20 then
   y=2
```

```
elseif x>30 then
  y=3
end if
msxbox y
```

A. 1　　B. 2　　C. 3　　D. 4

27. 下列 case 语句错误的是（　　）。

A. Case 0 to 100　　B. Case is>20

C. Case is>20 and is<40　　D. Case 1，2，is>10

28. 在 Access 中，ADO 的含义是（　　）。

A. 数据访问对象　　B. 开放数据库互联应用编程接口

C. 数据库动态链接库　　D. Active 数据库对象

29. 在 VBA 中要打开名为"学生信息"的窗体，正确的语句是（　　）。

A. OpenForm "学生信息"

B. DoCmd. OpenForm "学生信息"

C. DoCmd OpenForm "学生信息"

D. DoCmd. Open "学生信息"

30. 现有如下过程：

```
X=1
Do
  X=x+2
Loop Until (    )
```

现要求循环执行 3 次后结束循环，空白处应填入的条件是（　　）。

A. X<=7　　B. x<7　　C. x>=7　　D. x>7

31. 以下变量名中，正确的是（　　）。

A. e f　　B. C240　　C. 12A$E　　D. 1+3

32. 窗体上添加有 3 个命令按钮，分别命名为 Command1、Command2 和 Command3。编写 Command1 的单击事件过程，完成的功能为：当单击按钮 Command1 时，按钮 Command2 可用，按钮 Command3 不可见。以下正确的是（　　）。

A. Private Sub Command1_Click( )
Command2.Visible=True
Command3.Visible=False
End Sub

B. Private Sub Command1_Click( )
Command2.Enabled=True
Command3.Enabled=False
End Sub

C. Private Sub Command1_Click( )
Command2.Enabled=True
Command3.Visible=False
End Sub

D. Private Sub Command1_Click( )
Command2. Visible = True
Command3. Enabled = False
End Sub

33. Sub 过程与 Function 过程最根本的区别是（　　）。

A. Sub 过程的过程名不能返回值，而 Function 过程能通过过程名返回值

B. Sub 过程可以使用 Call 语句或直接使用过程名调用，而 Function 过程不可以

C. 两种过程参数的传递方式不同

D. Function 过程可以有参数，Sub 过程不可以

34．在窗体中添加一个命令按钮（名称为 Command1），然后编写如下代码。

```
Public  x  as  integer
Private  Sub  Command1_Click( )
  x=10
  Call  s1
  Call  s2
  MsgBox  x
End  Sub
Private Sub  s1( )
  x=x+20
End Sub
Private Sub  s2( )
  Dim x as integer
  x=x+20
End Sub
```

窗体打开运行后，单击命令按钮，则消息框的输出结果是（　　）。

A．10　　B．30　　C．40　　D．50

35．在窗体中添加一个名称为 Commandl 的命令按钮，然后编写如下事件代码。

```
Private Sub Commandl Click()
  MsgBox f(24, 18)
End  Sub
Public Function f(m As Integer, n As Integer)As Integer
   Do While m<>n
      Do While  m>n
         m=m-n
      Loop
      Do While  m<n
        n=n-m
      Loop
   Loop
   f=m
End Function
```

窗体打开运行后，单击命令按钮，则消息框的输出结果是（　　）。

A．2　　B．4　　C．6　　D．8

（二）填空题

1．VBA 的全称是（　　）。

2．VBA 模块有两种基本类型：标准模块和（　　）。

3．VBA 中变量作用域分为 3 个层次，这 3 个层次是局部变量、模块变量和（　　）。

4．$\dfrac{-b+\sqrt{b^2-4ac}}{2a}$ 的 VBA 表达式是（　　）。

5．Mystr=“Hello” & “World”的返回值为（　　）。

6．关闭窗体的 VBA 代码是（　　）。

7．VBA 的 3 种流程控制结构是顺序结构、选择结构和（　　）。

8．VBA 提供了多个用于数据验证的函数。其中 IsDate 函数用于合法日期验证；（　　）函数用于判定输入数据是否为数值。

9．VBA 的有参过程定义，形参用（　　）说明，表明该形参为传值调用。

VBA 的有参过程定义，形参用 ByRef 说明，表明该形参为（　　）。

10．VBA 中主要提供了 3 种数据库访问接口：ODBC API，DAO 和（　　）。

11．实现数据库操作的 DAO 技术，其模型采用的是层次结构，其中处于最顶层的对象是（　　）。

12．ADO 对象模型主要有：Connection、Command、（　　）、Field 和 Error 5 个对象。

13．已知如下程序段：

```
Dim MyNumber, Var1, Var2
Var1="34": Var2=6
MyNumber= Var1+Var2
```

执行以上程序段后，MyNumber 为（　　）。

14．已知如下程序段：

```
Dim MyNumher, Var1, Var2
Var1="34": Var2="6"
MyNumber=Var1+Var2
```

执行以上程序段后，MyNumber 为（　　）。

15．在窗体中添加一个命令按钮（名为 Command1）和一个文本框（名为 text1），然后编写如下事件过程。

```
Private Sub Command1_Click( )
  Dim x As Integer,  y As Integer,  z As Integer
  x = 5 : y = 7 : z = 0
  Me!Text1= ""
  Call p1(x, y, z)
  Me!Text1 =z
End Sub
Sub p1(a As Integer, b As Integer, c As Integer)
  c = a + b
End Sub
```

打开窗体运行后，单击命令按钮，文本框中显示的内容是（　　）。

16．下列子过程的功能是：将当前数据库文件中“学生表”的学生“年龄”都加 1。请在程序空白的地方填写适当的语句，使程序实现所需的功能。

```
Private Sub SetAgePlus1_Click( )
  Dim db As Dao.Database
  Dim rs As DAO.Recordset
  Dim fd As DAO.Field
  Set db=CurrentDb( )
  Set rs=-db.OpenRecordset("学生表")
  Set fd=rs.Fields("年龄")
  Do While Not rs.EOF
      rs.Edit
      fd= (    )
      rs.Update
      (    )
Loop
  rs.Close
```

```
    db.Close
    Set rs=Nothing
    Set db=Nothing
End Sub
```

17. 窗体上有一个文本框控件，名称为 Text1。同时，窗体加载时设置其计时器间隔为 1 秒、计时器触发事件过程则实现在 Text1 文本框中动态显示当前日期和时间。请补充完整。

```
Private Sub Form_Load()
    Me.TimerInterval=1000
End Sub
Private Sub (      )
    Me.Text1=Now()
End Sub
```

18. 以下程序段运行后，消息框的输出结果是（　　）

```
a=sqr(3)
b=sqr(2)
c=a>b
Msgbox c+2
```

19. 某个窗体已编写以下事件过程。打开窗体运行后，单击窗体，消息框的输出结果为（　　）。

```
Private Sub Form_Click()
    Dim k as Integer, n as Integer, m as Integer
    n=10; m=1; k=1
    Do While k<=n
        m=m*2
        k=k+1
    Loop
    MsgBox m
End Sub
```

20. 有如下程序段：

```
Private Sub Form_Click( )
    a = 1
    For i = 1 To 3
        Select Case i
            Case 1, 3
                a = a + 1
            Case 2, 4
                a = a + 2
        End Select
    Next i
    MsgBox a
End Sub
```

打开窗体运行后，单击窗体，则消息框的输出内容是（　　）。

21. 建立了一个窗体，窗体中有一命令按钮，单击此按钮，将打开一个查询，查询名为“qt”，如果采用 VBA 代码完成，应使用的语句是（　　）。

22. 在窗体上添加一个名称为 Command1 的命令按钮，然后编写如下程序。

```
Private Sub s(ByVal p as Integer)
    P=p*2
End Sub
```

```
Private sub Command1_Click()
  Dim i as Integer
  i=3
  Call s(i)
  If I>4 Then i=i^2
  MsgBox i
End sub
```

窗体打开运行后，单击命令按钮，消息框的输出结果为（　　）。

23. 窗体中有两个命令按钮："显示"（控件名为 cmdDisplay）和"测试"（控件名为 cmdTest）。以下事件过程的功能是单击"测试"按钮时，窗体上弹出一个消息框。如果单击消息框的"确定"按钮，隐藏窗体上的"显示"命令按钮；单击"取消"按钮关闭窗体。按照功能要求，将程序补充完整。

```
Private sub cmdTest_Click()
  Answer=(    )("隐藏按钮", vbOkCancel)
  If answer=vkOk then
     CmdDisplay.Visible=(    )
  Else
     Docmd.Close
  End if
End sub
```

实验十 综合设计

综合各章节实验，我们已经掌握了进行小型数据库管理系统开发的基本知识和基础操作。现在，我们共同来完成一个“计算机等级考试考务管理系统”，从设计到实现，对本书所学的知识做一次总结。同学们可以根据实际情况选做部分功能模块，或分组完成整个系统的设计。

一、需求分析

系统主要完成计算机等级考试的考务管理功能，从考生报名到考场编排，一直到最后的成绩查询和数据统计，整个流程中的步骤都可以通过系统操作完成。

二、系统设计

根据系统的功能需求，将系统分为 5 大模块。

（1）系统管理：包括用户信息的添加、删除、修改。

（2）报名管理：考生报名过程中的信息录入、修改、查询、打印。

（3）编排管理：对已经正常报名的考生进行准考证的生成和笔试及机试考场的编排。

（4）打印管理：对考试流程中的各种报表进行设计及打印。

（5）成绩管理：对考试结果进行查询和统计。

根据系统功能的设计，确定了系统的各个功能模块，如图 10-1 所示。

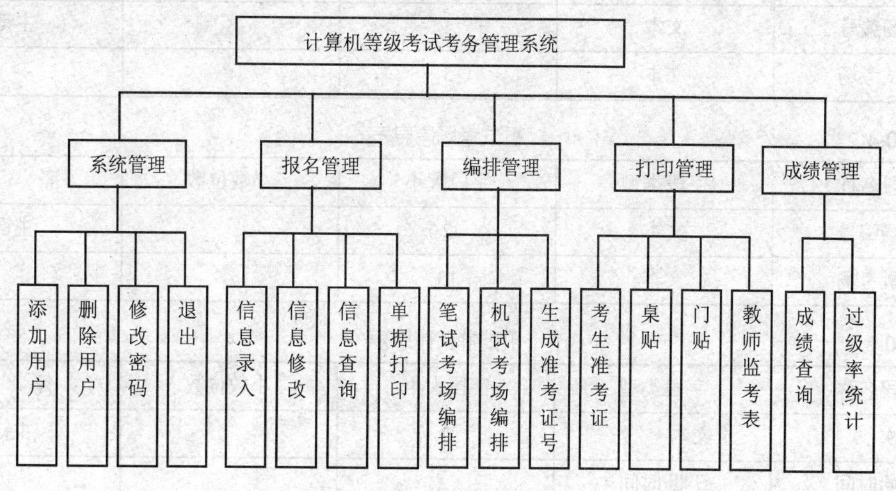

图 10-1　系统功能模块图

三、数据库设计

合理的数据库设计能让系统在设计中事半功倍，一个好的数据库即能有效地保证各类数据进行正常的使用，也要考虑到数据在存储过程中尽可能地减少各类冗余。根据系统功能的分析，将该系统的数据库设计为包含以下各类表。

表 10-1　　考生基本信息表

字段名称	字段类型	字段大小	小数位数	备　注
姓名	文本	8		
性别	文本	1		
出生日期	日期/时间			长日期
身份证号	文本	18		主键
院系	文本	12		
班级	文本	5		
相片	OLE 对象			

表 10-2　　参数设置表

字段名称	字段类型	字段大小	小数位数	备　注
考试代码	文本	2		主键
考试类型	文本	20		
收费	数字			整型
笔试开始时间	日期/时间			
笔试结束时间	日期/时间			

表 10-3　　笔试考场信息表

字段名称	字段类型	字段大小	小数位数	备　注
考场编号	文本	4		主键
笔试考场	文本	5		

表 10-4　　机试考场信息表

字段名称	字段类型	字段大小	小数位数	备　注
考场编号	文本	2		主键
上机考场	文本	13		

表 10-5　　机试批次信息表

字段名称	字段类型	字段大小	小数位数	备　注
批次	文本	2		主键
开始时间	日期/时间			
结束时间	日期/时间			

表 10-6　考生报考信息表

字段名称	字段类型	字段大小	小数位数	备　注
身份证号	文本	18		外键
准考证号	文本	16		主键
考试类型编号	文本	2		外键
是否缴费	是/否			
笔试考场编号	文本	4		外键
笔试座位编号	文本	2		
机试考场编号	文本	2		外键
机试批次	文本	1		外键

表 10-7　成绩表

字段名称	字段类型	字段大小	小数位数	备　注
准考证号	文本	16		主键
笔试成绩	数字			整型
机试成绩	数字			整型

表 10-8　用户表

字段名称	字段类型	字段大小	小数位数	备　注
用户名	文本	15		主键
密码	文本	15		
身份	文本	6		
记住密码	是/否			

表 10-9　教师表

字段名称	字段类型	字段大小	小数位数	备　注
工号	文本	5		主键
姓名	文本	8		
性别	文本	1		
院系	文本	12		

表 10-10　教师监考表

字段名称	字段类型	字段大小	小数位数	备　注
考场	文本	20		
考试类型	文本	20		
主监考	文本	20		
副监考	文本	20		

表 10-11　考点信息表

字段名称	字段类型	字段大小	小数位数	备　注
考点代码	文本	6		主键

续表

字段名称	字段类型	字段大小	小数位数	备　注
考点名称	文本	20		
所在地址	文本	255		

表 10-12　　院系表

字段名称	字段类型	字段大小	小数位数	备　注
院系名称	文本	6		主键
办公电话	文本	11		

四、详细设计

（1）菜单的设计

根据系统的功能模块划分，为每个功能模块单独设计一个菜单项。设计一个宏菜单，具体效果如图 10-2 至图 10-6 所示。

图 10-2　“系统管理”菜单

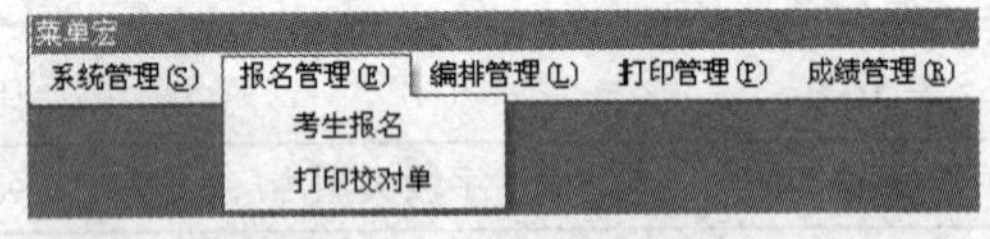

图 10-3　“报名管理”菜单

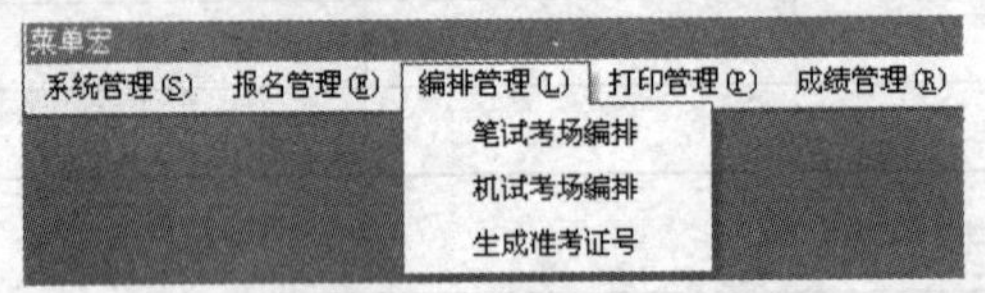

图 10-4　“编排管理”菜单

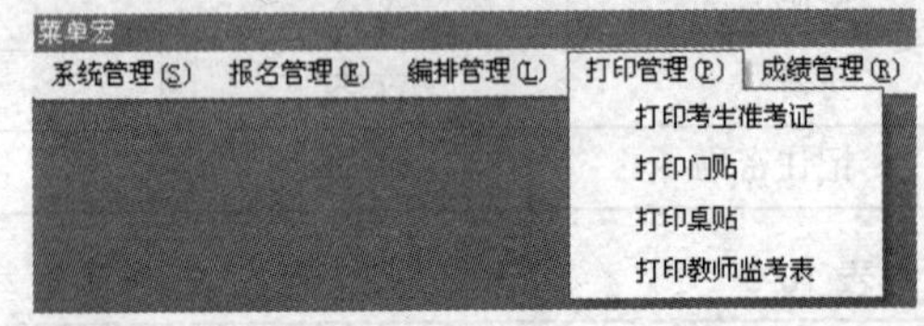

图 10-5　“打印管理”菜单

图 10-6　“成绩管理”菜单

（2）报表的设计

系统中存在大量需要按照固定组织形式进行打印的数据。这里主要有 5 张报表需要打印，大家可以根据实际情况自己定义报表的布局，也可以参考下面的效果图来完成各类报表的制作。

① 信息校对单

该报表用于给考生进行考试信息校对使用，如报名信息有误，可凭此单进行信息修改。效果如图 10-7 所示。

该报表一式两份，一份由考生留存，另一份由教务处留存。设计报表的时候，建议将两张信息校对单在同一纸张进行上下打印。

报名信息校对单
（教务处留存）

姓名：张小芳　身份证号：360001198411190012

性别：女　准考证号：1536360003342628

院系：信息学院　考试类型：一级WPS OFFICE

班级：A0411

请考生认真核对报名信息，如发现信息有误，请及时到教务处进行修改。

考生签名：

报名信息校对单
（考生留存）

姓名：张小芳　身份证号：360001198411190012

性别：女　准考证号：1536360003342628

院系：信息学院　考试类型：一级WPS OFFICE

班级：A0411

请考生认真核对报名信息，如发现信息有误，请及时到教务处进行修改。

考生签名：

图 10-7　报名信息校对单

② 教师监考表

该报表用于指定每一位监考教师对应的考场，每个考场需指定 2 名教师监考。由于该考试为计算机类考试，在安排监考的时候，主监考必须安排 1 名信息学院的教师，副监考则安排 1 名非信息学院的教师。效果如图 10-8 所示。

全国计算机等级考试笔试监考表

考场	考试类型	主监考	副监考
5号教学楼101教室(第5101考场)	二级VC	宋平(信息学院)	吴非(土木学院)
5号教学楼201教室(第5201考场)	二级VB	赵盼盼(信息学院)	兰琼(文传学院)
5号教学楼202教室(第5202考场)	二级VF	杨婉(信息学院)	胡蓉(外语学院)
5号教学楼401教室(第5401考场)	二级Java	汪洋(信息学院)	黄腊梅(政法学院)
5号教学楼402教室(第5402考场)	三级PC技术	袁晓红(信息学院)	邓婷(电子学院)
5号教学楼403教室(第5403考场)	三级网络技术	李时明(信息学院)	李玲玉(商学院)
5号教学楼505教室(第5505考场)	三级数据库技术	尚婉婷(信息学院)	陈芳(机械学院)
6号教学楼301教室(第6301考场)	二级Java	石坚(信息学院)	张英(材料学院)
6号教学楼301教室(第6301考场)	二级VF	黄凯峰(信息学院)	张玲玲(艺术学院)

图 10-8　教师监考表

③ 桌贴

该报表是用于贴在考场门外，提供考生准确找到自己考场的标识，效果如图 10-9 所示。该报表按考场打印，同一个考场的考生桌贴打印在同一张纸上。

④ 门贴

该报表是用于贴在考场门外，提供考生准确找到自己考场的标识，效果如图 10-10 所示。

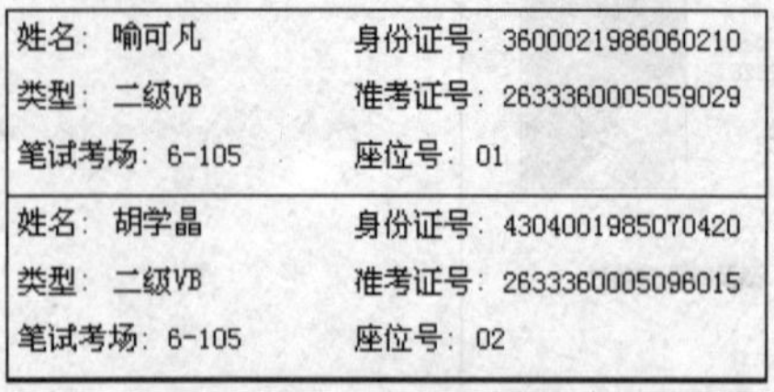

姓名：喻可凡
身份证号：3600021986060210
类型：二级VB
准考证号：2633360005059029
笔试考场：6-105
座位号：01
姓名：胡学晶
身份证号：4304001985070420
类型：二级VB
准考证号：2633360005096015
笔试考场：6-105
座位号：02

图 10-9 桌贴

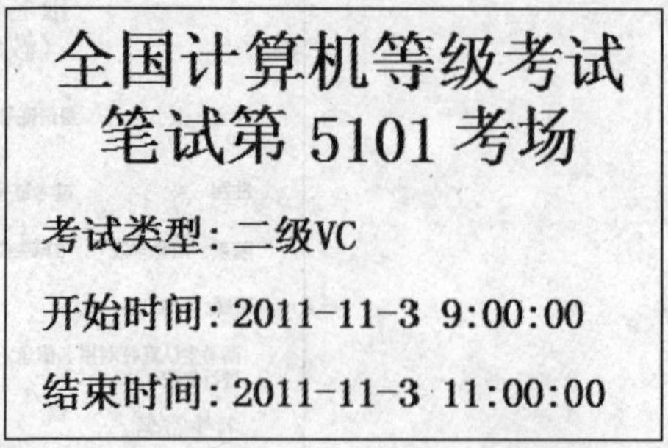

全国计算机等级考试
笔试第 5101 考场
考试类型：二级VC
开始时间：2011-11-3 9:00:00
结束时间：2011-11-3 11:00:00

图 10-10 门贴

该报表可设计为横向打印，每个考场的门贴占用一张打印纸。

⑤ 考生准考证

该报表打印后发放给考生，由考生带入考场，与其他有效证件一起确认考生身份。效果如图 10-11 所示。

按照统一规范，该报表在打印的时候，设置为每页纸打印 6 张准考证，在报表的整体规划和页面设置中应多加注意。

（3）窗体的设计

① 登录窗体：主要包括用户登录和新用户注册功能，效果如图 10-12 所示。

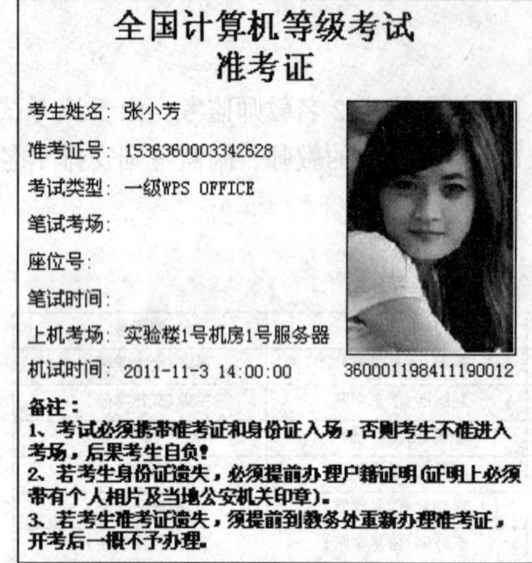

全国计算机等级考试
准考证
考生姓名：张小芳
准考证号：1536360003342628
考试类型：一级WPS OFFICE
笔试考场：
座位号：
笔试时间：
上机考场：实验楼1号机房1号服务器
机试时间：2011-11-3 14:00:00
360001198411190012
备注：
1、考试必须携带准考证和身份证入场，否则考生不准进入考场，后果考生自负！
2、若考生身份证遗失，必须提前办理户籍证明(证明上必须带有个人相片及当地公安机关印章)。
3、若考生准考证遗失，须提前到教务处重新办理准考证，开考后一概不予办理。

图 10-11 考生准考证

教务管理系统
NCR
Examination
全国计算机等级考试
教务管理系统
用户名：
新用户注册
密码：
保存密码
登 录
退 出

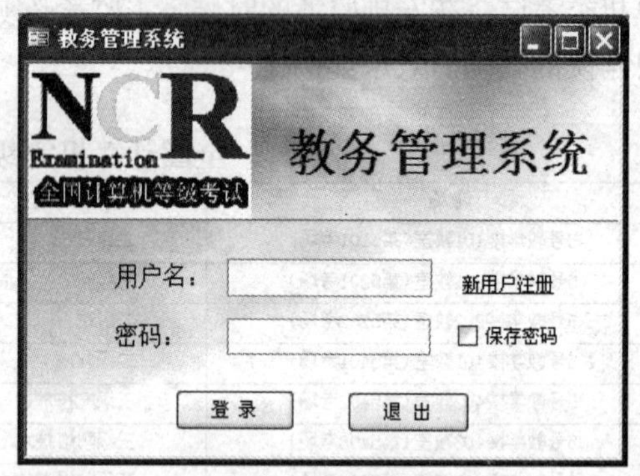

图 10-12 系统登录界面

为方便用户登录，登录窗体还提供了“保存密码”的功能，用户只需要以正确的用户名和密码登录系统，下次登录时，则会自动填写对应信息。

② 主窗体：提供了系统所有功能的接口，包括系统管理功能（添加用户、删除用户、修改密码、退出系统）、报名管理功能（报名信息管理、校对单打印）、编排管理功能（笔试和机试考场编排、准考证号生成）、打印管理功能（门贴桌贴、准考证、监考表等各类报表）、成绩管理功能（成绩查询、过级率统计），效果如图 10-13 所示。

③ 系统管理：包括添加用户、删除用户和修改密码，效果如图 10-14、图 10-15 和图 10-16 所示。

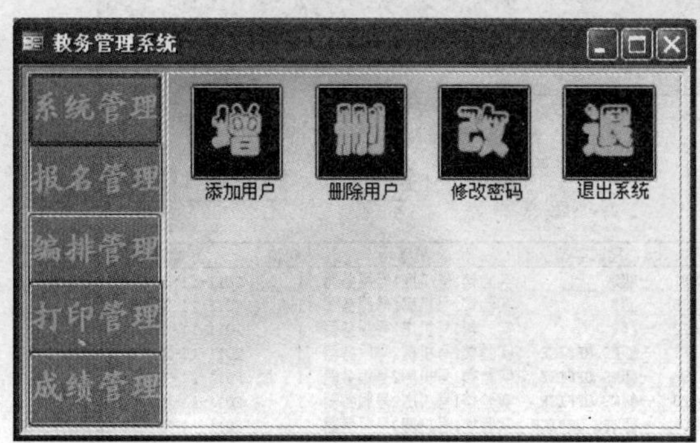

图 10-13　系统主界面—“系统管理”模块

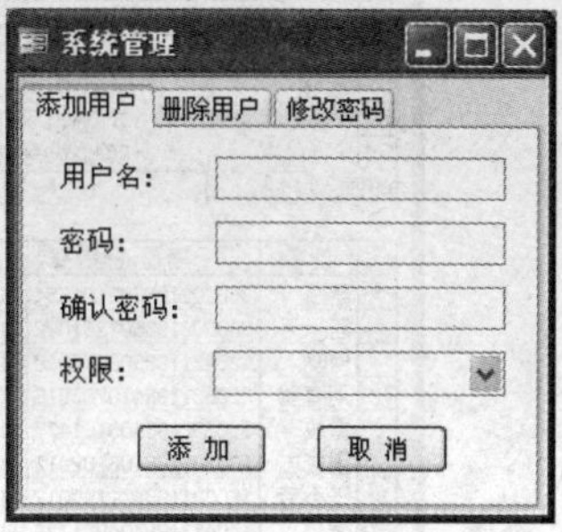

图 10-14　添加用户界面

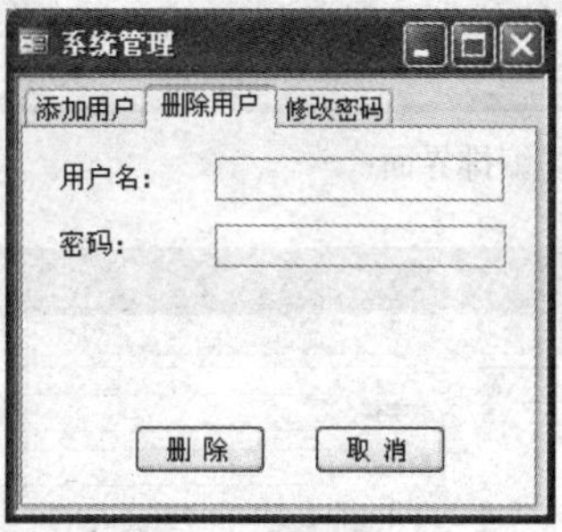

图 10-15　删除界面

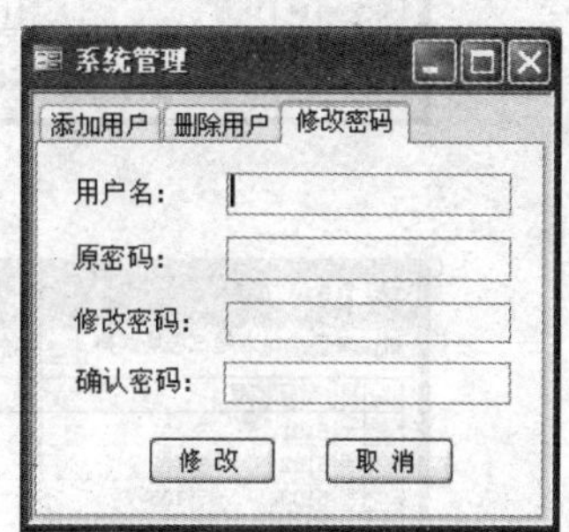

图 10-16　修改用户密码界面

④ 报名管理：提供了考生报名功能，效果如图 10-17 所示。

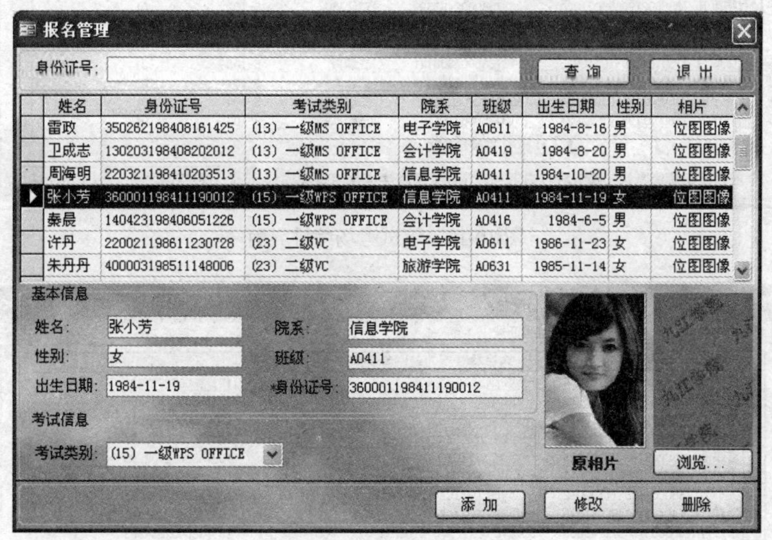

图 10-17　报名管理界面

报名信息的增、删、改、查功能都集合在一个界面中，用户进行的各类操作均需要通过身份证号字段查询。

⑤ 编排管理：提供了笔试考场和机试考场的编排及考生准考证号的自动生成功能，效果如图 10-18、图 10-19 和图 10-20 所示。

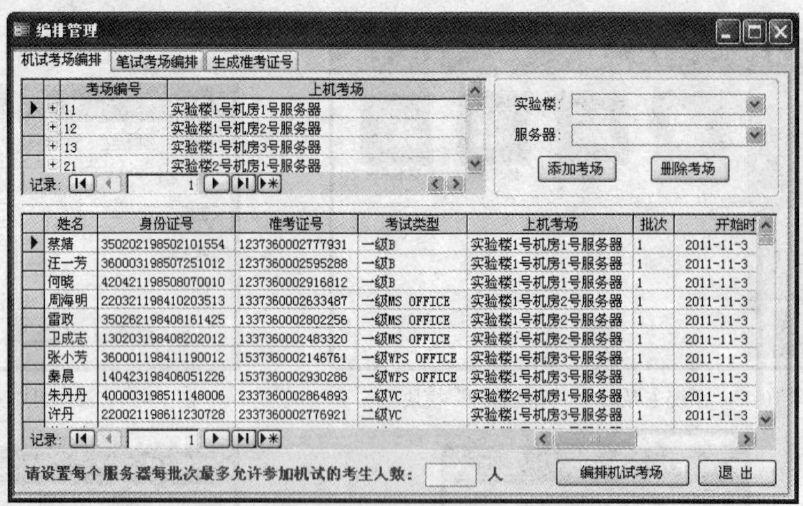

图 10-18 机试考场编排界面

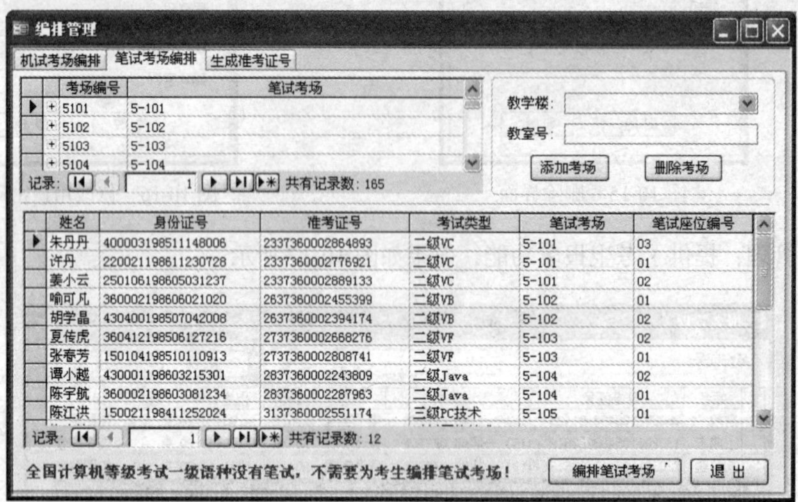

图 10-19 笔试考场编排界面

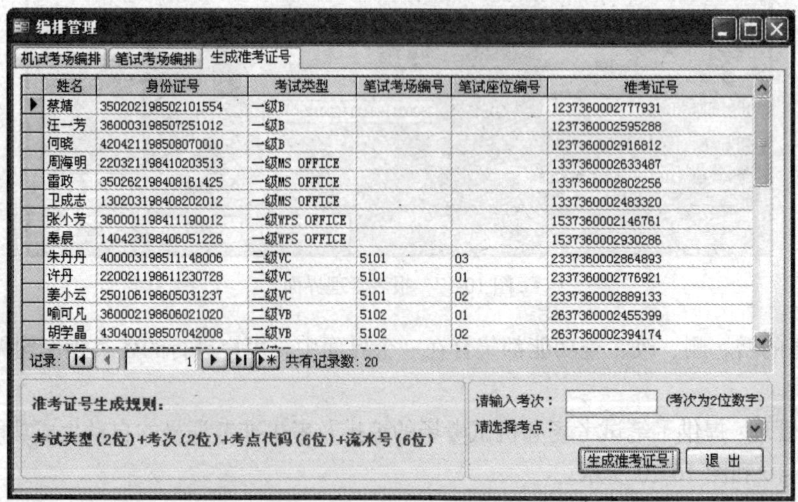

图 10-20 生成准考证号界面

⑥ 成绩查询：提供了利用身份证号或准考证号进行考试成绩查询的功能，效果如图 10-21 所示。

图 10-21　成绩查询界面

⑦ 过级率统计：提供了不同方式（全体、按语种、按院系）的过级率统计功能，效果如图 10-22 所示。

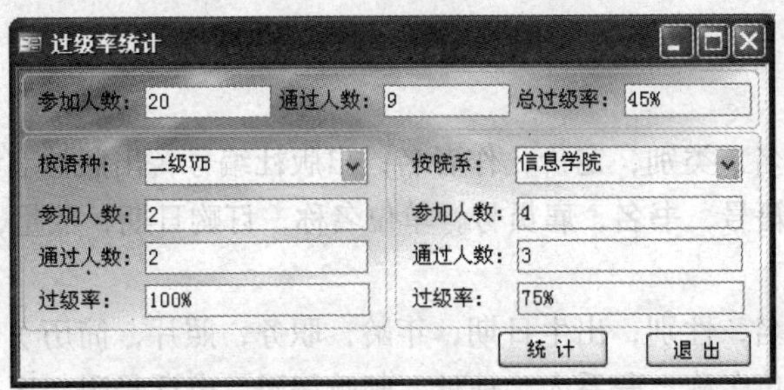

图 10-22　过级率统计界面

⑧ 新用户注册：该注册界面可通过登录窗体的超链接进入，仅提供给学生用户进行注册使用，效果如图 10-23 所示。

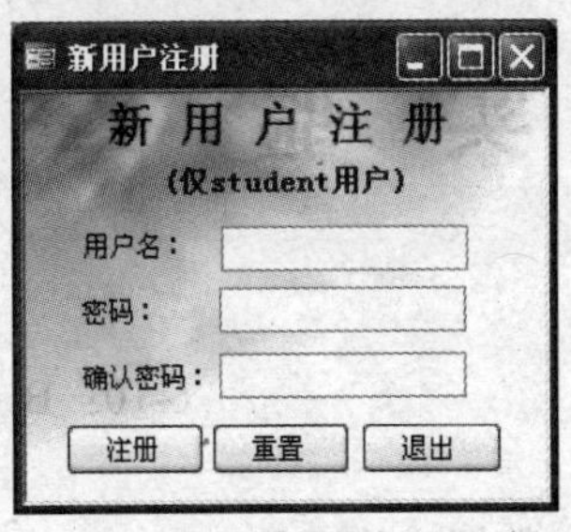

图 10-23　新用户注册界面

附录A 同步练习答案

实 验 一

简答题

1．表设计如下。

书籍（书籍号，书名，类别，定价，作者名，出版社编号，出版社名称）

订单（订单号，书籍号，书名，雇员号，单位名称，订购日期，数量，售出单价，出版社编号，出版社名称）

雇员（雇员号，姓名，性别，出生日期，年龄，职务，照片，简历）

客户（客户号，单位名称，联系人，地址，邮政编码，电话号码，区号）

2．启动Access后，单击【文件】菜单的【打开】命令，选中“家庭财产示例数据库”打开。

3．数据库的七个对象分别是：表、查询、报表、窗体、页、宏、模块。

4．单击Access的控件菜单项，单击【关闭】按钮，单击【文件】菜单的【退出】的命令。

实 验 二

（一）选择题

1-5：D B C C D　　6-10：B D A C A

（二）填空题

1．数据库管理系统（DBMS）、数据库管理员DBA

2．表

3．不会

4．元组

5．层次、网状、关系

6．查询、窗体

7．自动编号类型

8．备注型

9．表

（三）简答题

1．一对一、一对多、多对多。

2．参照完整性是一个规则系统，确保相关表中记录之间关系的有效性，并且不会意外地删除或更改相关数据。

3．空值指不确定的值，空字符串是指没有任何内容的字符串。

4．文件菜单中的【新建】命令，【新建】按钮，ctrl+n 快捷键。

实 验 三

（一）选择题

1-5：B D D D D　　　　6-10：A D A B C

（二）填空题

1．查询条件是：1980 年

2．窗体、报表

3．参数查询、操作查询、交叉表查询

4．删除、追加、更改

5．[笔试成绩]>=60 and [机试成绩]>=60

6．选择查询

（三）简答题

1．常分为 5 种类型：选择查询、计算查询、参数查询、操作查询、SQL 查询。

2．交叉表查询可以将数据分为两组显示，一组显示在左边，一组显示在上面，左边和上面的数据在表中的交叉点可以进行求和、求平均值、计数或其他计算。

3．向导和设计视图。

实 验 四

（一）选择题

1-5：C D B B A　　　　6-10：C B B C C

11-15：C D B D B　　　　16-20：C A A C C

（二）填空题

1．设计网格

2．传递查询、子查询

3．更新查询

4．SQL 视图

5．计算

6．2008 年

7．#

8．空值

9．group by

实 验 五

（一）选择题

1-5： C A D D B　　6-10： D C A B A

11-15：B B D D A　　16-20：A C D B B

（二）填空题

1．表、查询

2．向导、设计视图

3．子窗体、表格

4．节、主体节

5．属性

6．表

实 验 六

（一）选择题

1-5：D B A A B　6-10：C A B A D

（二）填空题

1．=

2．纵栏式报表、图表报表

3．打印预览视图和版面预览视图

4．查询、SQL 语句

（三）简答题

1. 报表是以打印的格式表现用户数据的一种有效方式。报表包括报表页眉、页面页眉、主体、页面页脚、报表页脚。

2. 节表现为带区形式，每个节在页面上和报表中具有特定的目的并可以按照预定的次序打印。

3．=date()，=time()。

4．="共 " & [Pages] & " 页，第 " & [Page] & " 页"。

实 验 七

（一）选择题

1-5：D C C C B

（二）填空题

1．设计视图

2．Access、浏览器

3．使用向导和利用设计视图

4．快捷方式

5．文字、水平线、背景图像

（三）简答题

1．数据访问页是直接与数据库中的数据联系的 web 页。

2．将数据访问页工具箱中的【滚动文字】按钮添加到页中，然后双击该控件，在弹出的对话框中选择【全部】选项卡，在【InnerText】属性中输入显示的文本，并设置合适的字体格式。

3．设计视图和页面视图。设计视图是创建与设计数据访问页的一个可视化的集成界面，在设计视图中可以方便地对页面进行修改，在页面视图中可浏览数据访问页的效果。

4．滚动文字、展开、超链接、图像超链接、影片等。

实　验　八

（一）选择题

1-5:　AABAB　　6-10:　ABBCC

11-15：CCBBD　　16-20：AAABC

21-25：CDDCB

（二）填空题

1．宏

2．宏

3．操作序列宏、宏组

4．条件宏

5．条件宏

6．宏组

7．操作、注释

8．OpenTable

9．indNext

10．RunMacro

11．OpenQuery

12．Forms!窗体名！控件名、Reports!报表名！控件名

13．ISNull([姓名])

14．[发货日期] Between#2-2-2004# and #2-5-2004# 、SetValue

15．Beep

16．关闭一个对象

17．退出 Access

18．执行指定的 SQL 语句

19．AutoExec

20．单步跟踪

（三）简答题

1. 宏是一个和多个操作的集合，宏的基本功能有：可以使数据库中的各个对象联系得更加紧密；可以显示警告信息窗口；可以替代用户执行重复的任务；可以为窗体制作菜单；可以把筛选程序加到记录中。

2. 宏组就是在同一个宏窗口中包含多个宏的集合。宏以动作为基本单位，一个宏命令能够完成一个操作动作，每个宏命令是由动作名和操作参数组成的；如果直接运行宏组时，执行的只是第一个宏名所包含的所有宏命令，若要执行其他宏名中的宏命令，则要通过触发控件的事件代码执行宏命令，以及通过宏命令间接执行宏命令。

3. 运行宏的方法有：在“宏”设计视图窗口中单击工具栏的“运行”按钮；在“数据库”设计视图窗口的宏选项卡中双击相应的宏对象名运行宏；在“数据库”设计视图窗口的宏选项卡中一个宏对象，单击运行按钮；利用“数据库”设计视图窗口的菜单选项运行宏。

4. 常用的宏操作有：

OpenForm:打开指定的窗体；OpenQuery:打开指定的查询；OpenTable:打开指定的表；Close:关闭数据库的各种对象；Quit:退出 Access；RunSQL:运行 SQL 语句；RunMacro:运行选定的宏；MsgBox:显示消息框。

实 验 九

（一）选择题

1-5： D D D B D　　6-10： C B A D B

11-15：C D A B A　　16-20：A D A B B

21-25：B D C C A　　26-30：A C D B C

31-35：B C A B C

（二）填空题

1. Visual Basic for Application
2. 类模块
3. 全局变量
4. -b+sqr(b^2-4*a*c)）/(2*a)
5. Helloworld
6. DoCmd.Close
7. 循环结构
8. IsNumberic
9. ByVal、传地址调用
10. ADO
11. DBEngine
12. RecordSet
13. 40
14. 346
15. 12

16．fd+1、rs.MoveNext

17．Form_Timer（ ）

18．1

19．1024

20．5

21．DoCmd.OpenQuery"qt"

22．3

23．MsgBox、false 或 0

附录B 全国计算机等级考试二级 Access 考试大纲

一、基本要求

1. 具有数据库系统的基础知识。
2. 基本了解面向对象的概念。
3. 掌握关系数据库的基本原理。
4. 掌握数据库程序设计方法。
5. 能使用 Access 建立一个小型数据库应用系统。

二、考试内容

1. 数据库基础知识

（1）基本概念。

数据库，数据模型，数据库管理系统，类和对象，事件。

（2）关系数据库基本概念。

关系模型（实体的完整性，参照的完整性，用户定义的完整性），关系模式，关系，元组，属性，字段，域，值，主关键字等。

（3）关系运算基本概念。

选择运算，投影运算，连接运算。

（4）SQL 基本命令。

查询命令，操作命令。

（5）Access 系统简介。

① Access 系统的基本特点。

② 基本对象：表，查询，窗体，报表，页，宏，模块。

2. 数据库和表的基本操作

（1）创建数据库。

① 创建空数据库。

② 使用向导创建数据库。

（2）表的建立。

① 建立表结构：使用向导，使用表设计器，使用数据表。

② 设置字段属性。

③ 输入数据：直接输入数据，获取外部数据。

（3）表间关系的建立与修改。

① 表间关系的概念：一对一，一对多。

② 建立表间关系。

③ 设置参照完整性。

（4）表的维护。

① 修改表结构：添加字段，修改字段，删除字段，重新设置主关键字。

② 编辑表内容：添加记录，修改记录，删除记录，复制记录。

③ 调整表外观。

（5）表的其他操作。

① 查找数据。

② 替换数据。

③ 排序记录。

④ 筛选记录。

3. 查询的基本操作

（1）查询分类。

① 选择查询。

② 参数查询。

③ 交叉表查询。

④ 操作查询。

⑤ SQL 查询。

（2）查询准则。

① 运算符。

② 函数。

③ 表达式。

（3）创建查询。

① 使用向导创建查询。

② 使用设计器创建查询。

③ 在查询中计算。

（4）操作已创建的查询。

① 运行已创建的查询。

② 编辑查询中的字段。

③ 编辑查询中的数据源。

④ 排序查询的结果。

4. 窗体的基本操作

（1）窗体分类。

① 纵栏式窗体。

② 表格式窗体。

③ 主/子窗体。

④ 数据表窗体。

⑤ 图表窗体。

⑥ 数据透视表窗体。

（2）创建窗体。

① 使用向导创建窗体。

② 使用设计器创建窗体：控件的含义及种类，在窗体中添加和修改控件，设置控件的常见属性。

5. 报表的基本操作

（1）报表分类。

① 纵栏式报表。

② 表格式报表。

③ 图表报表。

④ 标签报表。

（2）使用向导创建报表。

（3）使用设计器编辑报表。

（4）在报表中计算和汇总。

6. 页的基本操作

（1）数据访问页的概念。

（2）创建数据访问页。

① 自动创建数据访问页。

② 使用向导数据访问页。

7. 宏

（1）宏的基本概念。

（2）宏的基本操作。

① 创建宏：创建一个宏，创建宏组。

② 运行宏。

③ 在宏中使用条件。

④ 设置宏操作参数。

⑤ 常用的宏操作。

8. 模块

（1）模块的基本概念。

① 类模块。

② 标准模块。

③ 将宏转换为模块。

（2）创建模块。

① 创建 VBA 模块：在模块中加入过程，在模块中执行宏。

② 编写事件过程：键盘事件，鼠标事件，窗口事件，操作事件和其他事件。

（3）调用和参数传递。

（4）VBA 程序设计基础。

① 面向对象程序设计的基本概念。

② VBA 编程环境：进入 VBE，VBE 界面。

③ VBA 编程基础：常量，变量，表达式。

④ VBA 程序流程控制：顺序控制，选择控制，循环控制。

⑤ VBA 程序的调试：设置断点，单步跟踪，设置监视点。

三、考试方式

1．笔试：90 分钟，满分 100 分，其中含公共基础知识部分的 30 分。

2．上机操作：90 分钟，满分 100 分。

上机操作包括：（1）基本操作；

（2）简单应用；

（3）综合应用。

附录C 全国计算机等级考试二级Access笔试试题

2006年4月全国计算机等级考试二级笔试试卷 Access数据库程序设计

（考试时间90分钟，满分100分）

一、选择题（每小题2分，共70分）

下列各题 A.、B.、C.、D. 四个选项中，只有一个选项是正确的，请将正确选项写在答题卡相应位置上，答在试卷上不得分。

（1）下列选项中不属于结构化程序设计方法的是（　　）。

A. 自顶向下　　B. 逐步求精　　C. 模块化　　D. 可复用

（2）两个或两个以上模块之间关联的紧密程度称为（　　）。

A. 耦合度　　B. 内聚度　　C. 复杂度　　D. 数据传输特性

（3）下列叙述中正确的是（　　）。

A. 软件测试应该由程序开发者来完成

B. 程序经调试后一般不需要再测试

C. 软件维护只包括对程序代码的维护

D. 以上三种说法都不对

（4）按照“后进先出”原则组织数据的数据结构是（　　）。

A. 队列　　B. 栈　　C. 双向链表　　D. 二叉树

（5）下列叙述中正确的是（　　）。

A. 线性链表是线性表的链式存储结构

B. 栈与队列是非线性结构

C. 双向链表是非线性结构

D. 只有根结点的二叉树是线性结构

（6）对如下二叉树进行后序遍历的结果为（　　）。

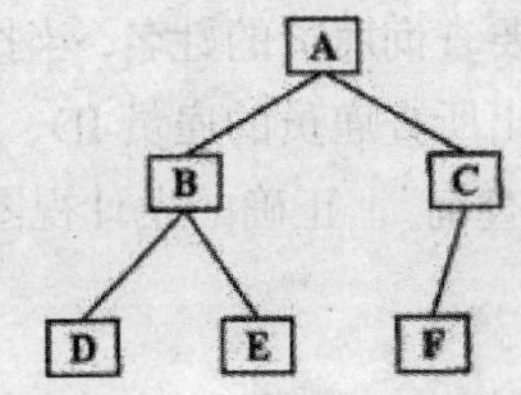

A．ABCDEF　　B．DBEAFC　　C．ABDECF　　D．DEBFCA

（7）在深度为 7 的满二叉树中，叶子结点的个数为（　　）。

A．32　　B．31　　C．64　　D．63

（8）“商品”与“顾客”两个实体集之间的联系一般是（　　）。

A．一对一　　B．一对多　　C．多对一　　D．多对多

（9）在 E—R 图中，用来表示实体的图形是（　　）。

A．矩形　　B．椭圆形　　C．菱形　　D．三角形

（10）数据库 DB、数据库系统 DBS、数据库管理系统 DBMS 之间的关系是（　　）。

A．DB 包含 DBS 和 DBMS　　B．DBMS 包含 DB 和 DBS

C．DBS 包含 DB 和 DBMS　　D．没有任何关系

（11）常见的数据模型有 3 种，它们是（　　）。

A．网状、关系和语义　　B．层次、关系和网状

C．环状、层次和关系　　D．字段名、字段类型和记录

（12）在以下叙述中，正确的是（　　）。

A．Access 只能使用系统菜单创建数据库应用系统

B．Access 不具备程序设计能力

C．Access 只具备了模块化程序设计能力

D．Access 具有面向对象的程序设计能力，并能创建复杂的数据库应用系统

（13）不属于 Access 对象的是（　　）。

A．表　　B．文件夹　　C．窗体　　D．查询

（14）表的组成内容包括（　　）。

A．查询和字段　　B．字段和记录　　C．记录和窗体　　D．报表和字段

（15）在数据表视图中，不能（　　）。

A．修改字段的类型　　B．修改字段的名称

C．删除一个字段　　D．删除一条记录

（16）数据类型是（　　）。

A．字段的另一种说法

B．决定字段能包含哪类数据的设置

C．一类数据库应用程序

D．一类用来描述 Access 表向导允许从中选择的字段名称

（17）现有一个已经建好的“按雇员姓名查询”窗体，如下图所示。

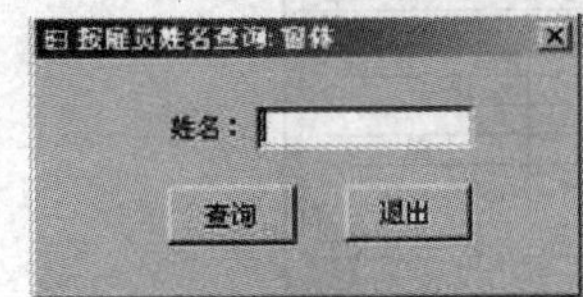

运行该窗体后，在文本框中输入要查询雇员的姓名，当按下“查询”按钮时，运行一个是“按雇员姓名查询”的查询，该查询显示出所查雇员的雇员 ID、姓名和职称等三段。若窗体中的文本框名称为 tName，设计“按雇员姓名查询”，正确的设计视图是（　　）。

A.

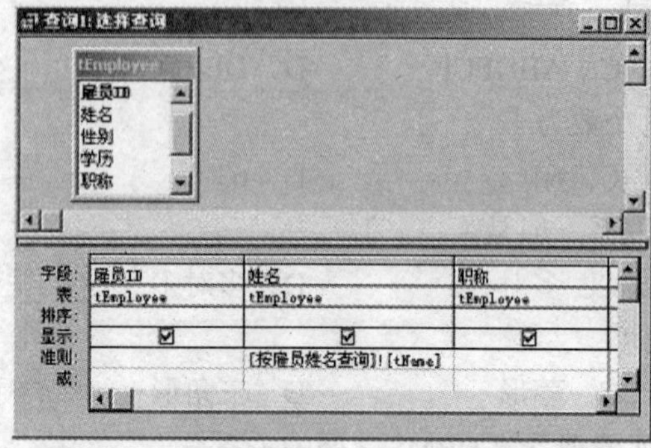

B.

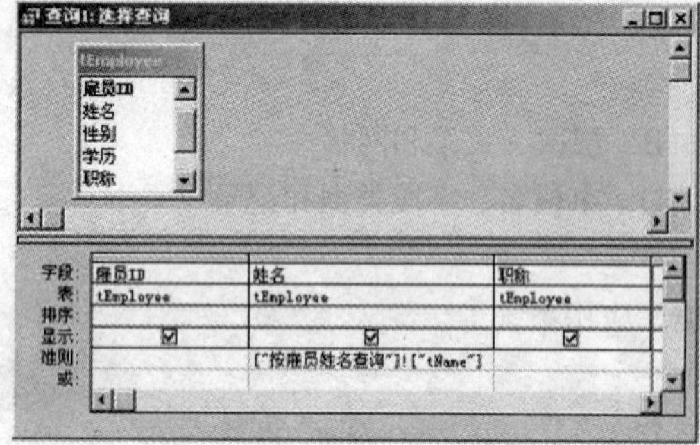

C.

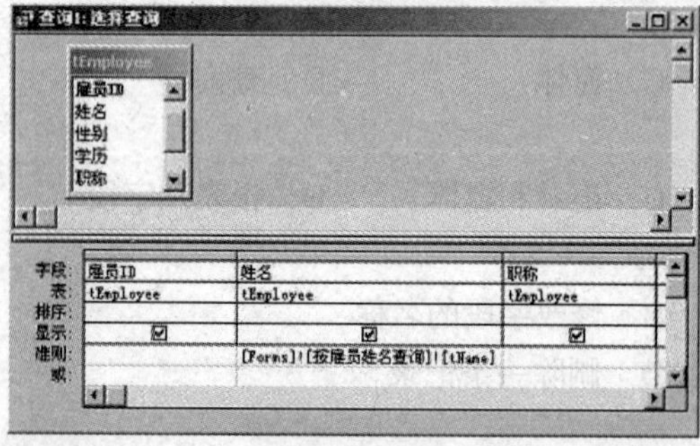

D.

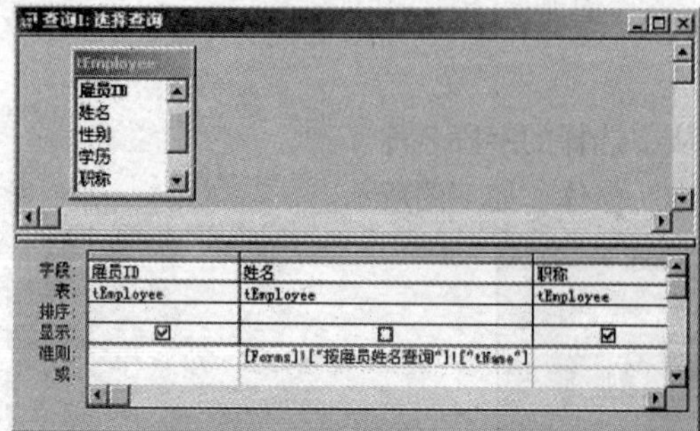

（18）下图是使用查询设计器完成的查询，与该查询等价的 SQL 语句是（　　）。

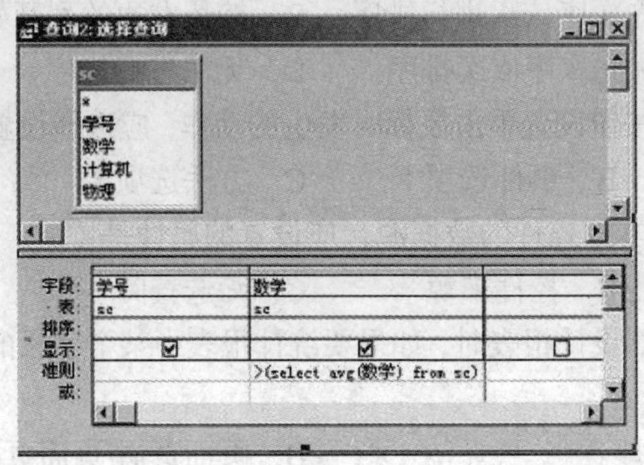

A．select 学号，数学 from sc where 数学>（select avg（数学）from sc）

B．select 学号 where 数学>（select avg（数学）from sc）

C．select 数学（avg（数学）from sc）

D．select 数学>（select avg（数学）from sc）

（19）在下图中，与查询设计器的筛选标签中所设置的筛选功能相同的表达式是（　　）。

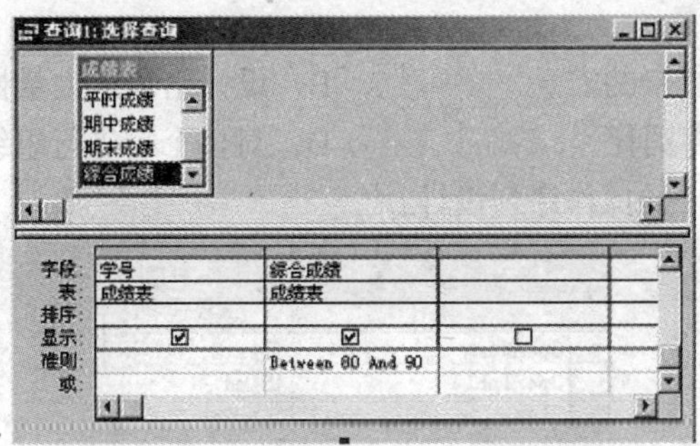

A．成绩表．综合成绩>=80 AND 成绩表．综合成绩=<90

B．成绩表．综合成绩>80 AND 成绩表．综合成绩<90

C．80<=成绩表．综合成绩<=90

D．80<成绩表．综合成绩<90

（20）下图中所示的查询返回的记录是（　　）。

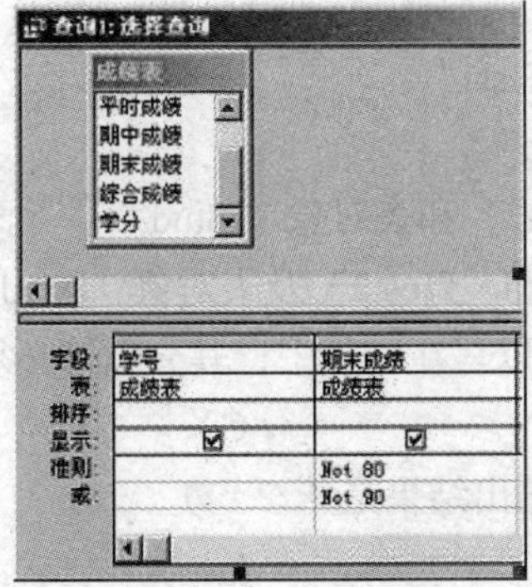

A．不包含 80 分和 90 分　　B．不包含 80 至 90 分数段

C．包含 80 至 90 分数段　　D．所有的记录

（21）排序时如果选取了多个字段，则输出结果是（　　）。

A．按设定的优先次序依次进行排序　B．按最右边的列开始排序

C．按从左向右优先次序依次排序　　D．无法进行排序

（22）为窗口中的命令按钮设置单击鼠标时发生的动作，应选择设置其属性对话框的（　　）。

A．格式选项卡　B．事件选项卡　　C．方法选项卡　　D．数据选项卡

（23）要改变窗体上文本框控件的数据源，应设置的属性是（　　）。

A．记录源　　B．控件来源　　C．筛选查阅　　D．默认值

（24）在使用报表设计器设计报表时，如果要统计报表中某个字段的全部数据，应将计算表达式放在（　　）。

A．组页眉/组页脚　　B．页面页眉/页面页脚

C．报表页眉/报表页脚　　D．主体

（25）如果加载一个窗体，先被触发的事件是（　　）。

A．Load 事件　B．Open 事件　　C．Click 事件　　D．DdClick 事件

（26）数据访问页可以简单地认为就是一个（　　）。

A．网页　　B．数据库文件　　C．word 文件　　D．子表

（27）使用宏组的目的是（　　）。

A．设计出功能复杂的宏　　B．设计出包含大量操作的宏

C．减少程序内存消耗　　D．对多个宏进行组织和管理

（28）以下是宏对象 m1 的操作序列设计：

m1：宏

操作	备注
OpenForm	fTest2
OpenTable	tStud
Close	
Close	

假定在宏 m1 的操作中涉及到的对象均存在，现将设计好的宏 m1 设置为窗体“fTest”上某个命令按钮的单击事件属性，则打开窗体“fTest1”运行后，单击该命令按钮，会启动宏 m1 的运行。宏 m1 运行后，前两个操作会先后打开窗体对象“fTest2”和表对象“tStud”。那么执行 Close 操作后，会（　　）。

A．只关闭窗体对象“fTest1”

B．只关闭表对象“tStud”

C．关闭窗体对象“fTest2”和表对象“tStud”

D．关闭窗体“fTest1”和“fTest2”及表对象“tStud”

（29）VBA 程序的多条语句可以写在一行中，其分隔符必须使用符号（　　）。

A．:　　B．’　　C．;　　D．,

（30）VBA 表达式 3*3\3/3 的输出结果是（　　）。

A．0　　B．1　　C．3　　D．9

（31）现有一个已经建好的窗体，窗体中有一命令按钮，单击此按钮，将打开“tEmployee”表，如果采用 VBA 代码完成，下面语句正确的是（　　）。

A．docmd.openform"tEmployee"

B. docmd.openview"tEmployee"

C. docmd.opentable"tEmployee"

D. docmd.openreport"tEmployee"

(32) Access 的控件对象可以设置某个属性来控制对象是否可用(不可用时显示为灰色状态)。需要设置的属性是( )。

A. Default B. Cancel C. Enabled D. Click

(33) 以下程序段运行结束后，变量 *x* 的值为( )。

```
x=2
y=4
Do
  x=x*y
  y=y+1
Loop While  y<4
```

A. 2 B. 4 C. 8 D. 20

(34) 在窗体上添加一个命令按钮(名为 Command1)，然后编写如下事件过程:

```
Private Sub Command1_Click()
 For i=1 To 4
  x=4
  For j=1 To 3
   x=3
   For k=1 To2
    x=x+6
   Next k
  Next j
  Next i
 MsgBox x
End Sub
```

打开窗体后，单击命令按钮，消息框的输出结果是( )。

A. 7 B. 15 C. 157 D. 538

(35) 假定有如下的 Sub 过程:

```
Sub sfun(x  As  Single, y  As  Single)
  t=x
  x=t/y
  y=t Mod y
End Sub
```

在窗体上添加一个命令按钮(名为 Command1)，然后编写如下事件过程:

```
Private Sub Command1_Click()
 Dim a as single
 Dim b as single
 a=5
 b=4
 sfun a, b
 MsgBox a & chr(10)+chr(13) & b
End Sub
```

打开窗体运行后，单击命令按钮，消息框的两行输出内容分别为( )。

A. 1 和 1 B. 1.25 和 1 C. 1.25 和 4 D. 5 和 4

二、填空题（每空 2 分，共 30 分）

请将每一个空的正确答案写在答题卡【1】~【15】序号的横线上，答在试卷上不得分。

（1）对长度为 10 的线性表进行冒泡排序，最坏情况下需要比较的次数为__【1】__。

（2）在面向对象方法中，__【2】__描述的是具有相似属性与操作的一组对象。

（3）在关系模型中，把数据看成是二维表，每一个二维表称为一个__【3】__。

（4）程序测试分为静态分析和动态测试。其中__【4】__是指不执行程序，而只是对程序文本进行检查，通过阅读和讨论，分析和发现程序中的错误。

（5）数据独立性分为逻辑独立性与物理独立性。当数据的存储结构改变时，其逻辑结构可以不变，因此，基于逻辑结构的应用程序不必修改，称为__【5】__。

（6）结合型文本框可以从表、查询或__【6】__中获得所需的内容。

（7）在创建主/子窗体之前，必须设置__【7】__之间的关系。

（8）函数 Right（"计算机等级考试"，4）的执行结果是__【8】__。

（9）某窗体中有一命令按钮，在窗体视图中单击此命令按钮打开一个查询，需要执行的操作是__【9】__。

（10）在使用 Dim 语句定义数组时，在缺省情况下数组下标的下限为__【10】__。

（11）在窗体中添加一个命令按钮，名称为 Command1，然后编写如下程序：

```
Private Sub Command1_Click()
   Dim s, i
   For i=1 To 10
      s=s+i
   Next i
   MsgBox s
End Sub
```

窗体打开运行后，单击命令按钮，则消息框的输出结果为__【11】__。

（12）在窗体中添加一个名称为 Command1 的命令按钮，然后编写如下程序：

```
Private Sub s(By Val p As Integer)
  p=p*2
End Sub
Private Sub Command1_Click()
  Dim i As Integer
  i=3
  Call s(i)
  If i>4 Then i=i^2
     MsgBox i
End Sub
```

窗体打开运行后，单击命令按钮，则消息框的输出结果为__【12】__。

（13）设有如下代码：

```
x=1
do
   x=x+2
loop until__【13】__
```

运行程序，要求循环体执行 3 次后结束循环，在空白处填入适当语句。

（14）窗体中有两个命令按钮："显示"（控件名为 cmdDisplay）和"测试"（控件名为 cmdTest）。

以下事件过程的功能是：单击"测试"按钮时，窗体上弹出一个消息框。如果单击消息框的"确定"按钮，隐藏窗体上的"显示"命令按钮；单击"取消"按钮关闭窗体。按照功能要求，将程序补充完整。

```
Private Sub cmdTest_Click()
Answer=  【14】  ("隐藏按钮", vbOKCancel)
If Answer=vbOK Then
  CmdDisplay.Visible=  【15】
Else
  Docmd.Close
End If
End Sub
```

2006 年 9 月全国计算机等级考试二级笔试试卷 Access 数据库程序设计

（考试时间 90 分钟，满分 100 分）

一、选择题（每小题 2 分，共 70 分）

下列各题 A．、B．、C．、D．四个选项中，只有一个选项是正确的，请将正确选项涂写在答题卡相应位置上，答在试卷上不得分。

（1）下列选项不符合良好程序设计风格的是（　　）。

A．源程序要文档化　　B．数据说明的次序要规范化

C．避免滥用 goto 语句　　D．模块设计要保证高耦合、高内聚

（2）从工程管理角度，软件设计一般分为两步完成，它们是（　　）。

A．概要设计与详细设计　　B．数据设计与接口设计

C．软件结构设计与数据设计　　D．过程设计与数据设计

（3）下列选项中不属于软件生命周期开发阶段任务的是（　　）。

A．软件测试　　B．概要设计

C．软件维护　　D．详细设计

（4）在数据库系统中，用户所见的数据模式为（　　）。

A．概念模式　　B．外模式　　C．内模式　　D．物理模式

（5）数据库设计的四个阶段是：需求分析、概念设计、逻辑设计和（　　）。

A．编码设计　　B．测试阶段　　C．运行阶段　　D．物理设计

（6）设有如下三个关系表下列操作中正确的是（　　）。

R

A
m
n

S

B	C
1	3

T

A	B	C
m	1	3
n	1	3

A．T=R∩S　　B．T=R∪S　　C．T=R×S　　D．T=R/S

（7）下列叙述中正确的是（　　）。

A．一个算法的空间复杂度大，则其时间复杂度也必定大

B．一个算法的空间复杂度大，则其时间复杂度必定小

C．一个算法的时间复杂度大，则其空间复杂度必定小

D．上述三种说法都不对

（8）在长度为 64 的有序线性表中进行顺序查找，最坏情况下需要比较的次数为（　　）。

A．63　　B．64　　C．6　　D．7

（9）数据库技术的根本目标是要解决数据的（　　）。

A．存储问题　　B．共享问题　　C．安全问题　　D．保护问题

（10）对下列二叉树进行中序遍历的结果是（　　）。

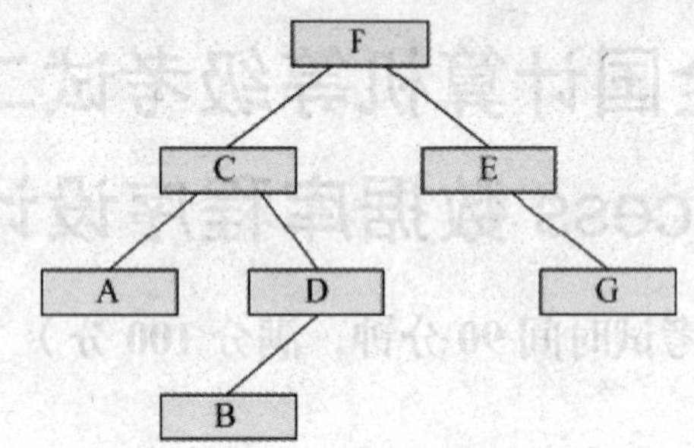

A．ACBDFEG　　B．ACBDFGE

C．ABDCGEF　　D．FCADBEG

（11）下列实体的联系中，属于多对多联系的是（　　）。

A．学生与课程　　B．学校与校长

C．住院的病人与病床　　D．职工与工资

（12）在关系运算中，投影运算的含义是（　　）。

A．在基本表中选择满足条件的记录组成一个新的关系

B．在基本表中选择需要的字段（属性）组成一个新的关系

C．在基本表中选择满足条件的记录和属性组成一个新的关系

D．上述说法均是正确的

（13）SQL 的含义是（　　）。

A．结构化查询语言　　B．数据定义语言

C．数据库查询语言　　D．数据库操纵与控制语言

（14）以下关于 Access 表的叙述中，正确的是（　　）。

A．表一般包含一到两个主题的信息

B．表的数据表视图只用于显示数据

C．表设计视图的主要工作是设计表的结构

D．在表的数据表视图中，不能修改字段名称

（15）在 SQL 的 SELECT 语句中，用于实现选择运算的是（　　）。

A．FOR　　B．WHILE　　C．IF　　D．WHERE

（16）以下关于空值的叙述中，错误的是（　　）。

A．空值表示字段还没有确定值　　B．Access 使用 NULL 来表示空值

C. 空值等同于空字符串　　　　　D. 空值不等于数值 0

（17）使用表设计器定义表中字段时，不是必须设置的内容是（　　）。

A. 字段名称　　B. 数据类型　　C. 说明　　D. 字段属性

（18）如果想在已建立的“tSalary”表的数据表视图中直接显示出姓“李”的记录，应使用 Access 提供的（　　）。

A. 筛选功能　　B. 排序功能　　C. 查询功能　　D. 报表功能

（19）下面显示的是查询设计视图的“设计网格”部分：

字段:	姓名	性别	工作时间	系别
表:	教师	教师	教师	教师
排序:				
显示:	☑	☑	☑	☑
条件:		"女"	Year([工作时间])<1980	
或:				

从所显示的内容中可以判断出该查询要查找的是（　　）。

A. 性别为“女”并且 1980 年以前参加工作的记录

B. 性别为“女”并且 1980 年以后参加工作的记录

C. 性别为“女”或者 1980 年以前参加工作的记录

D. 性别为“女”或者 1980 年以后参加工作的记录

（20）若要查询某字段的值为“JSJ”的记录，在查询设计视图对应字段的准则中，错误的表达式是（　　）。

A. JSJ　　B. "JSJ"　　C. "*JSJ*"　　D. Like "JSJ"

（21）已经建立了包含“姓名”、“性别”、“系别”、“职称”等字段的“tEmployee”表。若以此表为数据源创建查询，计算各系不同性别的总人数和各类职称人数，并显示如下图所示的结果。正确的设计是（　　）。

教师统计：交叉表查询

系别	性别	总人数	副教授	讲师	教授
管理工程	男	8	3	3	2
管理工程	女	4	1	3	0
经济	男	7	2	3	2
经济	女	8	5	0	3
统计	男	5	1	2	2
统计	女	2	1	1	0
信息	男	4	1	3	0
信息	女	3	2	1	0
		0	0	0	0

记录: 8　共有记录数: 8

A.

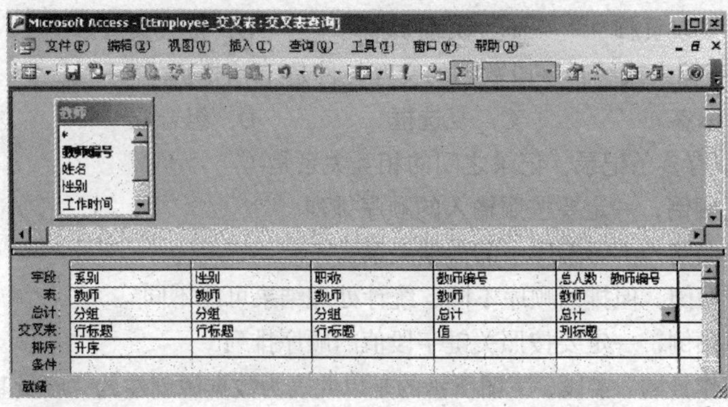

B.

C.

D.

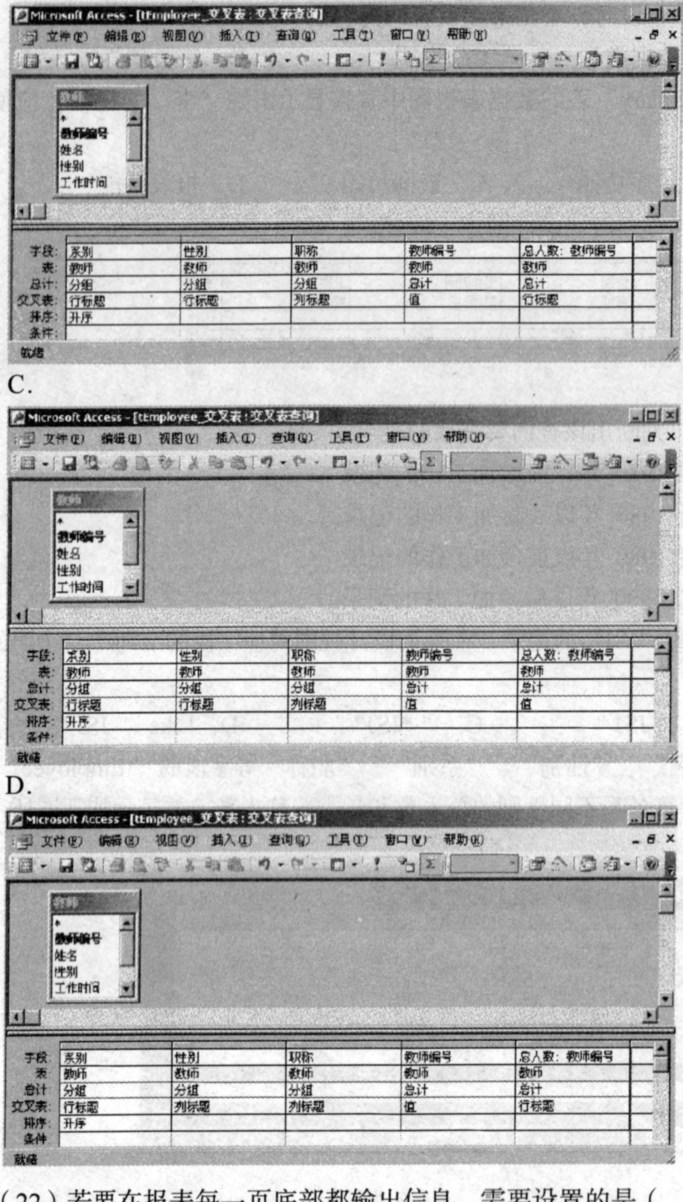

（22）若要在报表每一页底部都输出信息，需要设置的是（　　）。

A．页面页脚　　B．报表页脚　　C．页面页眉　　D．报表页眉

（23）Access 数据库中，用于输入或编辑字段数据的交互控件是（　　）。

A．文本框　　B．标签　　C．复选框　　D．组合框

（24）一个关系数据库的表中有多条记录，记录之间的相互关系是（　　）。

A．前后顺序不能任意颠倒，一定要按照输入的顺序排列

B．前后顺序可以任意颠倒，不影响库中的数据关系

C．前后顺序可以任意颠倒，但排列顺序不同，统计处理结果可能不同

D．前后顺序不能任意颠倒，一定要按照关键字段值的顺序排列

（25）在已建雇员表中有“工作日期”字段，下图所示的是以此表为数据源创建的“雇员基本

信息”窗体。假设当前雇员的工作日期为“1998-08-17”，若在窗体“工作日期”标签右侧文本框控件的“控件来源”属性中输入表达式：＝Str（Month（[工作日期]））＋ " 月 "，则在该文本框控件内显示的结果是（　　）。

A．Str（Month（Date()））＋ " 月 "　　B．" 08 " ＋ " 月 "

C．08 月　　D．8 月

（26）在宏的调试中，可配合使用设计器上的工具按钮（　　）。

A．“调试”　　B．“条件”　　C．“单步”　　D．“运行”

（27）以下是宏 m 的操作序列设计：

条件 操作序列　操作参数

　　MsgBox　消息为“AA”

[tt]>1 MsgBox　消息为“BB”

…　MsgBox　消息为“CC”

现设置宏 m 为窗体“fTest”上名为“bTest”命令按钮的单击事件属性，打开窗体“fTest”运行后，在窗体上名为“tt”的文本框内输入数字 1，然后单击命令按钮 bTest，则（　　）。

A．屏幕会先后弹出三个消息框，分别显示消息“AA”、“BB”、“CC”

B．屏幕会弹出一个消息框，显示消息“AA”

C．屏幕会先后弹出两个消息框，分别显示消息“AA”、“BB”

D．屏幕会先后弹出两个消息框，分别显示消息“AA”、“CC”

（28）在窗体中添加了一个文本框和一个命令按钮（名称分别为 tText 和 bCommand），并编写了相应的事件过程。运行此窗体后，在文本框中输入一个字符，则命令按钮上的标题变为“计算机等级考试”。以下能实现上述操作的事件过程是（　　）。

A．
```
Private Sub bCommand_Click ( )
    Caption= " 计算机等级考试 "
End Sub
```

B．
```
Private Sub tText_Click ( )
    bCommand .Caption= " 计算机等级考试 "
End Sub
```

C．
```
Private Sub bCommand_Change ( )
    Caption= " 计算机等级考试 "
End Sub
```

D．
```
Private Sub tText_ Change ( )
    bCommand.Caption= " 计算机等级考试 "
End Sub
```

（29）Sub 过程与 Function 过程最根本的区别是（　）。

A．Sub 过程的过程名不能返回值，而 Function 过程能通过过程名返回值

B．Sub 过程可以使用 Call 语句或直接使用过程名调用，而 Function 过程不可以

C．两种过程参数的传递方式不同

D．Function 过程可以有参数，Sub 过程不可以

（30）在窗体中添加一个命令按钮（名称为 Command1），然后编写如下代码：

```
Private Sub Command1_Click()
    a=0: b=0: c=6
    MsgBox a=b+c
End Sub
```

窗体打开运行后，如果单击命令按钮，则消息框的输出结果为（　）。

A．11　　B．a=11　　C．0　　D．False

（31）在窗体中添加一个名称为 Command1 的命令按钮，然后编写如下事件代码：

```
Private Sub Command1_Click()
    Dim a(10, 10)
    For m=2 To 4
        For n=4 To 5
            a(m, n)=m*n
        Next n
    Next m
    MsgBox a(2, 5)+a(3, 4)+a(4, 5)
End Sub
```

窗体打开运行后，单击命令按钮，则消息框的输出结果是（　）。

A．22　　B．32　　C．42　　D．52

（32）在窗体上添加一个命令按钮（名为 Command1）和一个文本框（名为 Text1），并在命令按钮中编写如下事件代码：

```
Private Sub Command1_Click()
    m=2.17
    n=Len(Str$(m)+Space(5))
    Me!Text1=n
End Sub
```

打开窗体运行后，单击命令按钮，在文本框中显示（　）。

A．5　　B．8　　C．9　　D．10

（33）在窗体中添加一个名称为 Command1 的命令按钮，然后编写如下事件代码：

```
Private Sub Command1_Click()
    A=75
    if A>60 Then i=1
    if A>70 Then i=2
    if A>80 Then i=3
    if A>90 Then i=4
    MsgBox i
End Sub
```

窗体打开运行后，单击命令按钮，则消息框的输出结果是（ ）。

A. 1 B. 2 C. 3 D. 4

（34）在窗体中添加一个名称为 Command1 的命令按钮，然后编写如下事件代码：

```
Private Sub Command1_Click()
    s="ABBACDDCAB"
    For i=6 To 2 Step -2
        x=Mid(s, i, i)
        y=Left(s, i)
        z=Right(s, i)
        z=x&y&z
        Next i
    MsgBox z
End Sub
```

窗体打开运行后，单击命令按钮，则消息框的输出结果是（ ）。

A. AABAAB B. ABBABA C. BABBA D. BBABBA

（35）在窗体中添加一个名称为 Command1 的命令按钮，然后编写如下程序：

```
Public x As integer
Private Sub Command1_Click()
    x=10
    Call s1
    Call s2
    MsgBox x
End Sub
Private Sub s1()
    x=x+20
End Sub
Private Sub s2()
    Dim x As integer
    x=x+20
End Sub
```

窗体打开运行后，单击命令按钮，则消息框的输出结果为（ ）。

A. 10 B. 30 C. 40 D. 50

二、填空题（每空 2 分，共 30 分）

请将每一个正确答案在答题卡【1】~【15】序号的横线上，答在试卷上不得分。

（1）下列软件系统结构图的宽度为____【1】____。

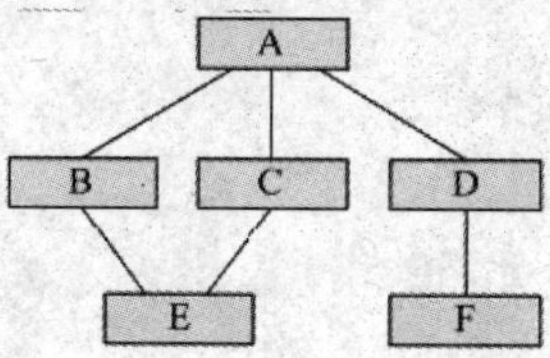

（2）____【2】____的任务是诊断和改正程序中的错误。

（3）一个关系表的行称为____【3】____。

（4）按“先进后出”原则组织数据的数据结构是____【4】____。

（5）数据结构分为线性结构和非线性结构，带链的队列属于＿＿【5】＿＿。

（6）Accesss 数据库中，如果在窗体上输入的数据总是取自表或查询中的字段数据，或者取自某固定内容的数据，可以使用＿＿【6】＿＿控件来完成。

（7）某窗体中有一命令按钮，在窗体视图中单击此命令按钮打开一个报表，需要执行的操作是＿＿【7】＿＿。

（8）在数据表视图下向表中输入数据，在未输入数值之前，系统自动提供的数值字段的属性是＿＿【8】＿＿。

（9）某窗体中有一命令按钮，名称为 C1。要求在窗体视图中单击此命令按钮后，命令按钮上显示的文字颜色变为棕色（棕色代码为 128），实现该操作的 VBA 语句是＿＿【9】＿＿。

（10）如果要将某表中的若干记录删除，应该创建＿＿【10】＿＿查询。

（11）在窗体中添加一个命令按钮（名称为 Command1），然后编写如下代码：

```
Private Sub Command1_Click()
    Static b As integer
    b=b+1
End Sub
```

窗体打开运行后，三次单击命令按钮后，变量 b 的值是＿＿【11】＿＿。

（12）在窗体上有一个文本框控件，名称为 Text1。同时，窗体加载时设置其计时器间隔为 1 秒、计时器触发事件过程则实现在 Text1 文本框中动态显示当前日期和时间。请补充完整。

```
Private Sub From_Load()
Me.Timerinterval=1000
End Sub
Private Sub ＿【12】＿＿
   Me.text1=Now()
End Sub
```

（13）实现数据库操作的 DAO 技术，其模型采用的是层次结构，其中处于最顶层的对象是＿【13】＿＿。

（14）下面 VBA 程序段运行时，内层循环的循环总次数是＿＿【14】＿＿。

```
For m=0 To 7 step 3
    For n=m-1 To m+1
    Next n
Next m
```

（15）在窗体上添加一个命令按钮（名为 Command1），然后编写如下事件过程：

```
Private Sub Command1_Click
    Dim b, k
    For k=1 to 6
    b=23+k
    Next k
    MsgBox b+k
End Sub
```

打开窗体后，单击命令按钮，消息框的输出结果是＿＿【15】＿＿。

2007 年 4 月全国计算机等级考试二级笔试试卷 Access 数据库程序设计

（考试时间 90 分钟，满分 100 分）

选择题（每小题 2 分，共 70 分）

下列各题 A.、B.、C.、D. 四个选项中，只有一个选项是正确的，请将正确选项涂写在答题卡相应位置上，答在试卷上不得分。

（1）下列叙述中正确的是（　　）。

A. 算法的效率只与问题的规模有关，而与数据的存储结构无关

B. 算法的时间复杂度是指执行算法所需要的计算工作量

C. 数据的逻辑结构与存储结构是一一对应的

D. 算法的时间复杂度与空间复杂度一定相关

（2）在结构化程序设计中，模块划分的原则是（　　）。

A. 各模块应包括尽量多的功能

B. 各模块的规模应尽量大

C. 各模块之间的联系应尽量紧密

D. 模块内具有高内聚度，模块间具有低耦合度

（3）下列叙述中正确的是（　　）。

A. 软件测试的主要目的是发现程序中的错误

B. 软件测试的主要目的是确定程序中错误的位置

C. 为了提高软件测试的效率，最好由程序编制者自己来完成软件测试的工作

D. 软件测试是证明软件没有错误

（4）下面选项中不属于面向对象程序设计特征的是（　　）。

A. 继承性　　B. 多态性　　C. 类比性　　D. 封装性

（5）下列对列的叙述正确的是（　　）。

A. 队列属于非线性表

B. 队列按“先进后出”的原则组织数据

C. 队列在队尾删除数据

D. 队列按先进先出原则组织数据

（6）对下列二叉树

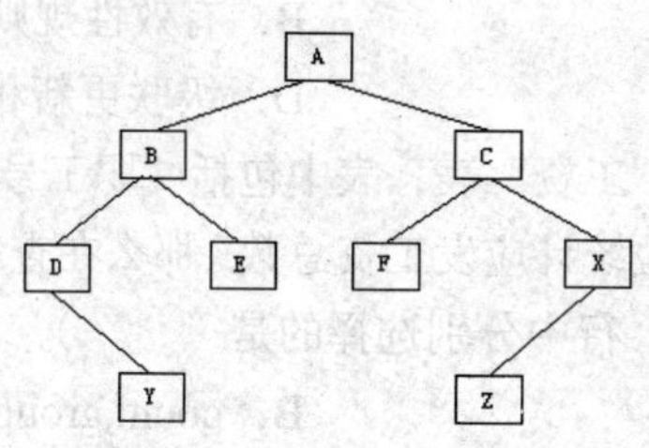

进行前序遍历的结果为（　　）。

A. DYBEAFCZX　B. YDEBFZXCA　C. ABDYECFXZ　D. ABCDEFXYZ

（7）某二叉树中有 n 个度为 2 的结点，则该二叉树中的叶子结点数为（　　）。

A. $n+1$　B. $n-1$　C. $2n$　D. $n/2$

（8）在下列关系运算中，不改变关系表中的属性个数但能减少元组个数的是（　　）。

A. 并　B. 交　C. 投影　D. 笛卡儿乘积

（9）在 E-R 图中，用来表示实体之间联系的图形是（　　）。

A. 矩形　B. 椭圆形　C. 菱形　D. 平行四边形

（10）下列叙述中错误的是（　　）。

A. 在数据库系统中，数据的物理结构必须与逻辑结构一致

B. 数据库技术的根本目标是要解决数据的共享问题

C. 数据库设计是指在已有数据库管理系统的基础上建立数据库

D. 数据库系统需要操作系统的支持

（11）在关系数据库中，能够唯一地标识一个记录的属性或属性的组合，称为（　　）。

A. 关键字　B. 属性　C. 关系　D. 域

（12）在现实世界中，每个人都有自己的出生地。实体“人”与实体“出生地”之间的联系是（　　）。

A. 一对一联系　B. 一对多联系　C. 多对多联系　D. 无联系

（13）Accesss 数据库具有很多特点，下列叙述中，不是 Access 特点的是（　　）。

A. Access 数据库可以保存多种数据类型，包括多媒体数据

B. Access 可以通过编写应用程序来操作数据库中的数据

C. Access 可以支持 Internet/Intranet 应用

D. Access 作为网状数据库模型支持客户机/服务器应用系统

（14）在关系运算中，选择运算的含义是（　　）。

A. 在基本表中，选择满足条件的元组组成一个新的关系

B. 在基本表中，选择需要的属性组成一个新的关系

C. 在基本表中，选择满足条件的元组和属性组成一个新的关系

D. 以上三种说法均是正确的

（15）邮政编码是由 6 位数字组成的字符串，为邮政编码设置输入掩码，正确的是（　　）。

A. 000000　B. 999999　C. CCCCCC　D. LLLLLL

（16）如果字段内容为声音文件，则该字段的数据类型应定义为（　　）。

A. 文本　B. 备注　C. 超级链接　D. OLE 对象

（17）要求主表中没有相关记录时就不能将记录添加到相关表中，则应该在表关系中设置（　　）。

A. 参照完整性　B. 有效性规则

C. 输入掩码　D. 级联更新相关字段

（18）在 Access 中已建立了“工资”表，表中包括“职工号”、“所在单位”、“基本工资”和“应发工资”等字段：如果要按单位统计应发工资总数，那么在查询设计视图的“所在单位”的“总计”行和“应发工资”的“总计”行中分别选择的是（　　）。

A. sum,group by　B. count,group by

C．group by, sum　　　　　　　　C．group by, count

（19）在创建交叉表查询时，列标题字段的值显示在交叉表的位置是（　　）。

A．第一行　　　　　　　　B．第一列

C．上面若干行　　　　　　D．左面若干列

（20）在 Access 中已建立了“学生”表，表中有“学号”、“姓名”、“性别”和“入学成绩”等字段。执行如下 SQL 命令：

Select 性别，avg（入学成绩）From 学生 Group by 性别

其结果是（　　）。

A．计算并显示所有学生的性别和入学成绩的平均值

B．按性别分组计算并显示性别和入学成绩的平均值

C．计算并显示所有学生的入学成绩的平均值

D．按性别分组计算并显示所有学生的入学成绩的平均值

（21）窗口事件是指操作窗口时所引发的事件。下列事件中，不属于窗口事件的是（　　）。

A．打开　　B．关闭　　C．加载　　D．取消

（22）Access 数据库中，若要求在窗体上设置输入的数据是取自某一个表或查询中记录的数据，或者取自某固定内容的数据，可以使用的控件是（　　）。

A．选项组控件　　　　　　B．列表框或组合框控件

C．文本框控件　　　　　　D．复选框、切换按钮、选项按钮控件

（23）要在查找表达式中使用通配符通配一个数字字符，应选用的通配符是（　　）。

A．*　　B．?　　C．!　　D．#

（24）在 Access 中已建立了“雇员”表，其中有可以存放照片的字段，在使用向导为该表创建窗体时，“照片”字段所使用的默认控件是（　　）。

A．图像框　　B．绑定对象框　　C．非绑定对象框　　D．列表框

（25）在报表设计时，如果只在报表最后一页的主体内容之后输出规定的内容，则需要设置的是（　　）。

A．报表页眉　　B．报表页脚　　C．页面页眉　　D．页面页脚

（26）数据访问页是一种独立于 Access 数据库的文件，该文件的类型是（　　）。

A．TXT 文件　　B．HTML 文件　　C．MDB 文件　　D．DOC 文件

（27）在一个数据库中已经设置了自动宏 AutoExcc，如果在打开数据库的时候不想执行这个自动宏，正确的操作是（　　）。

A．用 Enter 键打开数据库　　　　B．打开数据库时按住 Alt 键

C．打开数据库时按住 Ctrl 键　　　D．打开数据库时按住 Shift 键

（28）有如下语句：

```
s=Int（100*rnd）
```

执行完毕后，*s* 的值是（　　）。

A．[0，99]的随机整数　　　　B．[0，100]的随机整数

C．[1，99]的随机整数　　　　D．[1，100]的随机整数

（29）InputBox 函数的返回值类型是（　　）。

A．数值　　　　　　　　B．字符串

C．变体　　　D．数值或字符串（视输入的数据而定）

（30）假设某数据库已建有宏对象“宏 1”，“宏 1”中只有一个宏操作 SetValue，其中第一个参数项目为“[Label0].[Caption]”，第二个参数表达式为“[Text0]”，窗体“fmTest”中有一个标签 Label0 和一个文本框 Text0，现设置控件 Text0 的“更新后”事件为运行“宏 1”，则结果是（　　）。

A．将文本框清空

B．将标签清空

C．将文本框中的内容复制给标签的标题，使二者显示相同内容

D．将标签的标题复制到文本框，使二者显示相同内容

（31）在窗体中添加一个名称为 Commandl 的命令按钮，然后编写如下事件代码：

```
Private Sub Commandl_Click( )
   a =75
   If a >60 Then
      k =1
   ElseIf a>70 Then
      k =2
   ElseIf a>80 Then
      k =3
   ElseIf a>90 Then
      k =4
   EndIf
   MsgBox k
End Sub
```

窗体打开运行后，单击命令按钮，则消息框的输出结果是（　　）。

A．1　　B．2　　C．3　　D．4

（32）设有如下窗体单击事件过程：

```
Private Sub Form_Click( )
   a =1
   For i =1 To 3
      Select Case i
         Case 1,3
            a =a +1
         Case2,4
            a =a +2
      End Select
   Next i
   MsgBox a
End Sub
```

打开窗体运行后，单击窗体，则消息框的输出结果是（　　）。

A．3　　B．4　　C．5　　D．6

（33）设有如下程序：

```
Private Sub Cimmandl_Click( )
   Dim sum As Double, x As Double
   Sum=0
   n =0
   For i =1 To 5
   x =n/i
   n =n +1
```

```
  sum =sum +x
  Next i
End Sub
```

该程序通过 For 循环来计算一个表达式的值，这个表达式是（　　）。

A．1+1/2+2/3+3/4+4/5　　B．1+1/2+1/3+1/4+1/5

C．1/2+2/3+3/4+4/5　　D．1/2+1/3+1/4+1/5

（34）下列 Case 语句中错误的是（　　）。

A．Case 0 To 10　　B．Case Is>10

C．Case Is>10 And Is<50　　D．Case 3,5,Is>10

（35）如下程序段定义了学生成绩的记录类型，由学号、姓名和三门课程成绩（百分制）组成。

```
Type Stud
  no As Integer
  name As String
  score（1 to 3） As Single
End Type
```

若对某个学生的各个数据项进行赋值，下列程序段中正确的是（　　）。

A．Dim S As Stud
Stud.no =1001
Stud.name ="舒宜"
Stud name =78,88,96

B．Dim S As Stud
S.no =1001
S.name ="舒宜"
S.score =78,88,96

C．Dim S As Stud
Stud.no =1001
Stud.name ="舒宜"
Stud.score（1） =78
Stud.score（2）=88
Stud.score（3）=96

D．Dim S As Stud
S.no =1001
S.name="舒宜"
S.Score（1）=78
S.Score（2）=88
S.Score（3）=96

二、填空题（每空 2 分，共 30 分）

（1）在深度为 7 的满二叉树中，度为 2 的结点个数为＿＿【1】＿＿。

（2）软件测试分为白箱（盒）测试和黑箱（盒）测试，等价类划分法属于＿＿【2】＿＿。

（3）在数据库系统中，实现各种数据管理功能的核心软件称为＿＿【3】＿＿。

（4）软件生命周期可分为多个阶段，一般分为定义阶段，开发阶段和维护阶段，编码和测试属于＿＿【4】＿＿阶段。

（5）在结构化分析使用的数据流图（DFD. 中，利用＿＿【5】＿＿对其中的图形元素进行确切解释。

（6）如果表中一个字段不是本表的主关键字，而是另外一个表的主关键字或候选关键字，这个字段称为＿＿【6】＿＿。

（7）在 SQL 的 Select 命令中用＿＿【7】＿＿短语对查询的结果进行排序。

（8）报表记录分组操作时，首先要选定分组字段，在这些字段上值＿＿【8】＿＿的记录数据归为同一组。

（9）如果希望按满足指定条件执行宏中的一个或多个操作，这类宏称为＿＿【9】＿＿。

（10）退出 Access 应用程序的 VBA 代码是＿＿【10】＿＿。

（11）在 VBA 编程中检测字符串长度的函数名是＿＿【11】＿＿。

（12）若窗体中已有一个名为 Commandl 的命令按钮、一个名为 Labell 的标签和一个名为 Textl 的文本框，且文本框的内容为空，然后编写如下事件代码：

```
Private Function f(x As Long) As Boolean
   If x Mod 2 =0 Then
     f =True
   Else
     f =False
   End If
End Function
Privare Sub Commandl_Click()
   Dim n As Long
   n =Val(Me! textl)
   p=IIf(f(n),"Even number","Odd number")
   Me!Labell.Caption=n&"is" &p
End Sub
```

窗体打开运行后，在文本框中输入 21，单击命令按钮，则标签显示内容为＿＿【12】＿＿。

（13）有如下用户定义类型及操作语句：

```
Type Student
   SNo As String
   Sname As String
   SAge As Integer
End Type
Dim Stu As Student
With Stu
   SNo="200609001"
   SName="陈果果"
   Age=19
End With
```

执行 MsgBox Stu.Age 后，消息框输出结果是＿＿【13】＿＿。

（14）已知一个名为“学生”的 Access 数据库，库中的表“stud”存储学生的基本信息，包括学号、姓名、性别和籍贯。下面程序的功能是：通过下图所示的窗体向“stud” 表中添加学生记录，对应“学号”、“姓名”和“籍贯”的四个文本框的名称分别为 tNo、tName、tSex 和 tRes，当单击窗体中的“增加”命令按钮（名称为 Commandl）时，首先判断学号是否重复，如果不重复则向“stud”表中添加学生记录；如果学号重复，则给出提示信息。

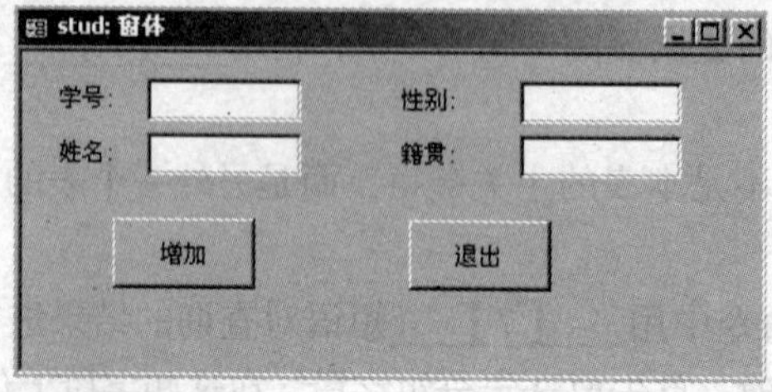

请依据所要求的功能，将如下程序补充完整。

```
Private Sub Form_Load()
   '打开窗口时，连接 Access 数据库
```

```
    Set ADOcn=CurrentProject.Connection
End Sub
Dim ADOcn As New ADODB.Connection
Private Sub Commandl_Click()
    '增加学生记录
    Dim StrSQL As String
    Dim ADOrs As New ADODB.Recordset
    Set ADOrs.ActiveConnection=ADOcn
    ADOrs.Open "Select 学号 From Stud Where 学号='"+tNo+"'"
    IF Not ADOrs.____【14】____Then
      '如果该学号的学生记录已经存在，则显示提示信息
      MsgBox"你输入的学号已存在，不能增加！"
    Else
        '增加新学生的记录
        strSQL="Insert Into stud (学号，姓名，性别，籍贯)"
        strSQL=strSQL+"Values("+tNo+","+tName+","+tSex", "+tRes+")"
        ADOcn.Execute____【15】____
        MsgBox"添加成功，请继续！"
    End If
    ADOrs.Close
    Set ADOrs=Nothing
End Sub
```

2007 年 9 月全国计算机等级考试二级笔试试卷

Access 数据库程序设计

（考试时间 90 分钟，满分 100 分）

一、选择题（1～35 每小题 2 分，共 70 分）

下列各题 A．、B．、C．、D．四个选项中，只有一个选项是正确的，请将正确选项涂写在答题卡相应位置上，答在试卷上不得分。

（1）软件是指（　　）。

A．程序　　B．程序和文档

C．算法加数据结构　　D．程序、数据与相关文档的完整集合

（2）软件调试的目的是（　　）。

A．发现错误　　B．改正错误　　C．改善软件的性能　　D．验证软件的正确性

（3）在面向对象方法中，实现信息隐蔽是依靠（　　）。

A．对象的继承　　B．对象的多态　　C．对象的封装　　D．对象的分类

（4）下列叙述中，不符合良好程序设计风格要求的是（　　）。

A．程序的效率第一，清晰第二　　B．程序的可读性好

C．程序中要有必要的注释　　D．输入数据前要有提示信息

（5）下列叙述中正确的是（ ）。

A．程序执行的效率与数据的存储结构密切相关

B．程序执行的效率只取决于程序的控制结构

C．程序执行的效率只取决于所处理的数据量

D．以上三种说法都不对

（6）下列叙述中正确的是（ ）。

A．数据的逻辑结构与存储结构必定是一一对应的

B．由于计算机存储空间是向量式的存储结构，因此，数据的存储结构一定是线性结构

C．程序设计语言中的数组一般是顺序存储结构，因此，利用数组只能处理线性结构

D．以上三种说法都不对

（7）冒泡排序在最坏情况下的比较次数是（ ）。

A．$n(n+1)/2$　B．$n\log_2 n$　C．$n(n-1)/2$　D．$n/2$

（8）一棵二叉树中共有 70 个叶子结点与 80 个度为 1 的结点，则该二叉树中的总结点数为（ ）。

A．219　B．221　C．229　D．231

（9）下列叙述中正确的是（ ）。

A．数据库系统是一个独立的系统，不需要操作系统的支持

B．数据库技术的根本目标是要解决数据的共享问题

C．数据库管理系统就是数据库系统

D．以上三种说法都不对

（10）下列叙述中正确的是（ ）。

A．为了建立一个关系，首先要构造数据的逻辑关系

B．表示关系的二维表中各元组的每一个分量还可以分成若干数据项

C．一个关系的属性名表称为关系模式

D．一个关系可以包括多个二维表

（11）用二维表来表示实体及实体之间联系的数据模型是（ ）。

A．实体-联系模型　B．层次模型

C．网状模型　D．关系模型

（12）在企业中，职工的“工资级别”与职工个人“工资”的联系是（ ）。

A．一对一联系　B．一对多联系　C．多对多联系　D．无联系

（13）假设一个书店用（书号，书名，作者，出版社，出版日期，库存数量）一组属性来描述图书，可以作为“关键字”的是（ ）。

A．书号　B．书名　C．作者　D．出版社

（14）下列属于 Access 对象的是（ ）。

A．文件　B．数据　C．记录　D．查询

（15）在 Access 数据库的表设计视图中，不能进行的操作是（ ）。

A．修改字段类型　B．设置索引

C．增加字段　D．删除记录

（16）在 Access 数据库中，为了保持表之间的关系，要求在子表（从表）中添加记录时，如果主表中没有与之相关的记录，则不能在子表（从表）中添加该记录。为此需要定义的关系是（ ）。

A．输入掩码　　B．有效性规则　　C．默认值　　D．参照完整性

（17）将表 A 的记录添加到表 B 中，要求保持表 B 中原有的记录，可以使用的查询是（　　）。

A．选择查询　　B．生成表查询　　C．追加查询　　D．更新查询

（18）在 Access 中，查询的数据源可以是（　　）。

A．表　　B．查询　　C．表和查询　　D．表、查询和报表

（19）在一个 Access 的表中有字段“专业”，要查找包含“信息”两个字的记录，正确的条件表达式是（　　）。

A．=left([专业],2)="信息"　　B．like"*信息*"

C．="*信息*"　　D．Mid([专业],1,2)="信息"

（20）如果在查询的条件中使用了通配符方括号“[ ]”，它的含义是（　　）。

A．通配任意长度的字符

B．通配不在括号内的任意字符

C．通配方括号内列出的任一单个字符

D．错误的使用方法

（21）现有某查询设计视图（如下图所示），该查询要查找的是（　　）。

字段:	学号	姓名	性别	出生年月	身高	体重
表:	体检首页	体检首页	体检首页	体检首页	体质测量表	体质测量表
排序:						
显示:	☑	☑	☑	☑	☑	☑
准则:			"女"		>=160	
或:			"男"			

A．身高在 160 以上的女性和所有的男性

B．身高在 160 以上的男性和所有的女性

C．身高在 160 以上的所有人或男性

D．身高在 160 以上的所有人

（22）在窗体中，用来输入或编辑字段数据的交互控件是（　　）。

A．文本框控件　　B．标签控件　　C．复选框控件　　D．列表框控件

（23）如果要在整个报表的最后输出信息，需要设置（　　）。

A．页面页脚　　B．报表页脚　　C．页面页眉　　D．报表页眉

（24）可作为报表记录源的是（　　）。

A．表　　B．查询　　C．Select 语句　　D．以上都可以

（25）在报表中，要计算“数学”字段的最高分，应将控件的“控件来源”属性设置为（　　）。

A．= Max([数学])　　B．Max(数学)

C．= Max[数学]　　D．= Max(数学)

（26）将 Access 数据库数据发布到 Internet 网上，可以通过（　　）。

A．查询　　B．窗体　　C．数据访问页　　D．报表

（27）打开查询的宏操作是（　　）。

A．OpenForm　　B．OpenQuery　　C．OpenTable　　D．OpenModule

（28）宏操作 SetValue 可以设置（　　）。

A．窗体或报表控件的属性　　B．刷新控件数据

C．字段的值　　D．当前系统的时间

（29）使用 Function 语句定义一个函数过程，其返回值的类型（　　）。

A．只能是符号常量　　B．是除数组之外的简单数据类型

C．可在调用时由运行过程决定　　D．由函数定义时 As 子句声明

（30）在过程定义中有语句：

```
Private Sub GetData(ByRef f As Integer)
```

其中“ByRef”的含义是（　　）。

A．传值调用　　B．传址调用　　C．形式参数　　D．实际参数

（31）在 Access 中，DAO 的含义是（　　）。

A．开放数据库互连应用编程接口　　B．数据库访问对象

C．Active 数据对象　　D．数据库动态链接库

（32）在窗体中有一个标签 Label0，标题为“测试进行中”；有一个命令按钮 Command1，事件代码如下：

```
Private Sub Command1_Click()
  Label0.Caption="标签"
End Sub
Private Sub Form_Load()
  Form.Caption="举例"
  Command1.Caption="移动"
End Sub
```

打开窗体后单击命令按钮，屏幕显示（　　）。

A.

举例: 窗体
测试进行中
移动

B.

举例: 窗体
标签
Command1

C.

举例: 窗体
测试进行中
Command1

D.

举例: 窗体
标签
Command1

（33）在窗体中有一个标签 Lb1 和一个命令按钮 Command1，事件代码如下：

```
Option Compare Database
Dim a As String*10
Private Sub Command1_Click()
  a="1234"
  b=Len(a)
  Me.Lb1.Caption=b
End Sub
```

打开窗体后单击命令按钮，窗体中显示的内容是（　　）。

A．4　　B．5　　C．10　　D．40

(34) 下列不是分支结构的语句是（　　）。

A. If……Then……EndIf　　B. While……WEnd

C. If……Then……Else……EndIf　　D. Select……Case……End Select

(35) 在窗体中使用一个文本框（名为 n）接受输入的值，有一个命令按钮 run，事件 代码如下：

```
Private Sub run_Click()
  result=""
  For i=1 To Me!n
    For j=1 To Me!n
      result=result+"*"
    Next j
    result=result+Chr(13)+Chr(10)
  Next i
  MsgBox result
End Sub
```

打开窗体后，如果通过文本框输入的值为 4，单击命令按钮后输出的图形是（　　）。

A.
```
****
****
****
****
```
B.
```
   *
  ***
 *****
*******
```
C.
```
  ****
 ******
********
**********
```
D.
```
   ****
  ****
 ****
****
```

二、填空题（每空 2 分，共 30 分）

(1) 软件需求规格说明书应具有完整性、无歧义性、正确性、可验证性、可修改性等特性，其中最重要的是____【1】____。

(2) 在两种基本测试方法中，____【2】____测试的原则之一是保证所测模块中每一个独立路径至少要执行一次。

(3) 线性表的存储结构主要分为顺序存储结构和链式存储结构。队列是一种特殊的线性表，循环队列是队列的____【3】____存储结构。

(4) 对下列二叉树进行中序遍历的结果为____【4】____。

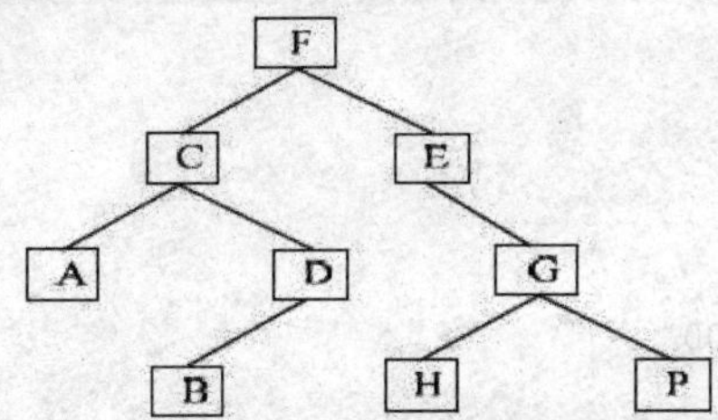

(5) 在 E-R 图中，矩形表示____【5】____。

(6) 在关系运算中，要从关系模式中指定若干属性组成新的关系，该关系运算称为____【6】____。

(7) 在 Access 中建立的数据库文件的扩展名是____【7】____。

(8) 在向数据库中输入数据时，若要求所输入的字符必须是字母，则应该设置的输入掩码是____【8】____。

(9) 窗体由多个部分组成，每个部分称为一个____【9】____。

(10) 用于执行指定 SQL 语句的宏操作是____【10】____。

(11) 在 VBA 中双精度的类型标识是____【11】____。

(12) 在窗体中使用一个文本框（名为 x）接受输入值，有一个命令按钮 test，事件代码如下：

```
Private Sub test_Click()
  y = 0
  For i=0 To Me!x
    y=y+2*i+1
  Next i
  MsgBox y
End Sub
```

打开窗体后，若通过文本框输入值为 3，单击命令按钮，输出的结果是　【12】　。

（13）在窗体中使用一个文本框（名为 num1）接受输入值，有一个命令按钮 run13，事件代码如下：

```
Private Sub run13_Click()
  If Me!num1 >= 60 Then
    result = "及格"
  ElseIf Me!num1 >= 70 Then
    result = "通过"
  ElseIf Me!num1 >= 85 Then
    result = "合格"
  End If
    MsgBox result
End Sub
```

打开窗体后，若通过文本框输入的值为 85，单击命令按钮，输出结果是　【13】　。

（14）现有一个登录窗体如下图所示。打开窗体后输入用户名和密码，登录操作要求在 20 秒内完成，如果在 20 秒内没有完成登录操作，则倒计时到达 0 秒时自动关闭登录窗体，窗体的右上角是显示倒计时的文本框 Itime。事件代码如下，要求填空完成事件过程。

```
Option Compare Database
Dim flag As Boolean
DIM i As Integer
Private Sub Form_Load()
  flag = 【14】
  Me.TimerInterval = 1000
  i = 0
End Sub
Private Sub Form_Timer()
  If flag = True And i<20 Then
    Me!Time.Caption = 20-i
    i = 【15】
  Else
    DoCmd.Close
  End If
End Sub
Private Sub OK_Click()
'登录程序略
'如果用户名和密码输入正确，则：flag=False
End Sub
```

2008 年 4 月全国计算机等级考试二级笔试试卷 Access 数据库程序设计

（考试时间 90 分钟，满分 100 分）

一、选择题（每小题 2 分，共 70 分）

下列各题 A．、B．、C．、D．四个选项中，只有一个选项是正确的，请将正确选项涂写在答题卡相应位置上，答在试卷上不得分。

（1）程序流程图中带有箭头的线段表示的是（　　）。

A．图元关系　B．数据流　C．控制流　D．调用关系

（2）结构化程序设计的基本原则不包括（　　）。

A．多态性　B．自顶向下　C．模块化　D．逐步求精

（3）软件设计中模块划分应遵循的准则是（　　）。

A．低内聚低耦合　B．高内聚低耦合

C．低内聚高耦合　D．高内聚高耦合

（4）在软件开发中，需求分析阶段产生的主要文档是（　　）。

A．可行性分析报告　B．软件需求规格说明书

C．概要设计说明书　D．集成测试计划

（5）算法的有穷性是指（　　）。

A．算法程序的运行时间是有限的　B．算法程序所处理的数据是有限的

C．算法程序的长度是有限的　D．算法只能被有限的用户使用

（6）对长度为 n 的线性表排序，在最坏情况下，比较次数不是 $n(n-1)/2$ 的排序方法是（　　）。

A．快速排序　B．冒泡排序　C．直接插入排序　D．堆排序

（7）下列关于栈的叙述正确的是（　　）。

A．栈按"先进先出"组织数据　B．栈按"先进后出"组织数据

C．只能在栈底插入数据　D．不能删除数据

（8）在数据库设计中，将 E-R 图转换成关系数据模型的过程属于（　　）。

A．需求分析阶段　B．概念设计阶段

C．逻辑设计阶段　C．物理设计阶段

（9）有三个关系 R、S 和 T 如下：

R

B	C	D
a	0	k1
b	1	n1

S

B	C	D
f	3	h2
a	0	k1
n	2	x1

T

B	C	D
a	0	k1

由关系 R 和 S 通过运算得到关系 T，则使用的运算为（　　）。

A．并　B．自然连接　C．笛卡尔积　D．交

（10）设有表示学生选课的三张表，学生 S（学号，姓名，性别，年龄，身份证号），课程 C（课号，课名），选课 SC（学号，课号，成绩），则表示 SC 的关键字（键或码）为（　　）。

A. 课号，成绩　B. 学号，成绩　C. 学号，课号　D. 学号，姓名，成绩

（11）在超市营业过程中，每个时段要安排一个班组上岗值班，每个收款口要配备两名收款员配合工作，共同使用一套收款设备为顾客服务，在超市数据库中，实体之间属于一对一关系的是（　　）。

A. “顾客”与“收款口”的关系　B. “收款口”与“收款员”的关系

C. “班组”与“收款员”的关系　D. “收款口”与“设备”的关系

（12）在教师表中，如果要找出职称为“教授”的教师，采用的关系运算符是（　　）。

A. 选择　B. 投影　C. 连接　D. 自然连接

（13）在 SELECT 语句中使用 ORDER BY 是为了指定（　　）。

A. 查询的表　B. 查询结果的顺序

C. 查询的条件　D. 查询的字段

（14）在数据表中，对指定字段查找匹配项，按下图“查找和替换”对话框的设置，查找的结果是（　　）。

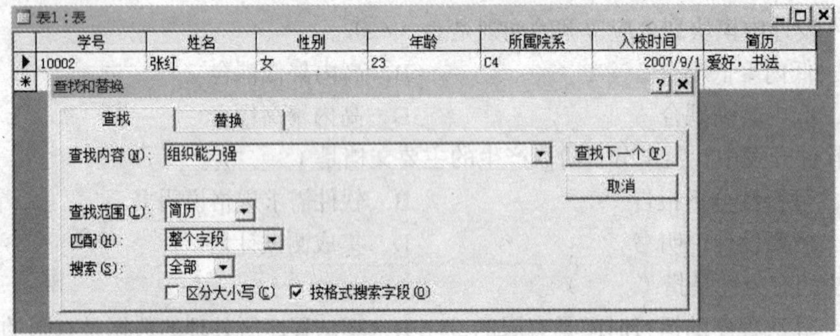

A. 定位简历字段中包含了“组织能力强”的记录

B. 定位简历字段仅为“组织能力强”的记录

C. 显示符合查询内容的第一条记录

D. 显示符合查询内容的所有记录

（15）“教学管理”数据库中有学生表、课程表和选课表，为了有效地反映这三张表中数据之间的联系，在创建数据库时应设置（　　）。

A. 默认值　B. 有效性规则　C. 索引　D. 表之间的关系

（16）下列 SQL 查询语句中，与下面查询设计视图所示的查询结果等价的是（　　）。

A. SELECT 姓名，性别，所属院系，简历 FROM tStud WHERE 性别="女" AND 所属院系 IN("03","04")

B. SELECT 姓名，简历 FROM tStud WHERE 性别="女" AND 所属院系 IN("03","04")

C. SELECT 姓名，性别，所属院系，简历 FROM tStud WHERE 性别="女" AND 所属院系="03" OR 所属院系="04"

D. SELECT 姓名，简历 FROM tStud WHERE 性别="女" AND 所属院系="03" OR 所属院系="04"

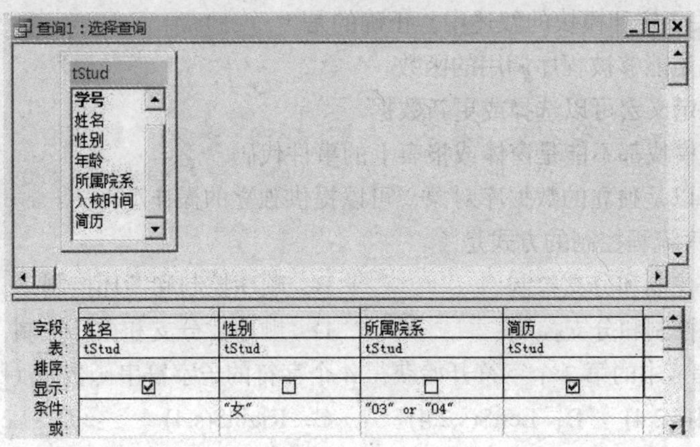

（17）如果在数据库中已有同名的表，要通过查询覆盖原来的表，应该使用的查询类型是（　　）。

A．删除　　B．追加　　C．生成表　　D．更新

（18）条件“Not　工资额>2000”的含义是（　　）。

A．选择工资额大于 2000 的记录

B．选择工资额小于 2000 的记录

C．选择除了工资额大于 2000 之外的记录

D．选择除了字段工资额之外的字段，且大于 2000 的记录

（19）Access 数据库中，为了保持表之间的关系，要求在主表中修改相关记录时，子表相关记录随之更改。为此需要定义参照完整性关系的（　　）。

A．级联更新相关字段　　B．级联删除相关字段

C．级联修改相关字段　　D．级联插入相关字段

（20）如果输入掩码设置为“L”，则在输入数据的时候，该位置上可以接受的合法输入是（　　）。

A．必须输入字母或数字　　B．可以输入字母、数字或空格

C．必须输入字母 A~Z　　D．任意符号

（21）定义字段默认值的含义是（　　）。

A．不得使该字段为空

B．不允许字段的值超出某个范围

C．在未输入数据之前系统自动提供的数值

D．系统自动把小写字母转换为大写字母

（22）在窗体上，设置控件 Command0 为不可见的属性是（　　）。

A．Command0.Colore　　B．Command0.Caption

C．Command0.Enabled　　D．Command0.Visible

（23）能够接受数值型数据输入的窗体控件是（　　）。

A．图形　　B．文本框　　C．标签　　D．命令按钮

（24）SQL 语句不能创建的是（　　）。

A．报表　　B．操作查询　　C．选择查询　　D．数据定义查询

（25）不能够使用宏的数据库对象是（　　）。

A．数据表　　B．窗体　　C．宏　　D．报表

（26）在下列关于宏和模块的叙述中，正确的是（　　）。

A．模块是能够被程序调用的函数

B．通过定义宏可以选择或更新数据

C．宏或模块都不能是窗体或报表上的事件代码

D．宏可以是独立的数据库对象，可以提供独立的操作动作

（27）VBA 程序流程控制的方式是（　　）。

A．顺序控制和分支控制　　B．顺序控制和循环控制

C．循环控制和分支控制　　D．顺序、分支和循环控制

（28）从字符串 s 中的第 2 个字符开始获得 4 个字符的子字符串函数是（　　）。

A．Mid$(s,2,4)　B．Left$(s,2,4)　C．Right$(s,4)　D．Left$(s,4)

（29）语句 Dim　NewArray(10)　As　Integer 的含义是（　　）。

A．定义了一个整形变量且初值为 10　B．定义了 10 个整数构成的数组

C．定义了 11 个整数构成的数组　D．将数组的第 10 元素设置为整形

（30）在 Access 中，如果要处理具有复杂条件或循环结构的操作，则应该使用的对象是（　　）。

A．窗体　B．模块　C．宏　D．报表

（31）不属于 VBA 提供的程序运行错误处理的语句结构是（　　）。

A．On　Error　Then　标号　B．On　Error　Goto　标号

C．On　Error　Resume　Next　D．On　Error　Goto　0

（32）ADO 的含义是（　　）。

A．开放数据库互连应用编程接口　B．数据访问对象

C．动态链接库　D．Active 数据对象

（33）若要在子过程 Proc1 调用后返回两个变量的结果，下列过程定义语句中有效的是（　　）。

A．Sub　Proc1(n,m)　B．Sub　Proc1(ByVal　n,m)

C．Sub　Proc1(n,ByValm)　D．Sub　Proc1(ByValn,ByValm)

（34）下列四种形式的循环设计中，循环次数最少的是（　　）。

A．
```
a=5:b=8
Do
  a=a+1
Loop While a<b
```

B．
```
a=5:b=8
Do
  a=a+1
Loop  Until  a<b
```

C．
```
a=5:b=8
Do  Until  a<b
  b=b+1
Loop
```

D．
```
a=5:b=8
Do  Until  a>b
  a=a+1
Loop
```

（35）在窗体中有一个命令按钮 run35，对应的事件代码如下：

```
Private  Sub  run35_Enter()
Dim  num  As  Integer
Dim  a  As  Integer
Dim  b  As  Integer
Dim  i  As  Integer
For  i=1  To  10
   num=InputBox("请输入数据：","输入",1)
```

```
    If  Int(num/2)=num/2  Then
      a=a+1
    Else
      b=b+1
    End  If
  Next  i
  MsgBox  ("运行结果:a="&Str(a)&",b="&Str(b))
  End  Sub
```

运行以上事件所完成的功能是（　　）。

A．对输入的 10 个数据求累加和

B．对输入的 10 个数据求各自的余数，然后再进行累加

C．对输入的 10 个数据分别统计有几个是整数，有几个是非整数

D．对输入的 10 个数据分别统计有几个是奇数，有几个是偶数

二、填空题（每空 2 分，共计 30 分）

（1）测试用例包括输入值集和____【1】____值集。

（2）深度为 5 的满二叉树有____【2】____个叶子节点。

（3）设某循环队列的容量为 50，头指针 front=5(指向队头元素的前一位置)，尾指针 rear=29(指向队尾元素)。则该循环队列中共有____【3】____个元素。

（4）在关系数据库中用来表示实体之间联系的是____【4】____。

（5）在数据库管理系统提供的数据定义语言、数据操纵语言和数据控制语言中，____【5】____负责数据的模式定义与数据的物理存取构建。

（6）在 Access 中，要在查找条件中与任意一个数字字符匹配，可使用的通配符是____【6】____。

（7）在学生成绩表中，如果需要根据输入的学生姓名查找学生的成绩，需要使用的是____【7】____查询。

（8）Int(-3.25)的结果是____【8】____。

（9）分支结构在程序执行时，根据____【9】____选择执行不同的程序语句。

（10）在 VBA 中变体类型的类型标识是____【10】____。

（11）在窗体中有一个名为 Command1 的命令按钮，Click 事件的代码如下：

```
  Private  Sub  Command1_Click()
    f=0
    For  n=1  To  10  Step  2
      f=f+n
    Next  n
    Me!Lb1,Caption=f
  End  Sub
```

单击命令按钮后，标签显示的结果是____【11】____。

（12）在窗体中有一个名为 Command12 的按钮，Click 事件的代码如下，该事件所完成的功能是：接受从键盘输入的 10 个大于 0 的整数，找出其中的最大值和对应的输入位置。请依据上述功能要求将程序补充完整。

```
Private  Sub  Command12_Click()
  max=0
  max_n=0
  For  i=1  To  10
    num=Val(InputBox("请输入第"&i&"个大于0的整数："))
```

```
        If(num>max)  Then
           max=____【12】____
           max_n=____【13】____
           End  If
    Next  i
    MsgBox("最大值为第"&max_n&"个输入的"&max)
End  Sub
```

（13）下列子过程的功能是：将当前数据库文件中“学生表”的学生“年龄”都加 1，请在程序空白的地方填写适当的语句，使程序实现所需的功能。

```
Private  Sub  SetAgePlus1_Click()
   Dim  db  As  DAO.Database
   Dim  rs  As  DAO.Recordset
   Dim  fd  As  DAO.Field
   Set  db=CurrentDb()
   Set  rs=db.OpenRecordset("学生表")
   Set  fd=rs.Fields("年龄")
   Do  While  Not  rs.EOF
      Rs.Edit
      fd=____【14】____
      rs.Update
      ____【15】____
   Loop
   Rs.Close
   Db.Close
   Set  rs=Nothing
   Set  db=Nothing
End  Sub
```

2008 年 9 月全国计算机等级考试二级笔试试卷 Access 数据库程序设计

（考试时间 90 分钟，满分 100 分）

一、选择题（每小题 2 分，共 70 分）

下列各题 A.、B.、C.、D. 四个选项中，只有一个选项是正确的。请将正确选项涂写在答题卡相应位置上，答在试卷上不得分。

（1）一个栈的初始状态为空。现将元素 1、2、3、4、5、A、B、C、D、E 依次入栈，然后再依次出栈，则元素出栈的顺序是（　　）。

A．12345ABCDE　　B．EDCBA54321

C．ABCDE12345　　D．54321EDCBA

（2）下列叙述中正确的是（　　）。

A．循环队列有队头和队尾两个指针，因此，循环队列是非线性结构

B．在循环队列中，只需要队头指针就能反映队列中元素的动态变化情况

C．在循环队列中，只需要队尾指针就能反映队列中元素的动态变化情况

D．循环队列中元素的个数是由队头指针和队尾指针共同决定的

（3）在长度为 n 的有序线性表中进行二分查找，最坏情况下需要比较的次数是（　　）。

A．$O(n)$　　B．$O(n^2)$　　C．$O(\log_2 n)$　　D．$O(n\log_2 n)$

（4）下列叙述中正确的是（　　）。

A．顺序存储结构的存储一定是连续的，链式存储结构的存储空间不一定是连续的

B．顺序存储结构只针对线性结构，链式存储结构只针对非线性结构

C．顺序存储结构能存储有序表，链式存储结构不能存储有序表

D．链式存储结构比顺序存储结构节省存储空间

（5）数据流图中带有箭头的线段表示的是（　　）。

A．控制流　　B．事件驱动　　C．模块调用　　D．数据流

（6）在软件开发中，需求分析阶段可以使用的工具是（　　）。

A．N-S 图　　B．DFD 图　　C．PAD 图　　D．程序流程图

（7）在面向对象方法中，不属于“对象”基本特点的是（　　）。

A．一致性　　B．分类性　　C．多态性　　D．标识唯一性

（8）一间宿舍可住多个学生，则实体宿舍和学生之间的联系是（　　）。

A．一对一　　B．一对多　　C．多对一　　D．多对多

（9）在数据管理技术发展的三个阶段中，数据共享最好的是（　　）。

A．人工管理阶段　　B．文件系统阶段

C．数据库系统阶段　　D．三个阶段相同

（10）有三个关系 R、S 和 T 如下：

R

A	B
m	1
n	2

S

B	C
1	3
3	5

T

A	B	C
m	1	3

由关系 R 和 S 通过运算得到关系 T，则所使用的运算为（　　）。

A．笛卡尔积　　B．交　　C．并　　D．自然连接

（11）Access 数据库中，表的组成是（　　）。

A．字段和记录　　B．查询和字段　　C．记录和窗体　　D．报表和字段

（12）若设置字段的输入掩码为“####-######”，该字段正确的输入数据是（　　）。

A．0755-123456　　B．0755-abcdef　　C．abcd-123456　　D．####-######

（13）对数据表进行筛选操作，结果是（　　）。

A．只显示满足条件的记录，将不满足条件的记录从表中删除

B．显示满足条件的记录，并将这些记录保存在一个新表中

C．只显示满足条件的记录，不满足条件的记录被隐藏

D．将满足条件的记录和不满足条件的记录分为两个表进行显示

（14）在显示查询结果时，如果要将数据表中的“籍贯”字段名，显示为“出生地”，可在查询设计视图中改动（　　）。

A．排序　　B．字段　　C．条件　　D．显示

（15）在 Access 的数据表中删除一条记录，被删除的记录（　　）。

A．可以恢复到原来设置　　B．被恢复为最后一条记录

C．被恢复为第一条记录　　D．不能恢复

（16）在 Access 中，参照完整性规则不包括（　　）。

A．更新规则　B．查询规则　C．删除规则　D．插入规则

（17）在数据库中，建立索引的主要作用是（　　）。

A．节省存储空间　　B．提高查询速度

C．便于管理　　D．防止数据丢失

（18）假设有一组数据：工资为 800 元，职称为“讲师”，性别为“男”，在下列逻辑表达式中结果为“假”的是（　　）。

A．工资>800 AND 职称="助教" OR 职称="讲师"

B．性别="女" OR NOT 职称="助教"

C．工资=800 AND (职称="讲师" OR 性别="女")

D．工资>800 AND (职称="讲师" OR 性别="男")

（19）在建立查询时，若要筛选出图书编号是“T01”或“T02”的记录，可以在查询设计视图准则行中输入（　　）。

A．"T01" or "T02"　　B．"T01" and "T02"

C．in（"T01" and "T02"）　　D．not in（"T01" and "T02"）

（20）在 Access 数据库中使用向导创建查询，其数据可以来自（　　）。

A．多个表　B．一个表　C．一个表的一部分　D．表或查询

（21）创建参数查询时，在查询设计视图准则行中应将参数提示文本放置在（　　）。

A．{ }中　B．（ ）中　C．[ ]中　D．< >中

（22）在下列查询语句中，与

SELECT TABL* FROM TAB1 WHERE InStr([简历], "篮球") <>0

功能相同的语句是（　　）。

A．SELECT TAB1. * FROM TAB1 WHERE TAB1. 简历 Like"篮球"

B．SELECT TAB1. * FROM TAB1 WHERE TAB1. 简历 Like"*篮球"

C．SELECT TAB1. * FROM TAB1 WHERE TAB1. 简历 Like"*篮球*"

D．SELECT TAB1. * FROM TAB1 WHERE TAB1. 简历 Like"篮球*"

（23）在 Access 数据库中创建一个新表，应该使用的 SQL 语句是（　　）。

A．Create Table　　B．Create Index

C．Alter Table　　D．Create Database

（24）在窗体设计工具箱中，代表组合框的图标是（　　）。

A．　B．　C．　D．

（25）要改变窗体上文本框控件的输出内容，应设置的属性是（　　）。

A．标题　B．查询条件　C．控件来源　D．记录源

（26）在下图所示的窗体上，有一个标有“显示”字样的命令按钮（名称为 Command1）和一个文本框（名称为 text1）。当单击命令按钮时，将变量 *sum* 的值显示在文本框内，正确的代码是（　　）。

A．Me!Text1.Caption=sum　　B．Me!Text1.Value=sum

C．Me!Text1.Text=sum　　D．Me!Text1.Visible=sum

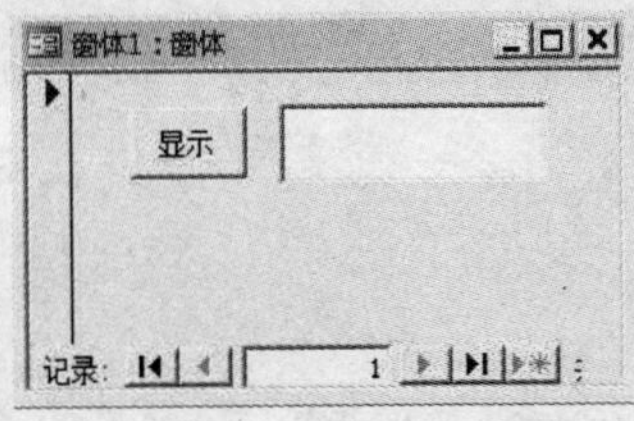

（27）Access 报表对象的数据源可以是（　　）。

A．表、查询和窗体　　B．表和查询

C．表、查询和 SQL 命令　　D．表、查询和报表

（28）要限制宏命令的操作范围，可以在创建宏时定义（　　）。

A．宏操作对象　B．宏条件表达式

C．窗体或报表控件属性　　D．宏操作目标

（29）在 VBA 中，实现窗体打开操作的命令是（　　）。

A．DoCmd.OpenForm　　B．OpenForm

C．Do.OpenForm　　D．DoOpen.Form

（30）在 Access 中，如果变量定义在模块的过程内部，当过程代码执行时才可见，则这种变量的作用域为（　　）。

A．程序范围　B．全局范围　C．模块范围　D．局部范围

（31）表达式 Fix(-3.25)和 Fix(3.75)的结果分别是（　　）。

A．-3, 3　B．-4, 3　C．-3, 4　D．-4, 4

（32）在 VBA 中，错误的循环结构是（　　）。

A．Do While 条件式
　　循环体
　Loop

B．Do Until 条件式
　　循环体
　Loop

C．Do Until
　　循环体
　Loop 条件式

D．Do
　　循环体
　Loop While 条件式

（33）在过程定义中有语句：Private Sub GetData (ByVal data As Integer)
其中“ByVal”的含义是（　　）。

A．传值调用　B．传址调用　C．形式参数　D．实际参数

（34）在窗体中有一个命令按钮（名称为 run34），对应的事件代码如下：

```
Private Sub run34_Click( )
    sum=0
    For i=10 To 1 Step -2
        sum=sum+i
    Next i
    MsgBox sum
End Sub
```

运行以上事件，程序的输出结果是（　　）。

A．10　B．30　C．55　D．其他结果

（35）在窗体中有一个名称为 run35 的命令按钮，单击该按钮从键盘接收学生成绩，如果输入的成绩不在 0 到 100 分之间，则要求重新输入；如果输入的成绩正确，则进入后续程序处理。run35

命令按钮的 Click 的事件代码如下：

```
Private Sub run35_Click( )
    Dim flag As Boolean
    result=0
    flag=True
    Do While flag
        result=Val(InputBox("请输入学生成绩: ","输入"))
       If result>=0 And result <=100 Then
       ________
       Else
           MsgBox    "成绩输入错误，请重新输入"
        End If
    Loop
    Rem    成绩输入正确后的程序代码略
End Sub
```

程序中有一空白处，需要填入一条语句使程序完成其功能。下列选项中错误的语句是(　　)。

A．flag=False　B．flag=Not flag　C．flag=True　D．Exit Do

二、填空题（每空 2 分，共 30 分）

请将每一个空的正确答案写在答题卡【1】~【15】序号的横线上，答在试卷上不得分。

（1）对下列二叉树进行中序遍历的结果____【1】____。

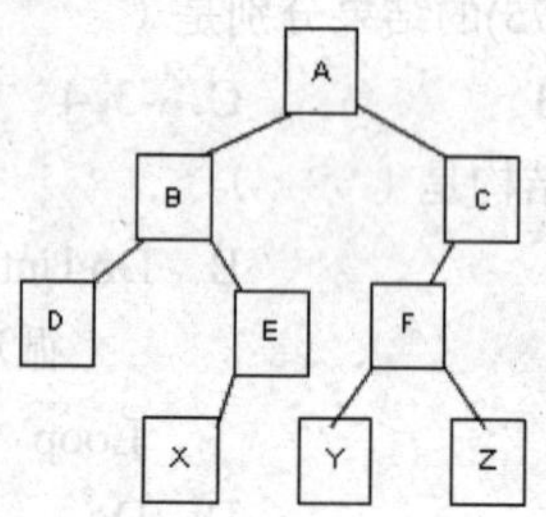

（2）按照软件测试的一般步骤，集成测试应在____【2】____测试之后进行。

（3）软件工程三要素包括方法、工具和过程，其中，____【3】____支持软件开发的各个环节的控制和管理。

（4）数据库设计包括概念设计、____【4】____和物理设计。

（5）在二维表中，元组的____【5】____不能再分成更小的数据项。

（6）在关系数据库中，基本的关系运算有三种，它们是选择、投影和____【6】____。

（7）数据访问页有两种视图，它们是页视图和____【7】____视图。

（8）下图所示的流程控制结构称为____【8】____。

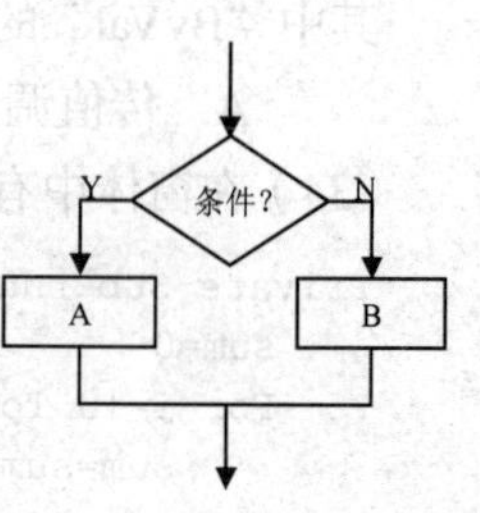

（9）Access 中用于执行指定的 SQL 语言的宏操作名是____【9】____。

（10）直接在属性窗口设置对象的属性，属于“静态”设置方法，在代码窗口中由 VBA 代码设置对象的属性叫做____【10】____设置方法。

（11）在窗体中添加一个名称为 Command1 的命令按钮，然后编写如下事件代码：

```
Private Sub Command1_Click( )
    Dim x As Integer, y As Integer
    x=12 : y=32
```

```
    Call p(x, y)
    MsgBox x*y
End Sub
Public Sub p (n As Integer, ByVal m As Integer)
    n=n Mod 10
    m=m Mod 10
End Sub
```

窗体打开运行后，单击命令按钮，则消息框的输出结果为 【11】 。

（12）已知数列的递推公式如下：

```
f(n)=1                  当 n=0,1 时
f(n)=f(n-1)+f(n-2)      当 n>1 时
```

则按照递推公式可以得到数列：1, 1, 2, 3, 5, 8, 13, 21, 34, 55, ……。现要求从键盘输入 *n* 值，输出对应项的值。例如当输入 *n* 为 8 时，应该输出 34。程序如下，请补充完整。

```
Private Sub run11_Click( )
    f0=1
    f1=1
    num=Val(InputBox("请输入一个大于 2 的整数:"))
    For n=2 To  【12】
        f2=  【13】
        f0=f1
        f1=f2
    Next n
    MsgBox f2
End Sub
```

（13）现有用户登录界面如下：

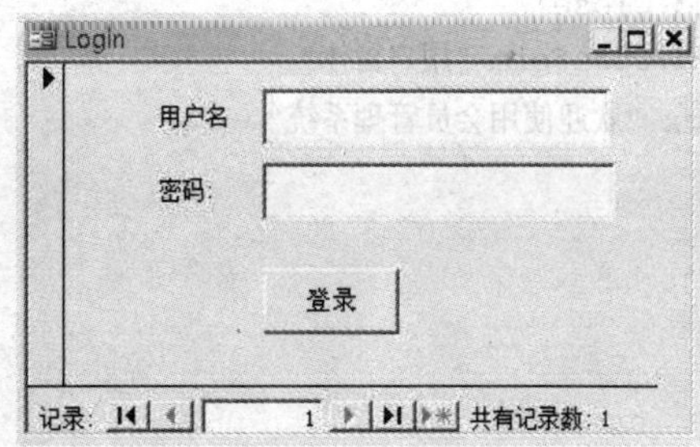

窗体中名为 username 的文本框用于输入用户名，名为 pass 的文本框用于输入用户的密码。用户输入用户名和密码后，单击“登录”名为 login 的按钮，系统查找名为“密码表”的数据表，如果密码表中有指定的用户名且密码正确，则系统根据用户的“权限”分别进入“管理员窗体”和“用户窗体”：如果用户名或密码输入错误，则给出相应的提示信息。

密码表中的字段均为文本类型，数据如下图。

密码表

用户名	密码	权限
Chen	1234	
Zhang	5678	管理员
Wang	1234	

单击“登录”按钮后相关的事件代码如下，请补充完整。

```
Private Sub login_Click( )
      Dim str As String
      Dim rs As New ADODB.Recordset
      Dim fd As ADODB.Field
      Set cn=CurrentProject.Connection
      logname=Trim(Me!uscrname)
      pass=Trim(Me!pass)

      If Len(Nz(logname))=0 Then
         MsgBox "请输入用户名"
      ElseIf Len(Nz(pass))=0 Then
            MsgBox "请输入密码"
      Else
            str="select*from 密码表 where 用户名=' "& logname &
                                    " ' and 密码=' " & pass & " ' "
         Rs.Open str, cn, adOpenDynamic, adLockOptimistic, adCmdText
         If   【14】   Then
           MsgBox "没有这个用户名或密码输入错误，请重新输入"
           Me.username=""
           Me.pass=""
          Else
           Set   【15】   =rs.Fields("权限")
           If fd="管理员" Then
               DoCmd.Close
               DoCmd.OpenForm "管理员窗体"
               MsgBox "欢迎您，管理员"
             Else
               DoCmd.Close
               DoCmd.OpenForm "用户窗体"
               MsgBox "欢迎使用会员管理系统"
           End If
      End If
   End If
End Sub
```

2009 年 3 月全国计算机等级考试二级笔试试卷 Access 数据库程序设计

（考试时间 90 分钟，满分 100 分）

一、选择题（每小题 2 分，共 70 分）

下面各题 A. 、B. 、C. 、D. 四个选项中，只有一个选项是正确的，请将正确选项涂写在答题卡相应位置，答在试卷上不得分。

（1）下面叙述中正确的是（　　）。

A. 栈是“先进先出”的线性表

B. 队列是“先进后出”的线性表

C. 循环队列是非线性结构

D. 有序线性表既可以采用顺序存储结构，也可以采用链式存储结构

（2）支持子程序调用的数据结构是（ ）。

A. 栈 B. 树 C. 队列 D. 二叉树

（3）某二叉树有 5 个度为 2 的结点，则该二叉树中的叶子结点数是（ ）。

A. 10 B. 8 C. 6 D. 4

（4）下列排序方法中，最坏情况下比较次数最少的是（ ）。

A. 冒泡排序 B. 简单选择排序 C. 直接插入排序 D. 堆排序

（5）软件按功能可以分为：应用软件、系统软件和支撑软件（或工具软件）。下面属于应用软件的是（ ）。

A. 编译程序员 B. 操作系统 C. 教务管理系统 D. 汇编程序

（6）下面叙述中错误的是（ ）。

A. 软件测试的目的是发现错误并改正错误

B. 对被调试的程序进行“错误定位”是程序调试的必要步骤

C. 程序调试通常被称为 Debug

D. 软件测试应严格执行测试计划，排除测试的随意性

（7）耦合性和内聚性是模块独立性度量的两个标准，下列叙述中正确的是（ ）。

A. 提高耦合性降低内聚性有利于提高模块的独立性

B. 降低耦合性提高内聚性有利于提高模块的独立性

C. 耦合性是一个模块内部元素间彼此结合的紧密程序

D. 内聚性是指模块间互相连接的紧密程序

（8）数据库应用系统中的核心问题是（ ）。

A. 数据库设计 B. 数据库系统设计 C. 数据库维护 D. 数据库管理员培训

（9）有两个关系 R，S 如下：

R

A	B	C
a	3	2
b	0	1
c	2	1

S

A	B
a	3
b	0
c	2

由关系 R 通过运算得到关系 S，则所使用的运算为（ ）。

A. 选择 B. 投影 C. 插入 D. 连接

（10）将 E-R 图转换为关系模式时，实体和联系都可以表示为（ ）。

A. 属性 B. 键 C. 关系 D. 域

（11）按数据的组织形式，数据库的数据模型可分为三种模型，它们是（ ）。

A. 小型、中型和大型 B. 网状、环状和链状

C. 层次、网状和关系 D. 独享、共享和实时

（12）数据库中有 A、B 两表，均有相同字段 C，在两表中 C 字段都设为主键，当通过 C 字段建立两表关系时，则该关系为（ ）。

A．一对一　　B．一对多　　C．多对多　　D．不能建立关系

（13）如果在创建表中建立字段“性别”，关要用汉字表示，其数据类型应当是（　　）。

A．是/否　　B．数字　　C．文本　　D．备注

（14）在 Access 数据库对象中，体现数据库设计目的的对象是（　　）。

A．报表　　B．模块　　C．查询　　D．表

（15）下列关于空值的叙述中，正确的是（　　）。

A．空值是双引号中间没有空格的值

B．空值是等于 0 的数值

C．空值是使用 NULL 或空白来表示字段的值

D．空值是用空格表示的值

（16）在定义表中字段属性时，对要求输入相对固定格式的数据，例如电话号码 010-65971234，应该定义该字段的（　　）。

A．格式　　B．默认值　　C．输入掩码　　D．有效性规则

（17）在书写查询准则时，日期型数据应该使用适当的分隔符括起来，正确的分隔符是(　　)。

A．*　　B．%　　C．&　　D．#

（18）下列关于报表的叙述中，正确的是（　　）。

A．报表只能输入数据　　B．报表只能输出数据

C．报表可以输入和输出数据　　D．报表不能输入和输出数据

（19）要实现报表按某字段分组统计输出，需要设置的是（　　）。

A．报表页脚　　B．该字段的组页脚

C．主体　　D．页面页脚

（20）下列关于 SQL 语句的说法中，错误的是（　　）。

A．INSERT 语句可以向数据表中追加新的数据记录

B．UPDATE 语句可以用来删除数据表中已经存在的数据记录

C．DELETE 语句用来删除数据表中的记录

D．CREATE 语句用来建立表结构并追加新的记录

（21）在数据访问工具箱中，加了插入一段滚动的文字应该选择的图标是（　　）。

A．　　B．　　C．　　D．

（22）在运行宏的过程中，宏不能修改的是（　　）。

A．窗体　　B．宏本身　　C．表　　D．数据库

（23）在设计条件宏时，对于连续重复条件，要代替重复条件表达式可是使用符号（　　）。

A．…　　B．:　　C．;　　D．=

（24）在宏的参数中，要引用窗体 F1 上的 Text1 文本框的值，应该使用的表达式是（　　）。

A．[Forms]![F1]![Text1]　　B．Text1

C．[F1].[Text1]　　D．[Forms]_[F1]_[Text1]

（25）宏操作 Quit 的功能是（　　）。

A．关闭表　　B．退出宏　　C．退出查询　　D．退出 Access

（26）发生在控件接收焦点之前的事件是（　　）。

A．Enter　　B．Exit　　C．GotFocus　　D．LostFocus

（27）要想在过程 Proc 调用后返回形参 x 和 y 的变化结果，下列定义语句中正确的是(　　)。

A．Sub Proc (x as Integer, y as Integer)

B．Sub Proc(ByVal x as Integer, y as Integer)

C．Sub Proc(x as Integer, ByVal y as Integer)

D．Sub Proc(ByVal x as Integer, ByVal y as Integer)

（28）要从数据库中删除一个表，应使用的 SQL 语句是（　　）。

A．ALTER TABLE　　B．KILL TABLE

C．DELETE TABLE　　D．DROP TABLE

（29）在 VBA 中要打开名为“学生信息录入”的窗体，应使用的语句是（　　）。

A．DoCmd.OpenForm"学生信息录入"

B．OpenForm"学生信息录入"

C．DoCmd.OpenWindows"学生信息录入"

D．OpenWindows"学生信息录入"

（30）要显示当前过程中的所有变量及对象的取值，可以利用的调试窗口是（　　）。

A．监视窗口　B．调用堆栈　C．立即窗口　D．本地窗口

（31）在 VBA 中，下列关于过程的描述中正确的是（　　）。

A．过程的定义可以嵌套，但过程的调用不能嵌套

B．过程的定义不可以嵌套，但过程的调用可以嵌套

C．过程的定义和过程的调用均可以嵌套

D．过程的定义和过程的调用均不能嵌套

（32）能够实现从指定记录集里检索特定字段值的函数是（　　）。

A．Dcount　B．Dlookup　C．DMax　D．DSum

（33）下列四个选项中，不是 VBA 的条件函数的是（　　）。

A．Choose　B．If　C．IIf　D．Switch

（34）设有如下过程：

```
x = 1
Do
  x = x + 2
Loop Until____
```

运行程序，要求循环执行 3 次后结束循环，空白处应填入的语句是（　　）。

A．x<=7　B．x<7　C．x>=7　D．x>7

（35）在窗体中添加一个名称为 Command1 的命令按钮，然后编写如下事件代码：

```
Private Sub Command1_Click( )
 MsgBox f(24,18)
End Sub
Public Function f (m As Integer,n As Integer)As Integer
 Do While m<>n
   Do While m>n
      m = m-n
   Loop
   Do While m<n
     n=n-m
   Loop
 Loop
 f = m
End Function
```

窗体打开运行后，单击命令按钮，则消息框的输出结果是（　　）。

A. 2　　B. 4　　C. 6　　D. 8

二、填空题（每空 2 分，共 30 分）

请将每一个空的正确答案写在答题卡【1】~【15】序号的横线上，答在试卷上不得分。

（1）假设用一个长度为 50 的数组（数组元素的下标从 0 到 49）作为栈的存储空间，栈底指针 bottom 指向栈底元素，栈顶指针 top 指向栈顶元素，如果 bottom=49,top=30（数组下标），则栈中具有____【1】____个元素。

（2）软件测试可分为白盒测试和黑盒测试。基本路径测试属于____【2】____测试。

（3）符合结构化原则的三种基本结构是：选择结构、循环结构和____【3】____。

（4）数据库系统的核心是____【4】____。

（5）在 E-R 图中，图形包括矩形框、菱形框、椭圆框。其中表示实体联系的是____【5】____框。

（6）在关系数据库中，从关系中找出满足给定条件的元组，该操作可称为____【6】____。

（7）函数 Mid("学生信息管理系统",3,2)的结果是____【7】____。

（8）用 SQL 语句实现查询表名为“图书表”中的所有记录，应该使用的 SELECT 语句是：select____【8】____。

（9）Access 的窗体或报表事件可以有两种方法来响应：宏对象和____【9】____。

（10）子过程 Test 显示一个如下所示 4×4 的乘法表。

```
1*1=1    1*2=2    1*3=3    1*4=4
2*2=4    2*3=6    2*4=8
3*3=9    3*4=12
4*4=16
```

请在空白处填入适当的语句使子过程完成指定的功能。

```
Sub Text()
Dim i, j As Integer
For i = 1 To 4
    For j = 1 To 4
        If____【10】____Then
            Debug.Print i & "*" & j & "=" & i *j & Space(2),
        End If
    Next j
    Debug.Print
  Next i
End Sub
```

（11）有“数字时钟”窗体如下：

在窗口中有按钮“[开/关]时钟”，单击按钮可以显示或隐藏时钟。其中按钮的名称为“开关”，显示时间的文本框名称为“时钟”，计时器间隔已设置为 500。

请在空白处填入适当的语句，使程序可以完成指定的功能。

```
Dim flag As Integer
```

```
Private Sub Form_Load()
  Flag=1
End Sub
Private Sub Form_Timer()  ' "计时器触发"事件
  时钟 = Time            '在"时钟"文本框中显示当前时间
End Sub
Private Sub 开关_Click()  ' "开关"按钮的单击事件过程
 If ___【11】___ Then
    时钟.Visible = False
    flag = 0
  Else
    时钟.Visible = True
    flag = 1
  End If
End Sub
```

（12）窗体中有两个命令按钮："显示"（控件名为 cmdDisplay）和"测试"（控件名为 cmdTest）。当单击"测试" 按钮时，执行的事件功能是：首先弹出消息框，若单击其中的"确定"按钮，则隐藏窗体上的"显示"按钮；否则直接返回到窗体中。请在空白处填入适当的语句，使程序可以完成指定的功能。

```
Private Sub cmdTest_Click()
  Answer = ___【12】___("隐藏按钮？", vbOKCancel + vbQuestion, "Msg")
  If Answer = vbOK Then
   Me!cmdDisplay.Visible = ___【13】___
  End If
End Sub
```

（13）对窗体 test 上文本框控件 txtAge 中输入的学生年龄数据进行验证。要求：该文本框中只接受大于等于 15 小于等于 30 的数值数据，若输入超出范围则给出提示信息。该文本控件的 BeforeUpdate 事件过程代码如下，请在空白处填入适当语句，使程序可以完成指定的功能。

```
Private Sub txtAge_BeforeUpdate(Cancel As Integer)
  If Me!txtAge = "" Or ___【14】___(Me!txtAge) Then
    '数据为空时的验证
    MsgBox "年龄不能为空！", vbCritical, "警告"
    Cancel = True                     '取消 BeforeUpdate 事件
  ElseIf IsNumeric(Me!txtAge) = False Then
    '非数值数据输入的验证
      MsgBox "年龄必须输入数值数据！", vbCritical, "警告"
      Cancel = True                     '取消 BeforeUpdate 事件
  ElseIf Me!txtAge < 15 Or Me!txtAge___【15】___Then
    '非法范围数据输入的验证
     MsgBox "年龄为 15-30 范围数据！", vbCritical, "警告"
     Cancel = True                      '取消 BeforeUpdate 事件
    Else                                '数据验证通过
     MsgBox "数据验证 OK！", vbInformation, "通告"
    End If
End Sub
```

2009 年 9 月全国计算机等级考试二级笔试试卷 Access 数据库程序设计

（考试时间 90 分钟，满分 100 分）

一、选择题（每小题 2 分，共 70 分）

下列各题 A. 、B. 、C. 、D. 四个选项中，只有一个选项是正确的，请将正确选项涂写在答题卡相应位置上，答在试卷上不得分。

（1）下列数据结构中，属于非线性结构的是（　　）。

A. 循环队列　B. 带链队列　C. 二叉树　D. 带链栈

（2）下列数据结构中，能够按照“先进后出”原则存取数据的是（　　）。

A. 循环队列　B. 栈　C. 队列　D. 二叉树

（3）对于循环队列，下列叙述中正确的是（　　）。

A. 队头指针是固定不变的

B. 队头指针一定大于队尾指针

C. 队头指针一定小于队尾指针

D. 队头指针可以大于队尾指针，也可以小于队尾指针

（4）算法的空间复杂度是指（　　）。

A. 算法在执行过程中所需要的计算机存储空间

B. 算法所处理的数据量

C. 算法程序中的语句或指令条数

D. 算法在执行过程中所需要的临时工作单元数

（5）软件设计中划分模块的一个准则是（　　）。

A. 低内聚低耦合　B. 高内聚低耦合

C. 低内聚高耦合　D. 高内聚高耦合

（6） 下列选项中不属于结构化程序设计原则的是（　　）。

A. 可封装　B. 自顶向下　C. 模块化　D. 逐步求精

（7）软件详细设计产生的图如下

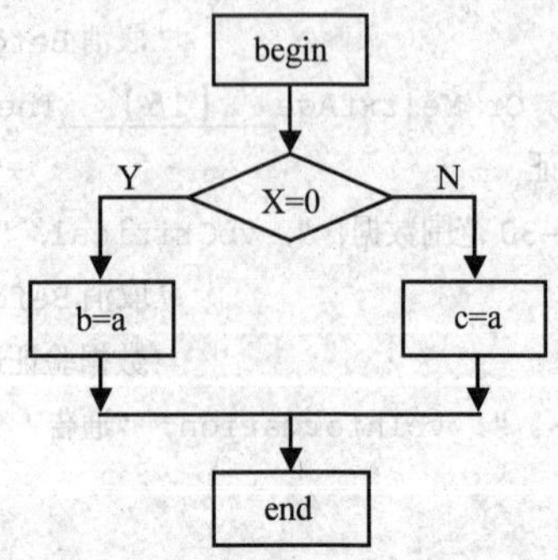

该图是（ ）。

A．N-S图　B．PAD图　C．程序流程图　D．E-R图

（8）数据库管理系统是（ ）。

A．操作系统的一部分　B．在操作系统支持下的系统软件

C．一种编译系统　D．一种操作系统

（9）在E-R图中，用来表示实体联系的图形是（ ）。

A．椭圆形　B．矩形　C．菱形　D．三角形

（10）有三个关系R，S和T如下：

R

A	B	C
a	1	2
b	2	1
c	3	1

S

A	B	C
d	3	2

T

A	B	C
a	1	2
b	2	1
c	3	1
d	3	2

其中关系T由关系R和S通过某种操作得到，该操作称为（ ）。

A．选择　B．投影　C．交　D．并

（11）Access数据库的结构层次是（ ）。

A．数据库管理系统→应用程序→表　B．数据库→数据表→记录→字段

C．数据表→记录→数据项→数据　D．数据表→记录→字段

（12）某宾馆中有单人间和双人间两种客房，按照规定，每位入住该宾馆的客人都要进行身份登记。宾馆数据库中有客房信息表（房间号，……）和客人信息表（身份证号，姓名，来源，……）；为了反映客人入住客房的情况，客房信息表与客人信息表之间的联系应设计为（ ）。

A．一对一联系　B．一对多联系　C．多对多联系　D．无联系

（13）在学生表中要查找所有年龄小于20岁且姓王的男生，应采用的关系运算是（ ）。

A．选择　B．投影　C．联接　D．比较

（14）在Access中，可用于设计输入界面的对象是（ ）。

A．窗体　B．报表　C．查询　D．表

（15）下列选项中，不属于Access数据类型的是（ ）。

A．数字　B．文本　C．报表　D．时间/日期

（16）下列关于OLE对象的叙述中，正确的是（ ）。

A．用于输入文本数据　B．用于处理超级链接数据

C．用于生成自动编号数据　D．用于链接或内嵌Windows支持的对象

（17）在关系窗口中，双击两个表之间的连接线，会出现（ ）。

A．数据表分析向导　B．数据关系图窗口

C．连接线粗细变化　D．编辑关系对话框

（18）在设计表时，若输入掩码属性设置为“LLLL”，则能够接收的输入是（ ）。

A．abcd　B．1234　C．AB+C　D．ABa9

（19）在数据表中筛选记录，操作的结果是（ ）。

A．将满足筛选条件的记录存入一个新表中

B．将满足筛选条件的记录追加到一个表中

C. 将满足筛选条件的记录显示在屏幕上

D. 用满足筛选条件的记录修改另一个表中已存在的记录

（20）已知“借阅”表中有 “借阅编号”、“学号”和“借阅图书编号”等字段，每个学生每借阅一本书生成一条记录，要求按学生学号统计出每个学生的借阅次数，下列 SQL 语句中，正确的是（　　）。

A. Select 学号，count(学号) from 借阅

B. Select 学号，count(学号) from 借阅 group by 学号

C. Select 学号，sum(学号) from 借阅

D. select 学号，sum(学号) from 借阅 order by 学号

（21）在学生借书数据库中，已有“学生”表和“借阅”表，其中“学生”表含有“学号”、“姓名”等信息，“借阅”表含有“借阅编号”、“学号”等信息。若要找出没有借过书的学生记录，并显示其“学号”和“姓名”，则正确的查询设计是（　　）。

A.

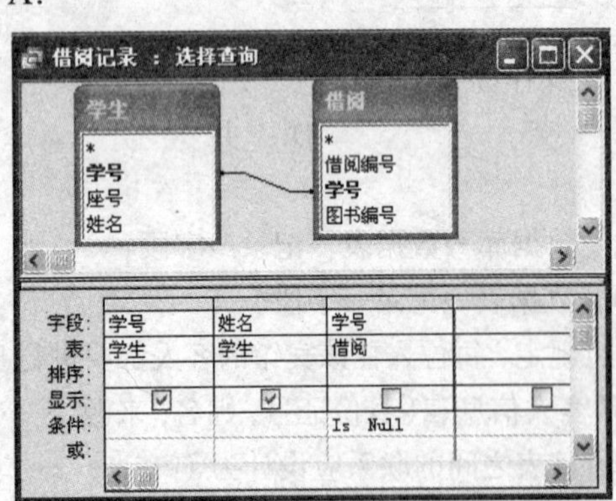

B.

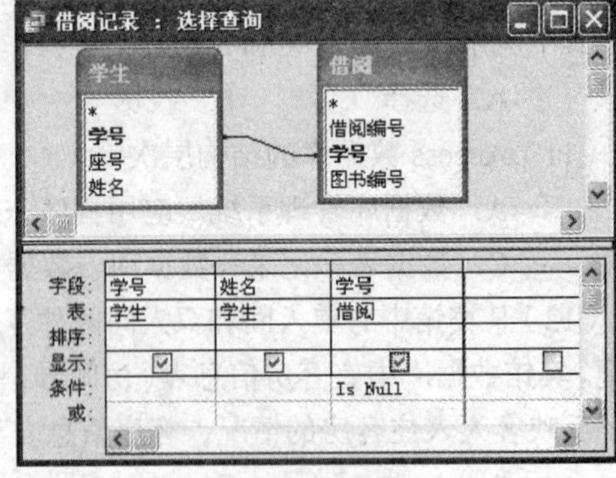

C.

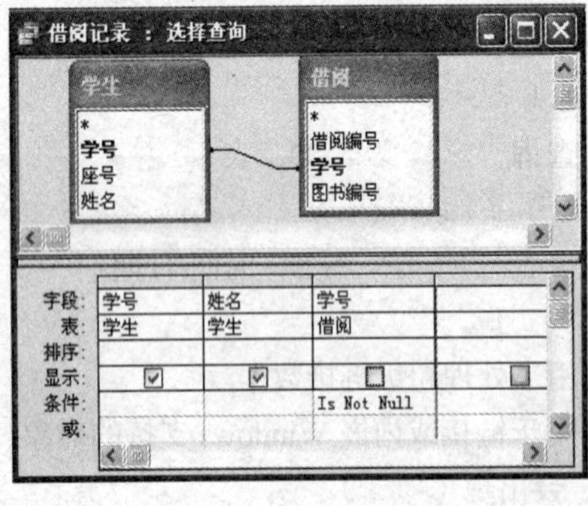

D.

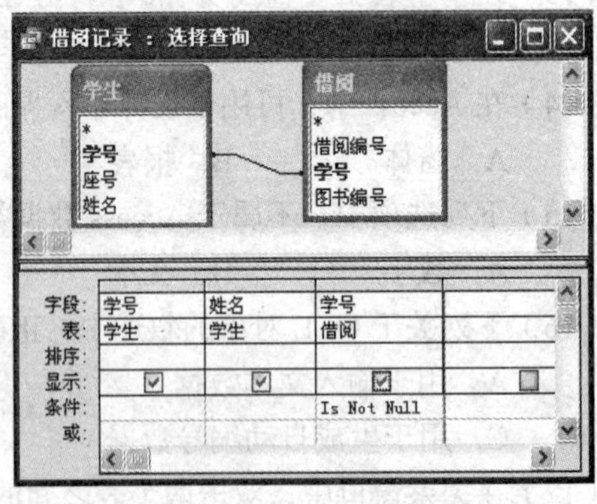

（22）启动窗体时，系统首先执行的事件过程是（　　）。

A. Load　　B. Click　　C. Unload　　D. GotFocus

（23）在设计报表的过程中，如果要进行强制分页，应使用的工具图标是（　　）。

A.　　B.　　C.　　D.

（24）下列操作中，适合使用宏的是（　　）。

A. 修改数据表结构　　B. 创建自定义过程

C. 打开或关闭报表对象　　D. 处理报表中错误

（25）执行语句：MsgBox"AAAA", vbOKCancel+vbQuetion, "BBBB"之后，弹出的信息框（　　）。

A. 标题为“BBBB”、框内提示符为“惊叹号”、提示内容为“AAAA”
B. 标题为“AAAA”、框内提示符为“惊叹号”、提示内容为“BBBB”
C. 标题为“BBBB”、框内提示符为“问号”、提示内容为“AAAA”
D. 标题为“AAAA”、框内提示符为“问号”、提示内容为“BBBB”

（26）窗体中有 3 个命令按钮，分别命名为 Command1、Command2 和 Command3。当单击 Command1 按钮时，Command2 按钮变为可用，Command3 按钮变为不可见。下列 Command1 的单击事件过程中，正确的是（　　）。

A.
```
Private Sub Command1_Click()
  Command2.Visible = true
  Command3.Visible = false
End Sub
```
B.
```
Private Sub Command1_Click()
  Command2.Enable = true
  Command3.Enable = false
End Sub
```
C.
```
Private Sub Command1_Click()
  Command2.Enable = true
  Command3.Visible = false
End Sub
```
D.
```
Private Sub Command1_Click()
  Command2.Visible = true
  Command3.Enable = false
End Sub
```

（27）用于获得字符串 S 最左边 4 个字符的函数是（　　）。

A. Left(S, 4)　　B. Left(S, 1, 4)　　C. Leftstr(S, 4)　　D. Leftstr(S, 0, 4)

（28）窗体 Caption 属性的作用是（　　）。

A. 确定窗体的标题　　B. 确定窗体的名称
C. 确定窗体的边界类型　　D. 确定窗体的字体

（29）下列叙述中，错误的是（　　）。

A. 宏能够一次完成多个操作　　B. 可以将多个宏组成一个宏组
C. 可以用编程的方法来实现宏　　D. 宏命令一般由动作名和操作参数组成

（30）下列程数据类型中，不属于 VBA 的是（　　）。

A. 长整型　　B. 布尔型　　C. 变体型　　D. 指针型

（31）下列数组声明语句中，正确的是（　　）。

A. Dim A [3,4] As Integer　　B. Dim A (3,4) As Integer
C. Dim A [3;4] As Integer　　D. Dim A (3;4) As Integer

（32）在窗体中有一个文本框 Test1，编写事件代码如下：

```
Private Sub Form_Click()
  X= val (Inputbox("输入 x 的值"))
  Y= 1
  If X<>0 Then Y= 2
     Text1.Value = Y
End Sub
```

打开窗体运行后，在输入框中输入整数 12，文本框 Text1 中输出的结果是（　　）。

A. 1　　B. 2　　C. 3　　D. 4

（33）在窗体中有一个命令按钮 Command1 和一个文本框 Test1，编写事件代码如下：

```
Private Sub Command1_Click()
```

```
  For I = 1 To 4
    x = 3
    For j = 1 To 3
        For k = 1 To 2
          x= x + 3
      Next k
    Next j
  Next I
  Text1.Value = Str(x)
End Sub
```

打开窗体运行后，单击命令按钮，文本框 Text1 中输出的结果是（　　）。

A. 6　　B. 12　　C. 18　　D. 21

（34）在窗体中有一个命令按钮 Command1，编写事件代码如下：

```
Private Sub Command1_Click()
  Dim  s  As  Integer
  s = p(1) + p(2) + p(3) + p(4)
  debug.Print s
End Sub
Public Function P (N  As  Integer)
  Dim  Sum  As  Integer
  Sum = 0
  For i = 1 To N
      Sum = Sum + 1
  Next i
  P = Sum
End Function
```

打开窗体运行后，单击命令按钮，输出的结果是（　　）。

A. 15　　B. 20　　C. 25　　D. 35

（35）下列过程的功能是：通过对象变量返回当前窗体的 Recordset 属性记录集引用，消息框中输出记录集的记录（即窗体记录源）个数。

```
Sub GetRecNum( )
    Dim rs As Object
    Set rs = Me.Recordset
    MsgBox——
End Sub
```

程序空白处应填写的是（　　）。

A. Count　　B. rs.Count　　C. RecordCount　　D. rs.RecordCount

二、填空题（每空 2 分，共 30 分）

（1）某二叉树由 5 个度为 2 的结点以及 3 个度为 1 的结点，则该二叉树中共有 【1】 个结点。

（2）程序流程图中的菱形框表示的是 【2】 。

（3）软件开发过程主要分为需求分析、设计、编码与测试四个阶段，其中 【3】 阶段产生“软件需求规格说明书”。

（4）在数据库技术中，实体集之间的联系可以是一对一或一对多的，那么“学生”和“可选课程”的联系为 【4】 。

（5）人员基本信息一般包括：身份证号、姓名、性别、年龄等。其中可以做主关键字的是

【5】。

(6) Access 中若要将数据库中的数据发布到网上，应采用的对象是【6】。

(7) 在一个查询集中，要将指定的记录设置为当前记录，应该使用的宏操作命令是【7】。

(8) 当文本框中的内容发生了改变时，触发的事件名称是【8】。

(9) 在 VBA 中求字符串的长度可以使用函数【9】。

(10) 要将正实数 *x* 保留两位小数，若采用 *Int* 函数完成，则表达式为【10】。

(11) 在窗体中有两个文本框分别为 Text1 和 Text2，一个命令按钮 Command1，编写如下两个事件过程：

```
Private Sub Command1_Click( )
  a = Text1.Value + Text2.Value
  MsgBox a
End Sub
Private Sub Form_Load( )
   Text1.Value = ""
   Text2.Value = ""
End Sub
```

程序运行时，在文本框 Text1 中输入 78，在文本框 Text2 中输入 87，单击命令按钮，消息框中输出的结果为【11】。

(12) 某次大奖赛有 7 个评委同时为一位选手打分，去掉一个最高分和一个最低分，其余 5 个分数的平均值为该名参赛者的最后得分。请填空完成规定的功能。

```
Sub command1_click( )
  Dim mark!, aver!, i%,max1!,min1!
  aver = 0
  For i = 1 To 7
     Mark = InputBox("请输入第"& i & "位评委的打分")
     If i = 1 then
         max1 =mark : min1=mark
     Else
         If mark < min1 then
              min1= mark
         ElseIf mark> max1 then
           【12】
     End If
     End If
        【13】
  Next i
  aver = (aver - max1- min1)/5
  MsgBox aver
End Sub
```

(13) “学生成绩”表含有字段（学号，姓名，数学，外语，专业，总分）。下列程序的功能是：计算每名学生的总分（总分=数学+外语+专业）。请在程序空白处填入适当语句，使程序实现所需要的功能。

```
Private Sub Command1_Click( )
   Dim cn  As New ADODB.Connection
   Dim rs  As New ADODB.Recordset
   Dim zongfen  As New ADODB.Fileld
   Dim shuxue  As New ADODB. Fileld
```

```
    Dim waiyu  As New ADODB.Fileld
    Dim zhuanye  As New ADODB. Fileld
    Dim strSQL  As  Sting
    Set cn = CurrentProject.Connection
    StrSQL = "Select*from 成绩表"
    Rs.OpenstrSQL, cn, adOpenDynamic, adLockoptimistic, adCmdText
    Set zongfen = rs.Filelds("总分")
    Set shuxue = rs.Filelds("数学")
    Set waiyu = rs.Filelds("外语")
    Set zhuanye = rs.Filelds("专业")
    Do while  【14】
        Zongfen = shuxue + waiyu + zhuanye
          【15】
         Rs.MoveNext
    Loop
    Rs.close
    cn.close
    Set rs = Nothing
    Set cn = Nothing
End Sub
```

2010 年 3 月全国计算机等级考试二级笔试试卷 Access 数据库程序设计

（考试时间 90 分钟，满分 100 分）

一、选择题（每小题 2 分，共 70 分）

下列各题 A.、B. C.、D. 四个选项中，只有一个选项是正确的，请将正确选项涂写在答题卡相应位置上，答在试卷上不得分。

（1）下列叙述中，正确的是（　　）。

A. 对长度为 n 的有序链表进行查找，最坏情况下需要的比较次数为 n

B. 对长度为 n 的有序链表进行对分查找，最坏情况下需要的比较次数为（$n/2$）

C. 对长度为 n 的有序链表进行对分查找，最坏情况下需要的比较次数为（$\log_2 n$）

D. 对长度为 n 的有序链表进行对分查找，最坏情况下需要的比较次数为（$n\log_2 n$）

（2）算法的时间复杂度是指（　　）。

A. 算法的执行时间　　B. 算法所处理的数据量

C. 算法程序中的语句或指令条数　　D. 算法在执行过程中所需要的基本运算次数

（3）软件按功能可以分为：应用软件、系统软件和支撑软件（或工具软件）。下面属于系统软件的是（　　）。

A. 编辑软件　　B. 操作系统　　C. 教务管理系统　　D. 浏览器

（4）软件（程序）调试的任务是（　　）。

A．诊断和改正程序中的错误　　B．尽可能多地发现程序中的错误

C．发现并改正程序中的所有错误　　D．确定程序中错误的性质

（5）数据流程图（DFD 图）是（　　）。

A．软件概要设计的工具　　B．软件详细设计的工具

C．结构化方法的需求分析工具　　D．面向对象方法的需求分析工具

（6）软件生命周期可分为定义阶段、开发阶段和维护阶段。详细设计属于（　　）。

A．定义阶段　B．开发阶段　C．维护阶段　D．上述三个阶段

（7）数据库管理系统中负责数据模式定义的语言是（　　）。

A．数据定义语言　　B．数据管理语言

C．数据操纵语言　　D．数据控制语言

（8）在学生管理的关系数据库中，存取一个学生信息的数据单位是（　　）。

A．文件　B．数据库　C．字段　D．记录

（9）数据库设计中，用 E-R 图来描述信息结构但不涉及信息在计算机中的表示，它属于数据库设计的（　　）。

A．需求分析阶段　　B．逻辑设计阶段

C．概念设计阶段　　D．物理设计阶段

（10）有两个关系 R 和 T 如下：

R

A	B	C
a	1	2
b	2	2
c	3	2
d	3	2

S

A	B	C
c	3	2
d	3	2

则由关系 R 得到关系 T 的操作是（　　）。

A．选择　B．投影　C．交　D．并

（11）下列关于关系数据库中数据表的描述，正确的是（　　）。

A．数据表相互之间存在联系，但用独立的文件名保存

B．数据表相互之间存在联系，是用表名表示相互间的联系

C．数据表相互之间不存在联系，完全独立

D．数据表既相对独立，又相互联系

（12）下列对数据输入无法起到约束作用的是（　　）。

A．输入掩码　B．有效性规则　C．字段名称　D．数据类型

（13）Access 中，设置为主键的字段（　　）。

A．不能设置索引　　B．可设置为“有（有重复）”索引

C．系统自动设置索引　　D．可设置为“无”索引

（14）输入掩码字符“&”的含义是（　　）。

A．必须输入字母或数字

B．可以选择输入字母或数字

C．必须输入一个任意的字符或一个空格

D．可以选择输入任意的字符或一个空格

（15）在 Access 中，如果不想显示数据表中的某些字段，可以使用的命令是（　　）。

A．隐藏　　B．删除　　C．冻结　　D．筛选

（16）通配符“#”的含义是（　　）。

A．通配任意个数的字符　　B．通配任何单个字符

C．通配任意个数的数字字符　　D．通配任何单个数字字符

（17）若要求在文本框中输入文本时达到密码“*”的显示效果，则应该设置的属性是（　　）。

A．默认值　　B．有效性文本　　C．输入掩码　　D．密码

（18）假设“公司”表中有编号、名称、法人等字段，查找公司名称中有“网络”二字的公司信息，正确的命令是（　　）。

A．SELECT * FROM 公司 FOR 名称 ＝"*网络* "

B．SELECT * FROM 公司 FOR 名称 LIKE "*网络*"

C．SELECT * FROM 公司 WHERE 名称="*网络*"

D．SELECT * FROM 公司 WHERE 名称 LIKE"*网络*"

（19）利用对话框提示用户输入查询条件，这样的查询属于（　　）。

A．选择查询　　B．参数查询　　C．操作查询　　D．SQL 查询

（20）在 SQL 查询中“GROUP BY”的含义是（　　）。

A．选择行条件　　B．对查询进行排序

C．选择列字段　　D．对查询进行分组

（21）在调试 VBA 程序时，能自动被检查出来的错误是（　　）。

A．语法错误　　B．逻辑错误　　C．运行错误　　D．语法错误和逻辑错误

（22）为窗体或报表的控件设置属性值的正确宏操作命令是（　　）。

A．Set　　B．SetData　　C．SetValue　　D．SetWarnings

（23）在已建窗体中有一命令按钮（名为 Commandl），该按钮的单击事件对应的 VBA 代码为：

```
Private Sub Commandl_Click()
   subT.Form.RecordSource = "select * from 雇员"
End Sub
```

单击该按钮实现的功能是（　　）。

A．使用 select 命令查找“雇员”表中的所有记录

B．使用 select 命令查找并显示“雇员”表中的所有记录

C．将 subT 窗体的数据来源设置为一个字符串

D．将 subT 窗体的数据来源设置为“雇员”表

（24）在报表设计过程中，不适合添加的控件是（　　）。

A．标签控件　　B．图形控件　　C．文本框控件　　D．选项组控件

（25）下列关于对象“更新前”事件的叙述中，正确的是（　　）。

A．在控件或记录的数据变化后发生的事件

B．在控件或记录的数据变化前发生的事件

C．当窗体或控件接收到焦点时发生的事件

D．当窗体或控件失去了焦点时发生的事件

（26）下列属于通知或警告用户的命令是（　　）。

A．PrintOut　　B．OutputTo　　C．MsgBox　　D．RunWarnings

（27）能够实现从指定记录集里检索特定字段值的函数是（　　）。

A．Nz　　B．Find　　C．Lookup　　D．DLookup

（28）如果 x 是一个正的实数，保留两位小数、将千分位四舍五入的表达式是（　　）。

A．0.01*Int(*x*+0.05)　　B．0.01*Int(100*(*x*+0.005))

C．0.01*Int(*x*+0.005)　　D．0.01*Int(100*(*x*+0.05))

（29）在模块的声明部分使用“Option Base 1”语句，然后定义二维数组 A(2 to 5,5)，则该数组的元素个数为（　　）。

A．20　　B．24　　C．25　　D．36

（30）由“For i=1 To 9 Step –3”决定的循环结构，其循环体将被执行（　　）。

A．0 次　　B．1 次　　C．4 次　　D．5 次

（31）在窗体上有一个命令按钮 Commandl 和一个文本框 Textl，编写事件代码如下：

```
Private Sub Command1_Click()
  Dim i,j,x
  For i = 1 To 20 step 2
     x = 0
       For j =i To 20 step 3
          x = x + 1
       Next j
    Next i
   Textl.Value=Str(x)
  End Sub
```

打开窗体运行后，单击命令按钮，文本框中显示的结果是（　　）。

A．1　　B．7　　C．17　　D．400

（32）在窗体上有一个命令按钮 Commandl，编写事件代码如下：

```
Private Sub Commandl_Click()
  Dim y As Integer
  y = 0
  Do
    y = InputBox("y=")
    If (y Mod 10) + Int(y / 10) = 10 Then Debug.Print y;
  Loop Until y = 0
End Sub
```

打开窗体运行后，单击命令按钮，依次输入 10、37、50、55、64、20、28、19、–19、0，立即窗口上输出的结果是（　　）。

A．37　55　64　28　19　19　　B．10　50　20

C．10　50　20　0　　D．37　55　64　28　19

（33）在窗体上有一个命令按钮 Command 1，编写事件代码如下：

```
Private Sub Command1_Click()
  Dim x As Integer, y As Integer
  x = 12: y = 32
  Call Proc(x, y)
  Debug.Print x; y
End Sub
Public Sub Proc(n As Integer, ByVal m As Integer)
  n = n Mod 10
  m = m Mod 10
End Sub
```

打开窗体运行后，单击命令按钮，立即窗口上输出的结果是（ ）。

A．2 32　　B．12 3　　C．2 2　　D．12 32

（34）在窗体上有一个命令按钮 Commandl，编写事件代码如下：

```
Private Sub Commandl_Click()
  Dim d1 As Date
  Dim d2 As Date
  dl = #12/25/2009#
  d2 = #1/5/2010#
  MsgBox DateDiff("ww", d1, d2)
End Sub
```

打开窗体运行后，单击命令按钮，消息框中输出的结果是（ ）。

A．1　　B．2　　C．10　　D．11

（35）下列程序段的功能是实现“学生”表中“年龄”字段值加 1

```
Dim Str As String
  Str="               "
Docmd.RunSQL Str
```

空白处应填入的程序代码是（ ）。

A．年龄=年龄+1　　B．Update 学生 Set 年龄=年龄+1

C．Set 年龄=年龄+1　　D．Edit 学生 set 年龄=年龄+1

二、填空题（每空 2 分，共 30 分）

请将每一个空的正确答案写在答题卡【1】~【15】序号的横线上，答在试卷上不得分。

（1）一个队列的初始状态为空。现将元素 A,B,C,D,E,F,5,4,3,2,1 依次入队，然后再依次退队，则元素退队的顺序为____【1】____。

（2）设某循环队列的容量为 50，如果头指针 front=45（指向队头元素的前一位置），尾指针 rear=10（指向队尾元素），则该循环队列中共有____【2】____个元素。

（3）设二叉树如下：

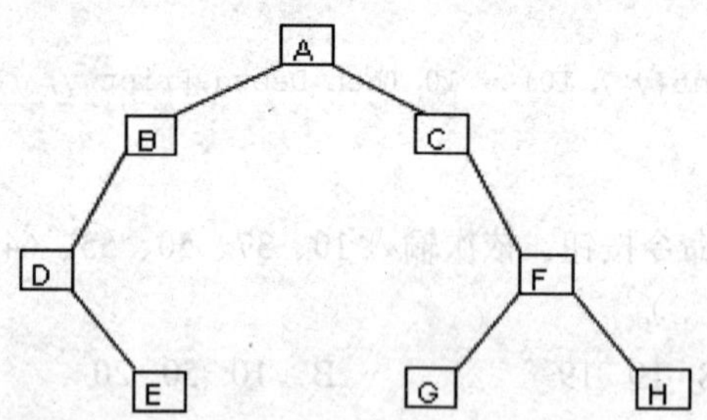

对该二叉树进行后序遍历的结果为____【3】____。

（4）软件是____【4】____、数据和文档的集合。

（5）有一个学生选课的关系，其中学生的关系模式为：学生（学号，姓名，班级，年龄），课程的关系模式为：课程（课号，课程名，学时），其中两个关系模式的键分别是学号和课号，则关系模式选课可定义为：选课（学号，____【5】____，成绩）。

（6）下图所示的窗体上有一个命令按钮（名称为 Command1）和一个选项组（名称为 Framel），选项组上显示“Framel”文本的标签控件名称为 Labell，若将选项组上显示文本“Frame1”改为汉字“性别”，应使用的语句是____【6】____。

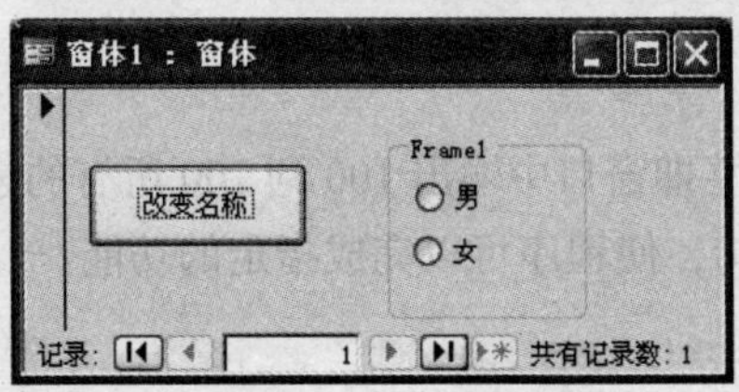

（7）在当前窗体上，若要实现将焦点移动到指定控件，应使用的宏操作命令是＿＿【7】＿＿。

（8）使用向导创建数据访问页时，在确定分组级别步骤中最多可设置＿＿【8】＿＿个分组字段。

（9）在窗体文本框 Textl 中输入“456AbC”后，立即窗口上输出的结果是＿＿【9】＿＿。

```
Private Sub Textl_KeyPress(KeyAscii As Integer)
  Select Case KeyAscii
      Case 97 To 122
            Debug.Print Ucase(Chr(KeyAscii));
      Case 65 To 90
            Debug.Print Lcase(Chr(KeyAscii));
      Case 48 To 57
            Debug.Print Chr(KeyAscii);
      Case Else
           KeyAscii = 0
  End Select
End Sub
```

（10）在窗体上有一个命令按钮 Commandl，编写事件代码如下：

```
Private Sub Command1_Click()
  Dim a(10), p(3) As Integer
  k = 5
  For i = 1 To 10
    a(i) = i * i
  Next i
  For i = 1 To 3
    p(i) = a(i * i)
  Next i
  For i = 1 To 3
    k = k + p(i) *2
  Next i
  MsgBox k
End Sub
```

打开窗体运行后，单击命令按钮，消息框中输出的结果是＿＿【10】＿＿。

（11）下列程序的功能是找出被 5、7 除，余数为 1 的最小的 5 个正整数。请在程序空白处填入适当的语句，使程序可以完成指定的功能。

```
Private Sub Form_Click()
    Dim Ncount %, n%
    Ncount=0
    n=1
    Do
        n = n + 1
        If ＿＿【11】＿＿ Then
            Debug.Print n
            Ncount =Ncount + 1
        End If
```

```
    Loop Until Ncount = 5
  End Sub
```

（12）以下程序的功能是在立即窗口中输出 100 到 200 所有的素数，并统计输出素数的个数。请在程序空白处填入适当的语句，使程序可以完成指定的功能。

```
Private Sub Command2_Click()
  Dim i%, j%, k%, t %    't 为统计素数的个数
  Dim b As Boolean
  For i = 100 To 200
    b = True
    k = 2
    j = Int(Sqr(i))
    Do While k <= j And b
          If i Mod k = 0 Then
                 b = ____【12】____
          End If
                 k = ____【13】____
    Loop
    If b = True Then
          t = t + 1
          Debug.Print i
    End If
  Next i
  Debug.Print "t="; t
End Sub
```

（13）数据库中有工资表，包括“姓名”、“工资”和“职称”等字段，现要对不同职称的职工增加工资，规定教授职称增加 15%，副教授职称增加 10%，其他人员增加 5%。下列程序的功能是按照上述规定调整每位职工的工资，并显示所涨工资的总和。请在空白处填入适当的语句，使程序可以完成指定的功能。

```
Private Sub Command5_Click()
  Dim ws As DAO.Workspace
  Dim db As DAO.Database
  Dim rs As DAO.Recordset
  Dim gz As DAO.Field
  Dim zc As DAO.Field
  Dim sum As Currency
  Dim rate As Single
  Set db = CurrentDb()
  Set rs = db.OpenRecordset("工资表")
  Set gz = rs.Fields("工资")
  Set zc = rs.Fields("职称")
  sum = 0
  Do While Not ____【14】____
      rs.Edit
      Select Case zc
            Case Is = "教授"
                  rate = 0.15
            Case Is = "副教授"
                  rate = 0.1
            Case Else
```

```
            rate = 0.05
        End Select
        sum = sum + gz * rate
        gz = gz + gz * rate
         【15】
        rs.MoveNext
        Loop
        rs.Close
        db.Close
        Set rs = Nothing
        Set db = Nothing
        MsgBox "涨工资总计:" & sum
    End Sub
```

2010 年 9 月全国计算机等级考试二级笔试试卷 Access 数据库程序设计

（考试时间 90 分钟，满分 100 分）

一、选择题（每小题 2 分，共 70 分）

下列各题 A.、B.、C.、D. 四个选项中，只有一个选项是正确的。请将正确选项填涂在答题卡相应位置上，答在试卷上不得分。

（1）下列叙述中正确的是（　　）。

A. 线性表的链式存储结构与顺序存储结构所需要的存储空间是相同的

B. 线性表的链式存储结构所需要的存储空间一般要多于顺序存储结构

C. 线性表的链式存储结构所需要的存储空间一般要少于顺序存储结构

D. 上述三种说法都不对

（2）下列叙述中正确的是（　　）。

A. 在栈中，栈中元素随栈底指针与栈顶指针的变化而动态变化

B. 在栈中，栈顶指针不变，栈中元素随栈底指针的变化而动态变化

C. 在栈中，栈底指针不变，栈中元素随栈顶指针的变化而动态变化

D. 上述三种说法都不对

（3）软件测试的目的是（　　）。

A. 评估软件可靠性　　B. 发现并改正程序中的错误

C. 改正程序中的错误　　D. 发现程序中的错误

（4）下面描述中，不属于软件危机表现的是（　　）。

A. 软件过程不规范　　B. 软件开发生产率低

C. 软件质量难以控制　　D. 软件成本不断提高

（5） 软件生命周期是指（　　）。

A. 软件产品从提出、实现、使用维护到停止使用退役的过程

B. 软件从需求分析、设计、实现到测试完成的过程

C．软件的开发过程

D．软件的运行维护过程

（6）面向对象方法中，继承是指（　　）。

A．一组对象所具有的相似性质　　B．一个对象具有另一个对象的性质

C．各对象之间的共同性质　　D．类之间共享属性和操作的机制

（7）层次型、网状型和关系型数据库划分原则是（　　）。

A．记录长度　　B．文件的大小

C．联系的复杂程度　　D．数据之间的联系方式

（8）一个工作人员可以使用多台计算机，而一台计算机可被多个人使用，则实体工作人员与实体计算机之间的联系是（　　）。

A．一对一　　B．一对多　　C．多对多　　D．多对一

（9） 数据库设计中反映用户对数据要求的模式是（　　）。

A．内模式　　B．概念模式　　C．外模式　　D．设计模式

（10）有三个关系 R、S 和 T 如下：

R

A	B	C
a	1	2
b	2	1
c	3	1

S

A	D
c	4

T

A	B	C	D
c	3	1	4

则由关系 R 和 S 得到关系 T 的操作是

A．自然连接　　B．交　　C．投影　　D．并

（11）在 Access 中要显示“教师表”中姓名和职称的信息，应采用的关系运算是（　　）。

A．选择　　B．投影　　C．连接　　D．关联

（12）学校图书馆规定，一名旁听生同时只能借一本书，一名在校生同时可以借 5 本书，一名教师同时可以借 10 本书，在这种情况下，读者与图书之间形成了借阅关系，这种借阅关系是（　　）。

A．一对一联系　　B．一对五联系　　C．一对十联系　　D．一对多联系

（13） Access 数据库最基础的对象是（　　）。

A．表　　B．宏　　C．报表　　D．查询

（14）下列关于货币数据类型的叙述中，错误的是（　　）。

A．货币型字段在数据表中占 8 个字节的存储空间

B．货币型字段可以与数字型数据混合计算，结果为货币型

C．向货币型字段输入数据时，系统自动将其设置为 4 位小数

D．向货币型字段输入数据时，不必输入人民币符号和千位分隔符

（15）若将文本型字段的输入掩码设置为“####-######”，正确的输入数据是（　　）。

A．0755-abcdet　B．077-12345　　C．a cd-123456　　D．####-######

（16）如果在查询条件中使用通配符“[]”，其含义是（　　）。

A．错误的使用方法　　B．通配不在括号内的任意字符

C．通配任意长度的字符　　D．通配方括号内任一单个字符

（17）在 SQL 语言的 SELECT 语句中，用于实现选择运算的子句是（　　）。

A．FOR　　B．IF　　C．WHILE　　D．WHERE

（18）在数据表视图中，不能进行的操作是（　　）。

A．删除一条记录　　B．修改字段的类型

C．删除一个字段　　D．修改字段的名称

（19）下列表达式计算结果为数值类型的是（　　）。

A．#5/5/2010#-#5/1/2010#　　B．“102”>“11”

C．102=98+4　　D．#5/1/2010#+5

（20）如果在文本框内输入数据后，按<Enter>键或按<Tab>键，输入焦点可立即移至下一指定文本框，应设置（　　）。

A．“制表位”属性　　B．“Tab 键索引”属性

C．“自动 Tab 键”属性　　D．“Enter 键行为”属性

（21）在成绩中要查找成绩≥80 分且成绩≤90 分的学生，正确的条件表达式是（　　）。

A．成绩 Between 80 And 90　　B．成绩 Between 80 To 90

C．成绩 Between 79 And 91　　D．成绩 Between 79 To 91

（22）“学生表”中有“学号”、“姓名”、“性别”和“入学成绩”等字段。执行如下 SQL 命令后的结果是（　　）。

Select avg（入学成绩）From 学生表 Group by 性别

A．计算并显示所有学生的平均入学成绩

B．计算并显示所有学生的性别和平均入学成绩

C．按性别顺序计算并显示所有学生的平均入学成绩

D．按性别分组计算并显示不同性别学生的平均入学成绩

（23）若在“销售总数”窗体中有“订货总数”文本框控件，能够正确引用控件值的是（　　）。

A．Forms.[销售总数].[订货总数]

B．Forms![销售总数 l].[订货总数]

C．Forms.[销售总数]![订货总数]

D．Forms![销售总数]![订货总数]

（24）因修改文本框中的数据而触发的事件是（　　）。

A．Change　　B．Edit　　C．Getfocus　　D．LostFocus

（25）在报表中，要计算“数学”字段的最低分，应将控件的“控件来源”属性设置为（　　）。

A．=Min（[数学]）　　B．=Min（数学）

C．=Min[数学]　　D．Min（数学）

（26）要将一个数字字符串转换成对应的数值，应使用的函数是（　　）。

A．Val　　B．Single　　C．Asc　　D．Space

（27）下列变量名中，合法的是（　　）。

A．4A　　B．A-1　　C．ABC_1　　D．private

（28）若变量 i 的初值为 8，则下列循环语句中循环体的执行次数为（　　）。

```
Do While i<=17
  i=i+2
Loop
```

A．3 次　　B．4 次　　C．5 次　　D．6 次

（29）InputBox 函数的返回值类型是（　　）。

A．数值　　B．字符串　　C．变体　　D．视输入的数据而定

（30）下列能够交换变量 X 和 Y 值的程序段是（　　）。

A．Y=X:X=Y　　B．Z=X:Y=Z:X=Y

C．Z=X:X=Y:Y=Z　　D．Z=X:W=Y:Y=Z:X=Y

（31）窗体中有命令按钮 Commandl，事件过程如下：

```
Public Function f(x As Integer) As Integer
  Dim y As Integer
  x=20
  y=2
  f=x*y
End Function
Private Sub Commandl_Click()
  Dim y As Integer
  Static x As Integer
  x=10
  y=5
  y=f(x)
  Debug.Print x;y
End Sub
```

运行程序，单击命令按钮，则立即窗口中显示的内容是（　　）。

A．10 5　　B．10 40　　C．20 5　　D．20 40

（32）窗体中有命令按钮 Commandl 和文本框 Text1，事件过程如下：

```
Function result(ByVal x As Integer)As Boolean
  If xMod 2=0 Then
     result=True
  Else
     result=False
  End If
End Function
Private Sub Commandl_Click()
  x=Val(InputBox("请输入一个整数"))
  If______ Then
     Text1=Str(x)&"是偶数."
  Else
     Text1=Str(x)&"是奇数."
   End  If
End Sub
```

运行程序，单击命令按钮，输入 19，在 Text1 中会显示“19 是奇数.”。那么在程序的空白处应填写（　　）。

A．result（x）="偶数"　　B．result（x）

C．result（x）="奇数"　　D．NOT result（x）

（33）窗体有命令按钮 Commandl 和文本框 Textl，对应的事件代码如下：

```
Private Sub Commandl_Click(  )
For  i=1  To  4
  x=3
```

```
      For j=1 To 3
         For k=1 To 2
            x=x+3
         Next k
      Next j
   Next i
   Text1 .Value=Str(x)
End Sub
```

运行以上事件过程，文本框中的输出是（　　）。

A. 6　　B. 12　　C. 18　　D. 21

（34）窗体中有命令按钮 run34，对应的事件代码如下：

```
Private Sub run34_Enter()
  Dim num As Integer,a As Integer,b As Integer,i As Integer
  For i=1 To 10
      num=InputBox("请输入数据：","输入")
      If Int(num/2)=num/2 Then
            a=a+1
      Else
            b=b+1
      End If
  Next i
  MsgBox("运行结果：a="&Str(a)&",b="&Str(b))
End Sub
```

运行以上事件过程，所完成的功能是（　　）。

A. 对输入的 10 个数据求累加和

B. 对输入的 10 个数据求各自的余数，然后再进行累加

C. 对输入的 10 个数据分别统计奇数和偶数的个数

D. 对输入的 10 个数据分别统计整数和非整数的个数

（35）运行下列程序，输入数据 8，9，3，0 后，窗体中显示结果是（　　）。

```
Private Sub Form _click()
   Dim sum As Integer,m As Integer
   sum=0
   Do
      m=InputBox("输入m")
      sum=sum+m
   Loop Until m=0
   MsgBox sum
End Sub
```

A. 0　　B. 17　　C. 20　　D. 21

二、填空题（每空 2 分，共 30 分）

（1）一个栈的初始状态为空。首先将元素 5，4，3，2，1 依次入栈，然后退栈一次，再将元素 A，B，C，D 依次入栈，之后将所有元素全部退栈，则所有元素退栈（包括中间退栈的元素）的顺序为__【1】__。

（2）在长度为 n 的线性表中，寻找最大项至少需要比较__【2】__次。

（3）一棵二叉树有 10 个度为 1 的结点，7 个度为 2 的结点，则该二叉树共有__【3】__结点。

（4）仅由顺序、选择（分支）和重复（循环）结构构成的程序是＿＿【4】＿＿程序。

（5）数据库设计的四个阶段是：需求分析，概念设计，逻辑设计和＿＿【5】＿＿。

（6）如果要求在执行查询时通过输入的学号查询学生信息，可以采用＿＿【6】＿＿查询。

（7）Access 中产生的数据访问页会保存在独立文件中，其文件格式是＿＿【7】＿＿。

（8）可以通过多种方法执行宏：在其他宏中调用该宏；在 VBA 程序中调用该宏；＿＿【8】＿＿发生时触发该宏。

（9）在 VBA 中要判断一个字段的值是否为 Null，应该使用的函数是＿＿【9】＿＿。

（10）下列程序的功能是求方程：$x^2+y^2=1000$ 的所有整数解。请在空白处填入适当的语句，使程序完成指定的功能。

```
Private Sub Commandl_Click()
  Dim x as integer,y as integer
  For x= -34 To 34
       For y= -34 To 34
            If ＿【10】＿ Then
                   Debug.Print x,y
            End If
       Next y
  Next x
End Sub
```

（11）下列程序的功能是求算式：1+1/2！+1/3!+1/4!+……前 10 项的和（其中 *n*!的含义是 *n* 的阶乘）。请在空白处填入适当的语句，使程序完成指定的功能。

```
Private Sub Commandl_Click()
  Dim i as integer,s as single,a as single
  a=1:s=0
  For i=1 To 10
     a= ＿【11】＿
     s=s+a
  Next i
  Debug .Print "1+1/2!+1/3!+… …=";s
End Sub
```

（12）在窗体中有一个名为 Command12 的命令按钮，Click 事件功能是：接收从键盘输入的 10 个大于 0 的不同整数，找出其中的最大值和对应的输入位置。请在空白处填入适当语句，使程序可以完成指定的功能。

```
Private Sub Command12_Click()
    max=0
    maxn=0
      for i=1 To 10
          num=Val(InputBox("请输入第"&i&"个大于 0 的整数："))
      If ＿【12】＿ Then
          max=num
          maxn= ＿【13】＿
      End If
    Next i
    MsgBox("最大值为第"&maxn&"个输入的"&max)
  End Sub
```

（13）数据库的“职工基本情况表”有“姓名”和“职称”等字段，要分别统计教授、副教授和其他人员的数量。请在空白处填入适当语句，使程序可以完成指定的功能。

```
Private Sub Commands_Click()
   Dim db As DAO.Database
   Dim rs As DAO.Recordset
   Dim zc As DAO.Field
   Dim Count1 As Integer,Count2 As Integer,Count3 As Integer
   Set db=CurrentDb()
   Set rs=db.OpenRecordset("职工基本情况表")
   Set zc=rs.Fields("职称")
   Count1=0 : Count2=0 : Count3=0
   Do While Not 【14】
        Select Case zc
             Case Is="教授"
                    Count1=Count1+1
             Case Is="副教授"
                    Count2=Count2+1
             Case Else
                    Count3=Count3+1
        End Select
        【15】
   Loop
   rs.Close
   Set rs=Nothing
   Set db=Nothing
   MsgBox"教授："&Count1&",副教授："&Count2 &",其他："&count3
End Sub
```

2011 年 3 月全国计算机等级考试二级笔试试卷
Access 数据库程序设计

（考试时间 90 分钟，满分 100 分）

一、选择题

下列各题 A.、B.、C.、D. 四个选项中，只有一个选项是正确的，请将正确选项涂写在答题卡相应位置上，答在试卷上不得分。

（1）下列关于栈叙述正确的是（　　）。

A. 栈顶元素最先能被删除

B. 栈顶元素最后才能被删除

C. 栈底元素永远不能被删除

D. 以上三种说法都不对

（2）下列叙述中正确的是（　　）。

A. 有一个以上根结点的数据结构不一定是非线性结构

B．只有一个根结点的数据结构不一定是线性结构

C．循环链表是非线性结构

D．双向链表是非线性结构

（3）某二叉树共有 7 个结点，其中叶子结点只有 1 个，则该二叉树的深度为（假设根结点在第 1 层）（　　）。

A．3　　B．4　　C．6　　D．7

（4）在软件开发中，需求分析阶段产生的主要文档是（　　）。

A．软件集成测试计划　　B．软件详细设计说明书

C．用户手册　　D．软件需求规格说明书

（5）结构化程序所要求的基本结构不包括（　　）。

A．顺序结构　　B．GOTO 跳转

C．选择（分支）结构　　D．重复（循环）结构

（6）下面描述中错误的是（　　）。

A．系统总体结构图支持软件系统的详细设计

B．软件设计是将软件需求转换为软件表示的过程

C．数据结构与数据库设计是软件设计的任务之一

D．PAD 图是软件详细设计的表示工具

（7）负责数据库中查询操作的数据库语言是（　　）。

A．数据定义语言　　B．数据管理语言

C．数据操纵语言　　D．数据控制语言

（8）一个教师可讲授多门课程，一门课程可由多个教师讲授。则实体教师和课程间的联系是（　　）。

A．1:1 联系　　B．1:m 联系　　C．m:1 联系　　D．m:n 联系

（9）有三个关系 R、S 和 T 如下：

R

A	B	C
a	1	2
b	2	1
c	3	1

S

A	B
c	3

T

C
1

则由关系 R 和 S 得到关系 T 的操作是（　　）。

A．自然连接　　B．交　　C．除　　D．并

（10）定义无符号整数类为 Uint，下面可以作为类 UInt 实例化值的是（　　）。

A．-369　　B．369　　C．0.369　　D．整数集合{1,2,3,4,5}

（11）在学生表中要查找所有年龄大于 30 岁姓王的男同学，应该采用的关系运算是（　　）。

A．选择　　B．投影　　C．联接　　D．自然联接

（12）下列可以建立索引的数据类型是（　　）。

A．文本　　B．超级链接　　C．备注　　D．OLE 对象

（13）下列关于字段属性的叙述中，正确的是（　　）。

A．可对任意类型的字段设置“默认值”属性

B．定义字段默认值的含义是该字段值不允许为空

C．只有“文本”型数据能够使用“输入掩码向导”

D．“有效性规则”属性只允许定义一个条件表达式

（14）查询“书名”字段中包含“等级考试”字样的记录，应该使用的条件是（　　）。

A．Like "等级考试"　　　　B．Like "*等级考试"

C．Like "等级考试*"　　　　D．Like "*等级考试*"

（15）在 Access 中对表进行“筛选”操作的结果是（　　）。

A．从数据中挑选出满足条件的记录

B．从数据中挑选出满足条件的记录并生成一个新表

C．从数据中挑选出满足条件的记录并输出到一个报表中

D．从数据中挑选出满足条件的记录并显示在一个窗体中

（16）在学生表中使用“照片”字段存放相片，当使用向导为该表创建窗体时，照片字段使用的默认控件是（　　）。

A．图形　　　　B．图像

C．绑定对象框　　　　D．未绑定对象框

（17）下列表达式计算结果为日期类型的是（　　）。

A．#2012-1-23#-#2011-2-3#　　　　B．year(#2011-2-3#)

C．DateValue("2011-2-3")　　　　D．Len("2011-2-3")

（18）若要将“产品”表中所有供货商是“ABC”的产品单价下调 50，则正确的 SQL 语句是（　　）。

A．UPDATE 产品 SET 单价=50 WHERE 供货商="ABC"

B．UPDATE 产品 SET 单价＝单价-50 WHERE 供货商="ABC"

C．UPDATE FROM 产品 SET 单价=50 WHERE 供货商="ABC"

D．UPDATE FROM 产品 SET 单价=单价-50 WHERE 供货商="ABC"

（19）若查询的设计如下，则查询的功能是（　　）。

A．设计尚未完成，无法进行统计

B．统计班级信息仅含 Null（空）值的记录个数

C．统计班级信息不包括 Null（空）值的记录个数

D．统计班级信息包括 Null（空）值全部记录个数

（20）在教师信息输入窗体中，为职称字段提供“教授”、“副教授”、“讲师”等选项供用户直接选择，应使用的控件是（　　）。

A．标签　　B．复选框　　C．文本框　　D．组合框

（21）在报表中要显示格式为“共 N 页，第 N 页”的页码，正确的页码格式设置是（　　）。

A．="共"+Pages+"页，第"+Page+"页"

B．="共"+[Pages]+"页，第"+[Page]+"页"

C．="共"&Pages&"页，第"&Page&"页"

D．="共"&[Pages]&"页，第"&[Page]&"页"

（22）某窗体上有一个命令按钮，要求单击该按钮后调用宏打开应用程序 Word，则设计该宏时应选择的宏命令是（　　）。

A．RunApp　　B．RunCode　　C．RunMacro　　D．RunCommand

（23）下列表达式中，能正确表示条件“*x* 和 *y* 都是奇数”的是（　　）。

A．x Mod 2=0 And y Mod 2=0　　B．x Mod 2=0 Or y Mod 2=0

C．x Mod 2=1 And y Mod 2=1　　D．x Mod 2=1 Or y Mod 2=1

（24）若在窗体设计过程中，命令按钮 Command0 的事件属性设置如下图所示，则含义是（　　）。

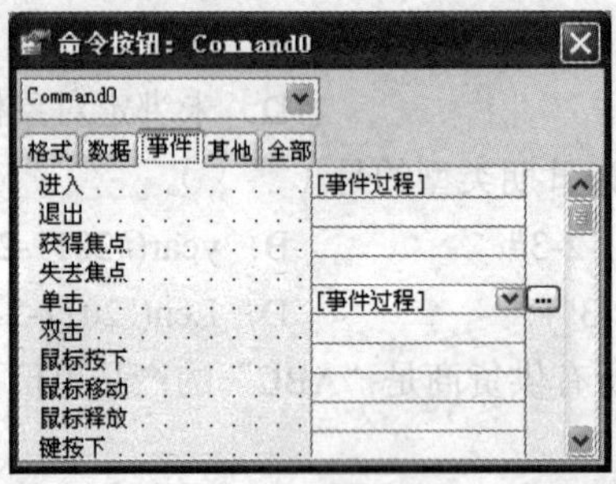

A．只能为“进入”事件和“单击”事件编写事件过程

B．不能为“进入”事件和“单击”事件编写事件过程

C．“进入”事件和“单击”事件执行的是同一事件过程

D．已经为“进入”事件和“单击”事件编写了事件过程

（25）若窗体 Frm1 中有一个命令按钮 Cmd1，则窗体和命令按钮的 Click 事件过程名分别为（　　）。

A．Form_Click()　　Command1_Click()

B．Frm1_Click()　　Command1_Click()

C．Form_Click()　　Cmd1_Click()

D．Frm1_Click()　　Cmd1_Click()

（26）在 VBA 中，能自动检查出来的错误是（　　）。

A．语法错误　　B．逻辑错误　　C．运行错误　　D．注释错误

（27）下列给出的选项中，非法的变量名是（　　）。

A．Sum　　B．Integer_2　　C．Rem　　D．Form1

（28）如果在被调用的过程中改变了形参变量的值，但又不影响实参变量本身，这种参数传递方式称为（　　）。

A．按值传递　　B．按地址传递　　C．ByRef 传递　　D．按形参传递

（29）表达式“B=INT(A+0.5)”的功能是（　　）。

A．将变量 A 保留小数点后 1 位

B．将变量 A 四舍五入取整

C．将变量 A 保留小数点后 5 位

D．舍去变量 A 的小数部分

（30）VBA 语句“Dim NewArray(10) as Integer”的含义是（　　）。

A．定义 10 个整型数构成的数组 NewArray

B．定义 11 个整型数构成的数组 NewArray

C．定义 1 个值为整型数的变量 NewArray(10)

D．定义 1 个值为 10 的变量 NewArray

（31）运行下列程序段，结果是（　　）。

```
For m=10 to 1 step 0
   k=k+3
Next m
```

A．形成死循环　　　　B．循环体不执行即结束循环

C．出现语法错误　　　　D．循环体执行一次后结束循环

（32）运行下列程序，结果是（　　）。

```
Private Sub Command32_Click()
  f0=1:f1=1:k=1
  Do While k<=5
      f=f0+f1
      f0=f1
      f1=f
      k=k+1
  Loop
  MsgBox "f="&f
End Sub
```

A．f=5　　B．f=7　　C．f=8　　D．f=13

（33）有如下事件程序，运行该程序后输出结果是（　　）。

```
Private Sub Command33_Click()
  Dim x As Integer,y As Integer
  x=1:y=0
  Do Until y<=25
      y=y+x*x
      x=x+1
  Loop
  MsgBox "x="&x&",y="&y
End Sub
```

A．x=1,y=0　　　　B．x=4,y=25

C．x=5,y=30　　　　D．输出其他结果

（34）下列程序的功能是计算 sum=1+(1+3)+(1+3+5)+……+(1+3+5+……+39)

```
Private Sub Command34_Click()
   t=0
   m=1
   sum=0
   Do
       t=t+m
       sum=sum+t
```

```
        m=______
    Loop While m<=39
    MsgBox "Sum="&sum
End Sub
```

为保证程序正确完成上述功能，空白处应填入的语句是（　　）。

A．m+1　　B．m+2　　C．t+1　　D．t+2

（35）下列程序的功能是返回当前窗体的记录集（　　）。

```
Sub GetRecNum()
    Dim rs As Object
    Set rs=______
    MsgBox rs.RecordCount
End Sub
```

为保证程序输出记录集（窗体记录源）的记录数，空白处应填入的语句是

A．Recordset　　B．Me.Recordset　　C．RecordSource　　D．Me.RecordSource

二、填空题

（1）有序线性表能进行二分查找的前提是该线性表必须是＿【1】＿存储的。

（2）一棵二叉树的中序遍历结果为 DBEAFC，前序遍历结果为 ABDECF，则后序遍历结果为＿【2】＿。

（3）对软件设计的最小单位（模块或程序单元）进行的测试通常称为＿【3】＿测试。

（4）实体完整性约束要求关系数据库中元组的＿【4】＿属性值不能为空。

（5）在关系 A(S,SN,D)和关系 B(D,CN,NM)中，A 的主关键字是 S，B 的主关键字是 D，则称＿【5】＿是关系 A 的外码。

（6）在 Access 查询的条件表达式中要表示任意单个字符，应使用通配符＿【6】＿。

（7）在 SELECT 语句中，HAVING 子句必须与＿【7】＿子句一起使用。

（8）若要在宏中打开某个数据表，应使用的宏命令是＿【8】＿。

（9）在 VBA 中要将数值表达式的值转换为字符串，应使用函数＿【9】＿。

（10）运行下列程序，输入如下两行：

```
Hi,
I am here.
```

弹出的窗体中的显示结果是＿【10】＿。

```
Private Sub Command11_Click()
    Dim abc As String, sum As string
    sum=""
    Do
        abc=InputBox("输入 abc")
        If Right(abc,1)="." Then Exit Do
        sum=sum+abc
    Loop
    MsgBox sum
End Sub
```

（11）运行下列程序，窗体中的显示结果是：x=＿【11】＿。

```
Option Compare Database
Dim x As Integer
Private Sub Form_Load()
    x=3
```

2006 年 4 月全国计算机等级考试二级笔试试卷 Access 数据库程序设计参考答案

一、选择题（每小题 2 分，共 70 分）

(1)	D	(2)	A	(3)	D	(4)	B	(5)	A
(6)	D	(7)	C	(8)	D	(9)	A	(10)	C
(11)	B	(12)	D	(13)	B	(14)	B	(15)	A
(16)	B	(17)	C	(18)	A	(19)	A	(20)	D
(21)	C	(22)	B	(23)	B	(24)	C	(25)	A
(26)	A	(27)	D	(28)	C	(29)	A	(30)	D
(31)	C	(32)	C	(33)	C	(34)	B	(35)	B

二、填空题（每空 2 分，共 30 分）

（1）45

（2）类

（3）关系

（4）静态分析

（5）逻辑独立性

（6）SQL 查询

（7）表

（8）等级考试

（9）OpenQuery

（10）0

（11）55

（12）36

（13）x=7

（14）Msgbox

（15）False

2006 年 9 月全国计算机等级考试二级笔试试卷 Access 数据库程序设计参考答案

一、选择题（每小题 2 分，共 70 分）

（1）	D	（2）	A	（3）	C	（4）	B	（5）	D
（6）	C	（7）	D	（8）	B	（9）	B	（10）	A
（11）	A	（12）	B	（13）	A	（14）	C	（15）	D
（16）	C	（17）	C	（18）	A	（19）	A	（20）	C
（21）	B	（22）	A	（23）	A	（24）	B	（25）	D
（26）	C	（27）	B	（28）	D	（29）	A	（30）	D
（31）	C	（32）	D	（33）	B	（34）	D	（35）	B

二、填空题（每空 2 分，共 30 分）

（1）3

（2）程序调试

（3）元组

（4）栈

（5）线形结构

（6）列表框或组合框

（7）OpenReport

（8）默认值

（9）C1.ForeColor=128

（10）删除

（11）3

（12）Form_Timer()

（13）DBEngine

（14）9

（15）36

2007 年 4 月全国计算机等级考试二级笔试试卷 Access 数据库程序设计参考答案

一、选择题（每小题 2 分，共 70 分）

(1)	B	(2)	D	(3)	A	(4)	C	(5)	D
(6)	C	(7)	A	(8)	B	(9)	C	(10)	A
(11)	A	(12)	B	(13)	D	(14)	A	(15)	A
(16)	D	(17)	A	(18)	C	(19)	A	(20)	B
(21)	D	(22)	B	(23)	D	(24)	B	(25)	B
(26)	B	(27)	D	(28)	A	(29)	B	(30)	C
(31)	A	(32)	C	(33)	C	(34)	C	(35)	D

二、填空题（每空 2 分，共 30 分）

（1）63

（2）黑盒

（3）DBMS

（4）开发

（5）数据字典

（6）外部关键字

（7）order by

（8）相等

（9）条件操作宏

（10）DoCmd.Quit

（11）Len()

（12）21 is Odd number

（13）19

（14）EOF

（15）strSQL

2007 年 9 月全国计算机等级考试二级笔试试卷 Access 数据库程序设计参考答案

一、选择题（每小题 2 分，共 70 分）

（1）	D	（2）	B	（3）	C	（4）	A	（5）	A
（6）	D	（7）	C	（8）	A	（9）	B	（10）	C
（11）	D	（12）	B	（13）	A	（14）	D	（15）	D
（16）	D	（17）	C	（18）	C	（19）	B	（20）	C
（21）	A	（22）	A	（23）	B	（24）	D	（25）	A
（26）	C	（27）	B	（28）	A	（29）	D	（30）	B
（31）	B	（32）	D	（33）	C	（34）	B	（35）	A

二、填空题（每空 2 分，共 30 分）

（1）无歧义性
（2）白盒
（3）链式
（4）ACBDFEHGP
（5）实体集
（6）投影
（7）.mdb
（8）L
（9）节
（10）RunSQL
（11）Double
（12）16
（13）及格
（14）True
（15）i+1

2008 年 4 月全国计算机等级考试二级笔试试卷 Access 数据库程序设计参考答案

一、选择题（每小题 2 分，共 70 分）

(1)	C	(2)	A	(3)	B	(4)	B	(5)	A
(6)	D	(7)	B	(8)	C	(9)	D	(10)	C
(11)	D	(12)	A	(13)	B	(14)	B	(15)	C
(16)	B	(17)	C	(18)	C	(19)	A	(20)	C
(21)	C	(22)	D	(23)	B	(24)	A	(25)	A
(26)	D	(27)	D	(28)	A	(29)	C	(30)	B
(31)	A	(32)	D	(33)	A	(34)	C	(35)	D

二、填空题（每空 2 分，共 30 分）

（1）输出

（2）16

（3）24

（4）二维表

（5）数据定义语言

（6）#

（7）参数

（8）-4

（9）条件表达式的值

（10）Variant

（11）25

（12）num

（13）i

（14）fd+1

（15）rs.MoveNext

2008 年 9 月全国计算机等级考试二级笔试试卷 Access 数据库程序设计参考答案

一、选择题（每小题 2 分，共 70 分）

（1）	B	（2）	D	（3）	C	（4）	A	（5）	D
（6）	B	（7）	A	（8）	B	（9）	C	（10）	D
（11）	A	（12）	A	（13）	C	（14）	B	（15）	D
（16）	B	（17）	B	（18）	D	（19）	A	（20）	D
（21）	C	（22）	C	（23）	A	（24）	D	（25）	C
（26）	B	（27）	C	（28）	B	（29）	A	（30）	D
（31）	A	（32）	C	（33）	A	（34）	B	（35）	C

二、填空题（每空 2 分，共 30 分）

（1）DBXEAYFZC

（2）单元

（3）过程

（4）逻辑设计

（5）分量

（6）联接

（7）设计

（8）选择结构

（9）RunSQL

（10）动态

（11）64

（12）num

（13）f0+f1

（14）rs.eof

（15）fd

2009 年 3 月全国计算机等级考试二级笔试试卷 Access 数据库程序设计参考答案

一、选择题（每小题 2 分，共 70 分）

(1)	D	(2)	A	(3)	C	(4)	D	(5)	C
(6)	A	(7)	B	(8)	A	(9)	B	(10)	C
(11)	C	(12)	A	(13)	C	(14)	D	(15)	C
(16)	C	(17)	D	(18)	B	(19)	B	(20)	D
(21)	B	(22)	B	(23)	A	(24)	A	(25)	D
(26)	A	(27)	A	(28)	D	(29)	A	(30)	D
(31)	B	(32)	B	(33)	B	(34)	C	(35)	C

二、填空题（每空 2 分，共 30 分）

（1）20

（2）白盒

（3）顺序结构

（4）数据库管理系统

（5）菱形

（6）选择

（7）信息

（8）* from 图书表

（9）事件过程

（10）i<=j

（11）flag=1

（12）MsgBox

（13）False

（14）IsNull

（15）>30

2009 年 9 月全国计算机等级考试二级笔试试卷 Access 数据库程序设计参考答案

一、选择题（每小题 2 分，共 70 分）

（1）	C	（2）	B	（3）	D	（4）	A	（5）	B
（6）	A	（7）	C	（8）	B	（9）	C	（10）	D
（11）	B	（12）	B	（13）	A	（14）	A	（15）	C
（16）	D	（17）	D	（18）	A	（19）	C	（20）	B
（21）	A	（22）	A	（23）	D	（24）	C	（25）	C
（26）	C	（27）	A	（28）	A	（29）	A	（30）	D
（31）	B	（32）	B	（33）	D	（34）	B	（35）	D

二、填空题（每空 2 分，共 30 分）

（1）14

（2）逻辑条件

（3）需求分析

（4）多对多

（5）身份证号

（6）数据访问页

（7）GoTo Record

（8）Change

（9）Len

（10）INT(X*100)/100

（11）7887

（12）max1=mark

（13）aver=aver+mark

（14）Not rs.eof

（15）rs.Update

2010年3月全国计算机等级考试二级笔试试卷 Access数据库程序设计参考答案

一、选择题（每小题2分，共70分）

（1）	A	（2）	D	（3）	B	（4）	A	（5）	C
（6）	B	（7）	A	（8）	D	（9）	C	（10）	A
（11）	D	（12）	C	（13）	C	（14）	C	（15）	A
（16）	D	（17）	C	（18）	D	（19）	B	（20）	D
（21）	A	（22）	C	（23）	D	（24）	D	（25）	B
（26）	C	（27）	D	（28）	B	（29）	B	（30）	A
（31）	A	（32）	D	（33）	A	（34）	B	（35）	B

二、填空题（每空2分，共30分）

（1）ABCDEF54321

（2）15

（3）EDBGHFCA

（4）程序

（5）课号

（6）Label1.Caption="性别"

（7）SetFocus

（8）4

（9）456aBc

（10）201

（11）n mod 5=1 and n mod 7=1

（12）false

（13）k+1

（14）rs.eof

（15）rs.update

2010 年 9 月全国计算机等级考试二级笔试试卷 Access 数据库程序设计参考答案

一、选择题（每小题 2 分，共 70 分）

（1）	B	（2）	C	（3）	D	（4）	A	（5）	A
（6）	D	（7）	D	（8）	C	（9）	C	（10）	A
（11）	B	（12）	D	（13）	A	（14）	C	（15）	B
（16）	D	（17）	D	（18）	B	（19）	A	（20）	B
（21）	A	（22）	D	（23）	D	（24）	A	（25）	A
（26）	A	（27）	C	（28）	C	（29）	B	（30）	C
（31）	D	（32）	B	（33）	D	（34）	C	（35）	C

二、填空题（每空 2 分，共 30 分）

（1）1DCBA2345

（2）1

（3）25

（4）结构化

（5）物理设计

（6）参数

（7）HTML

（8）事件

（9）IsNull

（10）X*X+Y*Y=1000

（11）a/i

（12）max<num

（13）i

（14）rs.eof

（15）rs.MoveNext

2011 年 3 月全国计算机等级考试二级笔试试卷 Access 数据库程序设计参考答案

一、选择题（每小题 2 分，共 70 分）

(1)	A	(2)	B	(3)	D	(4)	D	(5)	B
(6)	A	(7)	C	(8)	D	(9)	C	(10)	B
(11)	A	(12)	A	(13)	D	(14)	D	(15)	A
(16)	C	(17)	C	(18)	B	(19)	C	(20)	D
(21)	D	(22)	A	(23)	C	(24)	D	(25)	D
(26)	A	(27)	C	(28)	A	(29)	D	(30)	B
(31)	B	(32)	D	(33)	A	(34)	B	(35)	B

二、填空题（每空 2 分，共 30 分）

（1）顺序
（2）DEBFCA
（3）单元
（4）主键
（5）D
（6）?
（7）GROUP BY
（8）OpenTable
（9）Str
（10）Hi,
（11）21
（12）True
（13）count+1
（14）rs.Edit
（15）rs.MoveNext

附录D
全国计算机等级考试二级Access机试试题

试 题 一

一、基本操作题

在考生文件夹下，已有“samp1.mdb”数据库文件和“Stab.xls”文件，“samp1.mdb”中已建立表对象“student”和“grade”，试按以下要求，完成表的各种操作。

（1）将考生文件夹下的“Stab.xls”文件导入到“student”表中。

（2）将“student”表中1975年到1980年之间（包括1975年和1980年）出生的学生记录删除。

（3）将“student”表中“性别”字段的默认值属性设置为“男”。

（4）将“student”表拆分为两个新表，表名分别为“tStud”和“tOffice”。其中“tStud”表结构为：学号，姓名，性别，出生日期，院系，籍贯，主键为学号；“tOffice”表结构为：院系，院长，院办电话，主键为“院系”；要求保留“student”表。

（5）建立“student”和“grade”两表之间的关系。

二、简单应用题

考生文件夹下存在一个数据库文件“samp2.mdb”，里面已经设计好两个表对象“tTeacher1”和“tTeacher2”。试按以下要求完成设计。

（1）创建一个查询，查找并显示不在职教师的“编号”、“姓名”、“年龄”和“性别”四个字段内容，所建查询命名为“qT1”。

（2）创建一个查询，查找教师的“编号”、“姓名”和“联系电话”三个字段内容，然后将其中的“编号”与“姓名”两个字段合二为一。这样，查询的三个字段内容以两列形式显示，标题分别为“编号姓名”和“联系电话”，所建查询命名为“qT2”。

（3）创建一个查询，按输入的教师的“姓名”查找并显示教师的“编号”、“姓名”、“年龄”和“性别”四个字段内容，当运行该查询时，应显示参数提示信息：“请输入教工姓名”，所建查询命名为“qT3”。

（4）创建一个查询，将“tTeacher1”表中的党员副教授的记录追加到“tTeacher2”表相应的字段中，所建查询命名为“qT4”。

三、综合应用题

考生文件夹下存在一个数据库文件“samp3.mdb”，里面已经设计了表对象“tEmp”、窗体对象“fEmp”、报表对象“rEmp”和宏对象“mEmp”。试在此基础上按照以下要求补充设计。

（1）将表对象“tEmp”中“聘用时间”字段的格式调整为“长日期”显示，“性别”字段的有效性文本设置为“只能输入男和女”。

（2）设置报表“rEmp”按照“性别”字段降序（先女后男）排列输出，将报表页面页脚区域内名为“tPage”的文本框控件设置为“页码/总页数”形式的页码显示（如 1/35、2/35、……）。

（3）将“fEmp”窗体上名为“bTitle”的标签上移到距“btnP”命令按钮 1 厘米的位置（即标签的下边界距命令按钮的上边界 1 厘米）。同时，将窗体按钮“btnP”的单击事件属性设置为宏“mEmp”。

试　题　二

一、基本操作题

在考生文件夹下，“samp1.mdb”数据库文件中已建立两个表对象（名为“职工表”和“部门表”）。试按以下要求，顺序完成表的各种操作。

（1）设置表对象“职工表”的聘用时间字段默认值为系统日期。

（2）设置表对象“职工表”的性别字段有效性规则为：男或女；同时设置相应有效性文本为“请输入男或女”。

（3）将表对象“职工表”中编号为“000019”的员工的照片字段值设置为考生文件夹下的图像文件“000019.bmp”。

（4）删除职工表中“姓名”字段含有“江”字的所有员工记录。

（5）将表对象“职工表”导出到考生文件夹下的“samp.mdb”空数据库文件中，要求只导出表结构定义，导出的表命名为“职工表 bk”。

（6）建立当前数据库表对象“职工表”和“部门表”的表间关系，并实施参照完整性。

二、简单应用题

考生文件夹下存在一个数据库文件“samp2.mdb”，里面已经设计好表对象“tTeacher”、“tCourse”、“tStud”和“tGrade”，试按以下要求完成设计。

（1）创建一个查询，按输入的教师姓名查找教师的授课情况，并按“上课日期”字段降序显示“教师姓名”、“课程名称”、“上课日期”三个字段的内容，所建查询命名为“qT1”。当运行该查询时，应显示参数提示信息：“请输入教师姓名”。

（2）创建一个查询，查找学生的课程成绩大于等于 80 分且小于等于 100 分的学生情况，显示“学生姓名”、“课程名称”和“成绩”三个字段的内容，所建查询命名为“qT2”。

（3）以表“tGrade”为数据源创建一个查询，假设“学号”字段的前 4 位代表年级，要统计各个年级不同课程的平均成绩，显示“年级”、“课程 ID”和“平均成绩”，并按“年级”降序排列，所建查询命名为“qT3”。

（4）创建一个查询，按“课程 ID”分类统计最高分成绩与最低分成绩的差，并显示“课程名称”、“最高分与最低分的差”等内容。其中，最高分与最低分的差由计算得到，所建查询命名为“qT4”。

三、综合应用题

考生文件夹下存在一个数据库文件“samp3.mdb”，里面已经设计好表对象“tAddr”和“tUser”，同时还设计出窗体对象“fEdit”和“fEuser”。请在此基础上按照以下要求补充“fEdit”窗体的设计。

（1）将窗体中名称为“lRemark”的标签控件上的文字颜色改为“棕色”（棕代码为 128）、字体粗细改为“加粗”；

（2）将窗体标题设为“显示/修改用户口令”。

（3）将窗体边框改为“对话框边框”样式，取消窗体中的水平和垂直滚动条、记录选择器、导航按钮和分隔线。

（4）将窗体中“退出”命令按钮（名称为“cmdquit”）上的文字颜色改为蓝色（蓝色代码为 16711680）、字体粗细改为“加粗”，并在文字下方加上下划线。

（5）在窗体中还有“修改”和“保存”两个命令按钮，名称分别为“CmdEdit”和“CmdSave”，其中“保存”命令按钮在初始状态为不可用，当单击“修改”按钮后，“保存”按钮变为可用。现已编写了部分 VBA 代码，请按照上述功能要求将 VBA 代码补充完整。

试　题　三

一、基本操作题

在考生文件夹下，存在一个数据库文件“samp1.mdb”和一个图像文件“photo.bmp”。在数据库文件中已经建立一个表对象“tStud”。试按以下操作要求，完成各种操作。

（1）设置“ID”字段为主键，并设置“ID”字段的相应属性，使该字段在数据表视图中的显示名称为“学号”。

（2）删除“备注”字段。

（3）设置“入校时间”字段的有效性规则和有效性文本。具体规则是：输入日期必须在 2008 年 1 月 1 日之后（不包括 2008 年 1 月 1 日）；有效性文本内容为：输入的日期有误，请重新输入。

（4）将学号为“20011004”学生的“照片”字段值设置为考生文件夹下的“photo.bmp”图像文件（要求使用“由文件创建”方式）。

（5）将冻结的“姓名”字段解冻，并确保“姓名”字段列显示在“学号”字段列的后面。

二、简单应用题

考生文件夹下存在一个数据库文件“samp2.mdb”，里面已经设计好一个表对象“tTeacher”。试按以下要求完成设计。

（1）创建一个查询，计算并输出教师最大年龄与最小年龄的差值，显示标题为“m_age”，所建查询命名为“qT1”。

（2）创建一个查询，查找并显示具有研究生学历的教师的“编号”、“姓名”、“性别”和“系别”四个字段内容，所建查询命名为“qT2”。

（3）创建一个查询，查找并显示年龄小于等于 38、职称为副教授或教授的教师的“编号”、“姓名”、“年龄”、“学历”和“职称”五个字段内容，所建查询命名为“qT3”。

（4）创建一个查询，查找并统计在职教师按照职称进行分类的平均年龄，然后显示出标题为“职称”和“平均年龄”的两个字段内容，所建查询命名为“qT4”。

三、综合应用题

考生文件夹下存在一个数据库文件“samp3.mdb”，里面已经设计了表对象“tEmp”、窗体对象“fEmp”、报表对象“rEmp”和宏对象“mEmp”。请在此基础上按照以下要求补充设计。

（1）将表对象“tEmp”中“聘用时间”字段的格式调整为“长日期”显示、“性别”字段的有效性文本设置为“只能输入男和女”。

（2）设置报表“rEmp”按照“聘用时间”字段升序排列输出，将报表页面页脚区域内名为“tPage”的文本框控件设置为显示系统日期。

（3）将“fEmp”窗体上名为“bTitle”的标签上移到距“btnP”命令按钮 1 厘米的位置（即标签的下边界距命令按钮的上边界 1 厘米）。同时，将窗体按钮“btnP”的单击事件属性设置为宏“mEmp”，以完成按钮单击打开报表的操作。

试　题　四

一、基本操作题

在考生文件夹下的“samp1.mdb”数据库文件中已建立好表对象“tStud”和“tScore”、宏对象“mTest”和窗体“fTest”。请按以下要求，完成各种操作。

（1）将学生“入校时间”字段的默认值设置为下一年度的一月一日（规定：本年度的年号必须用函数获取）。

（2）冻结表“tStud”中的“姓名”字段列。

（3）将窗体“fTest”的“标题”属性设置为“测试窗体”。

（4）将窗体“fTest”中名为“bt2”的命令按钮的宽度设置为 2 厘米，与命令按钮“bt1”左边对齐。

（5）将宏“mTest”重命名保存为自动运行的宏。

二、简单应用题

考生文件夹下存在一个数据库文件“samp2.mdb”，里面已经设计好表对象“tQuota”和“tStock”，试按以下要求完成设计。

（1）创建一个查询，查找库存数量高于 30000（包含 30000）的产品，并显示“产品名称”、“规格”、“库存数量”和“最高储备”字段内容，查询命名为“qT1”。

（2）创建一个查询，查找某类产品的库存情况，并显示“产品名称”、“规格”和“库存数量”字段内容，所建查询命名为“qT2”。当运行该查询时，提示框中应显示“请输入产品类别:”。

说明：产品类别为“产品 ID”字段值的第 1 位。

（3）创建一个查询，查找库存数量高于最高储备的产品，并显示“产品名称”、“库存数量”和“最高储备”字段内容，所建查询命名为“qT3”。

（4）创建一个查询，计算每类产品不同单位的库存金额总计。要求行标题显示“产品名称”，列标题显示“单位”，所建查询命名为“qT4”。

说明：库存金额=单价×库存数量。

三、综合应用题

考生文件夹下有一个数据库文件“samp3.mdb”，其中存在已经设计好的表对象“tStud”和查询对象“qStud”，同时还有以“qStud”为数据源的报表对象“rStud”。请在此基础上按照以下要求补充报表设计。

（1）在报表的报表页眉节区添加一个标签控件，名称为“bTitle”，标题为“团员基本信息表”。

（2）在报表的主体节区添加一个文本框控件，显示“性别”字段值。该控件放置在距上边 0.1 厘米、距左边 5.2 厘米处，并命名为“tSex”。

（3）在报表页脚节区添加一个计算控件，计算并显示学生平均年龄。计算控件放置在距上边 0.2 厘米、距左边 4.5 厘米处，并命名为“tAvg”。

（4）按“编号”字段前 4 位分组统计各组记录个数，并将统计结果显示在组页脚节区。计算控件命名为“tCount”。

注意：不能改动数据库中的表对象“tStud”和查询对象“qStud”，同时也不能修改报表对象“rStud”中已有的控件和属性。

试 题 五

一、基本操作题

在考生文件夹下，“samp1.mdb”数据库文件中已建立表对象“tNorm”。试按以下操作要求，完成表的编辑。

（1）根据“tNorm”表的结构，判断并设置主键。

（2）将“单位”字段的默认值属性设置为“只”，字段大小属性改为 1。将“最高储备”字段大小改为长整型，“最低储备”字段大小改为整型。

（3）删除“备注”字段，删除“规格”字段值为“220V-4W”的记录。

（4）将“出厂价”字段的格式属性设置为货币显示形式。

（5）设置“规格”字段的输入掩码为 9 位字母、数字和字符的组合。其中，前三位只能是数字，第 4 位为大写字母“V”，第 5 位为字符“-”，最后一位为大写字母“W”，其他位为数字。

（6）在数据表视图中隐藏“出厂价”字段。

二、简单应用题

考生文件夹下存在一个数据库文件“samp2.mdb”，里面已经设计好一个表对象“tBook”，试按以下要求完成设计。

（1）创建一个查询，查找图书按“类别”字段分类的最高单价信息并输出，显示标题为“类别”和“最高单价”，所建查询命名为“qT1”。

（2）创建一个查询，查找并显示图书单价大于等于 15 且小于等于 20 的图书，并显示“书名”、“单价”、“作者名”和“出版社名称”四个字段的内容，所建查询命名为“qT2”。

（3）创建一个查询，按出版社名称查找某出版社的图书信息，并显示图书的“书名”、“类别”、“作者名”和“出版社名称”四个字段的内容。当运行该查询时，应显示参数提示信息：“请输入出版社名称:”，所建查询命名为“qT3”。

（4）创建一个查询，统计所有图书的平均单价，并将显示的字段设为“平均单价”，所建查询命名为“qT4”。

三、综合应用题

考生文件夹下存在一个数据库文件“samp3.mdb”，里面已经设计好表对象“tStud”和查询对象“qStud”，同时还设计出以“qStud”为数据源的报表对象“rStud”。试在此基础上按照以下要求补充报表设计。

（1）在报表的报表页眉节区位置添加一个标签控件，其名称为“bTitle”，标题显示为“团员基本信息表”。

（2）在报表的主体节区添加一个文本框控件，显示“性别”字段值。该控件放置在距上边 0.1 厘米、距左边 5.2 厘米，并命名为“tSex”。

（3）在报表页脚节区添加一个计算控件，计算并显示学生平均年龄。计算控件放置在距上边 0.2 厘米、距左边 4.5 厘米，并命名为“tAvg”。

参考文献

[1] 李民，于繁华.Access 基础教程（第三版）习题与实验指导. 北京：中国水利水电出版社，2008.

[2] 李民，于繁华.Access 基础教程（第三版）. 北京：中国水利水电出版社，2008.

[3] 李宝敏，李静，李艳. 管理信息与数据库技术实验与习题. 北京：清华大学出版社，2010.

[4] 等级考试研究专家组. 全国计算机等级考试二级 Access 典型题汇与解析. 北京：中国铁道出版社，2005.

[5] 李春葆，曾慧. 数据原理习题与解析. 北京：清华大学出版社，2006.

[6] 李雁翎. Access 2003 数据库技术及应用. 北京：高等教育出版社，2008.

[7] 刘丽，崔灵果. Access 数据库案例教程. 北京：机械工业出版社，2009.

[8] 高爱国，李耀成. Access 数据库应用学习与实验指导. 北京：北京邮电大学出版社，2008.